Adobe Premiere Pro CC
经典教程

〔美〕Adobe 公司 著　　裴强 宋松 译

人民邮电出版社
北京

图书在版编目（CIP）数据

Adobe Premiere Pro CC经典教程 / 美国Adobe公司
著；裴强，宋松译. -- 北京：人民邮电出版社，
2015.4（2022.7重印）
ISBN 978-7-115-36131-8

Ⅰ．①A… Ⅱ．①美… ②裴… ③宋… Ⅲ．①视频编
辑软件－教材 Ⅳ．①TN94

中国版本图书馆CIP数据核字（2015）第005633号

版权声明

- ◆ 著　　　[美] Adobe 公司
　　　译　　　裴 强 宋 松
　　　责任编辑　傅道坤
　　　责任印制　张佳莹　焦志炜
- ◆ 人民邮电出版社出版发行　　北京市丰台区成寿寺路 11 号
　　邮编　100164　　电子邮件　315@ptpress.com.cn
　　网址　http://www.ptpress.com.cn
　　固安县铭成印刷有限公司印刷
- ◆ 开本：800×1000　1/16
　　印张：26.25　　　　　　　　　2015 年 4 月第 1 版
　　字数：621 千字　　　　　　　2022 年 7 月河北第 22 次印刷
　　著作权合同登记号　图字：01-2013-8458 号

定价：59.00 元（附光盘）
读者服务热线：**(010)81055410**　印装质量热线：**(010)81055316**
反盗版热线：**(010)81055315**
广告经营许可证：京东市监广登字20170147号

内容提要

本书由 Adobe 公司的专家编写，是 Adobe Premiere Pro CC 软件的官方指定培训教材。

全书共分为 18 课，每一课先介绍重要的知识点，然后借助具体的示例进行讲解，步骤详细、重点明确，手把手教你如何进行实际操作。全书是一个有机的整体，它涵盖了 Adobe Premiere Pro CC 概述、设置项目、导入媒体、组织媒体、视频编辑的基础知识、使用剪辑和标记、添加过渡、高级编辑技巧、使剪切动起来、多机位编辑、编辑和混合音频、美化声音、添加视频效果、颜色校正和分级、了解合成技术、创建字幕、管理项目，以及导出帧、剪辑和序列等内容，并在适当的地方穿插介绍了 Premiere Pro CC 中的最新功能。

本书语言通俗易懂，并配以大量图示，特别适合 Premiere Pro CC 新手阅读；有一定使用经验的用户也可以从本书中学到大量的高级功能和 Premiere Pro CC 的新增功能。本书也适合作为相关培训班的教材。

前 言

Adobe Premiere Pro CC 是一个为视频编辑爱好者和专业人士准备的必不可少的编辑工具，它能极大地提升您的创作能力和创作自由度。Adobe Premiere Pro 是目前最易学、高效和精确的视频编辑软件。无论您使用的是 AVCHD、HDV、XDCAM、P2 DVCPRO HD、XDCAM、AVC-Intra、Canon XF、RED、ARRIRAW，还是 QuickTime，Adobe Premiere Pro 无与伦比的强大功能都将让您的工作更快速，更有创造力。这一功能强大、独一无二的工具可以让您顺利完成在编辑、制作以及工作流方面遇到的所有挑战，满足您创建高质量作品的要求。

关于经典教程

本书是 Adobe 图形和出版软件系列官方培训教程的一部分。教程设计的出发点有利于您以自己的进度来学习。如果您是 Adobe Premiere Pro 的初学者，则首先需要学习和这个程序有关的基本概念和功能。本书还涉及许多高级特性，包括使用这个程序最新版本的提示和技巧。

该版本教程中包含许多功能的应用。例如，多机位编辑、抠像、动态修剪、颜色校正、无磁带媒体，以及音频和视频效果。您还将了解如何使用 Adobe Media Encoder 创建供互联网和移动设备使用的文件。Adobe Premiere Pro CC 现在可用于 Windows 和 Mac OS。

必备知识

在开始使用本书之前，请确保您的系统已经正确设置并且安装了所需的软件和硬件。可以访问 http://www.adobe.com/products/premiere/tech-specs.html 来查看最新的系统要求。

您应该具备计算机和操作系统方面的常识，而且必须了解如何使用鼠标和标准的菜单与命令，以及如何打开、保存和关闭文件。如果您需要复习一下这些方法，请参见 Windows 或 Mac OS 系统的相关印刷文档或联机文档。

安装 Adobe Premiere Pro CC

必须单独购买本书和 Adobe Creative Cloud 软件。关于该软件的系统要求和完整安装指南，请访问 www.adobe.com/support。可以通过访问 www.adobe.com/products/creativecloud 来购买 Adobe Creative Cloud。请根据屏幕的提示操作。安装期间可能还应安装 Photoshop、After Effects、

Audition、Prelude、Speedgrade、Encore 和 Adobe Media Encoder，它们都包含在 Adobe Creative Cloud 中，本书的一些练习会用到这些软件。

优化性能

视频编辑对于计算机的内存和处理器来说是高强度的工作。快速处理器和大量的内存会使编辑变得更快、更高效。Adobe Premiere Pro CC 对内存的最低要求是 4 GB；编辑高清（HD）媒体时使用 8 GB 或更大的内存会更好一些。Adobe Premiere Pro CC 能利用 Windows 和 Macintosh 系统上的多核处理器。

在进行高清（HD）视频媒体编辑时，建议使用专用的 7200 r/min 或更快的硬盘。进行 HD 编辑时，强烈建议使用 RAID 0 条带磁盘阵列或 SCSI 磁盘子系统。如果您试图在同一个硬盘驱动器上存储媒体文件和程序文件，性能将会受到很大的影响。如果可能的话，一定要将媒体文件保存在第二个磁盘中。

Adobe Premiere Pro 中的水银回放引擎（Mercury Playback Engine）可以在纯软件模式或 GPU 加速模式下运行，在 GPU 加速模式下其性能将得到显著提高。GPU 加速模式可以选择视频卡，Adobe 网站（http://www.adobe.com/products/premiere/tech-specs.html）列出了这些视频卡的列表。

复制课程文件

本书各课中使用了特定的源文件，比如在 Adobe Photoshop CC 和 Adobe Illustrator CC 中创建的图像文件，以及音频文件和视频文件。要完成本书中的课程，必须将本书所附光盘中的所有文件复制到计算机硬盘中。这需要大约 8 GB 的存储空间，此外，安装 Adobe Premiere Pro CC 软件还需要 4 GB 的硬盘空间。

虽然每课都是相对独立的，但有些课会用到其他课中的文件。所以在学习本书期间必须在硬盘上完整保存所有这些课程文件。

下面介绍如何将课程文件从光盘复制到硬盘上。

1. 在"我的电脑"或 Windows 资源管理器（Windows）或者 Finder（Mac OS）中打开本书所附光盘。

2. 右键单击名为 Lessons 的文件夹，选择 Copy（复制）。

3. 导航到用于保存 Adobe Premiere Pro CC 项目的文件夹。

默认路径是计算机的桌面。

4. 右键单击该文件夹并选择 Paste（粘贴）。

按照上述步骤进行操作，可以将所有课程素材复制到本地文件夹中。复制过程可能需要几分钟时间，这取决于硬件的速度。

重新链接课程文件

课程文件的文件路径可能需要更新。如果您打开了一个 Adobe Premiere Pro 项目，但无法找到某个媒体文件，则可能会打开 Link Media（链接媒体）对话框，要求您重新链接脱机文件。如果出现这种情况，则需要导航到其中一个脱机文件以便重新连接。如果重新连接了项目中的一个文件，则其他文件也就重新连接了。

单击 Locate（查找）按钮并使用浏览器找到一个脱机素材。可以导航到与从光盘复制的文件相同的位置。路径应该是 Desktop>Lessons>Assets。您可能需要搜索其中一些文件夹来查找媒体文件（尤其是如果涉及无磁带媒体时）。还可以导航到 Lessons 文件夹，并单击 Search（搜索）按钮以让 Adobe Premiere Pro 搜索文件。

找到文件时，请选中它并单击 OK（确定）按钮。

如何使用教程

本书中每课都是一步步指导您为真实的项目创建一个或多个特定元素。每课是独立的，但大多数课程是建立在前面课程所介绍的概念和技巧之上。所以学习本书的最好方法是按照顺序来学习。

本书各课是按照工作流，而不是按照功能来组织的，并且采用真实的处理方法进行编排。各课按照视频编辑人员完成项目所使用的典型连续步骤编排组织，首先采集视频，创建仅有硬切效果的视频，添加特效，美化音轨，最后导出项目。

目　录

第 1 课　Adobe Premiere Pro Creative Cloud 概述 ·························· **0**

　　1.1　开始 ·· 2
　　1.2　Adobe Premiere Pro 中的非线性编辑 ·········· 2
　　1.3　扩展工作流 ·································· 4
　　1.4　Adobe Premiere Pro 工作区概述 ············ 6
　　1.5　复习 ·· 15

第 2 课　设置项目 ·································· **16**

　　2.1　开始 ·· 18
　　2.2　设置项目 ·································· 19
　　2.3　设置序列 ·································· 29
　　2.4　复习 ·· 35

第 3 课　导入媒体 ·································· **36**

　　3.1　开始 ·· 38
　　3.2　导入资源 ·································· 38
　　3.3　使用媒体浏览器 ···························· 41
　　3.4　导入图像 ·································· 45
　　3.5　媒体缓存 ·································· 50
　　3.6　复习 ·· 53

第 4 课　组织媒体 ·································· **54**

　　4.1　开始 ·· 56
　　4.2　项目面板 ·································· 56
　　4.3　使用素材箱 ································ 61
　　4.4　使用内容分析组织媒体 ···················· 68
　　4.5　监视素材 ·································· 70
　　4.6　修改剪辑 ·································· 74
　　4.7　复习 ·· 77

第 5 课　视频编辑的基础知识 ·· **78**

5.1　开始 ·· 80

5.2　使用源监视器 ·· 80

5.3　导航时间轴 ·· 87

5.4　基本的编辑命令 ·· 94

5.5　复习 ·· 101

第 6 课　使用剪辑和标记 ·· **102**

6.1　开始 ·· 104

6.2　节目监视器控件 ·· 104

6.3　控制分辨率 ·· 109

6.4　使用标记 ···111

6.5　使用同步锁定和轨道锁定 ································ 115

6.6　在时间轴中查找间隙 ······································ 117

6.7　选择剪辑 ·· 117

6.8　移动剪辑 ·· 120

6.9　提取和删除剪辑 ·· 123

6.10　复习 ·· 125

第 7 课　添加过渡 ·· **126**

7.1　开始 ·· 128

7.2　什么是过渡 ·· 128

7.3　编辑点和过渡帧 ·· 130

7.4　添加视频过渡 ·· 131

7.5　使用 A/B 模式微调过渡 ·································· 136

7.6　添加音频过渡 ·· 140

7.7　复习 ·· 143

第 8 课　高级编辑技巧 ·· **144**

8.1　开始 ·· 146

8.2　四点编辑 ·· 146

8.3　重新设置剪辑的时间 ······································ 148

8.4　替换剪辑和素材 ·· 154

8.5　嵌套序列 ·· 158

8.6　常规修剪 ·· 161

8.7　高级修剪 ·· 163

8.8　在节目监视器中修剪 ·· 169

8.9　复习 ··· 175

第 9 课　使剪辑动起来 ·· **176**

9.1　开始 ··· 178

9.2　调整运动效果 ·· 178

9.3　更改剪辑位置、大小和旋转 ··· 183

9.4　使用关键帧插值 ··· 189

9.5　使用其他运动相关的效果 ··· 193

9.6　复习 ··· 199

第 10 课　多机位编辑 ·· **200**

10.1　开始 ·· 202

10.2　多机位编辑过程 ·· 202

10.3　创建多机位序列 ·· 203

10.4　多摄像机切换 ··· 206

10.5　完成多机位编辑 ·· 209

10.6　复习 ·· 211

第 11 课　编辑和混合音频 ·· **212**

11.1　开始 ·· 214

11.2　设置界面以处理音频 ·· 214

11.3　检查音频特征 ··· 221

11.4　调整音量 ·· 221

11.5　创建拆分编辑 ··· 225

11.6　调整剪辑的音频电平 ·· 226

11.7　复习 ·· 233

第 12 课　美化声音 ·· **234**

12.1　开始 ·· 236

12.2　使用音频效果美化声音 ·· 236

12.3　调整均衡 ·· 241

12.4　在音频轨道混合器中应用效果 ··· 245

12.5　清除噪声 ·· 251

12.6　复习 ·· 261

第 13 课　添加视频效果 ·· **262**

　　13.1　开始 ·· 264

　　13.2　使用效果 ·· 264

　　13.3　关键帧效果 ··· 278

　　13.4　效果预设 ·· 282

　　13.5　常用的效果 ··· 285

　　13.6　复习 ·· 291

第 14 课　颜色校正和分级 ·· **292**

　　14.1　开始 ·· 294

　　14.2　面向颜色的工作流 ································· 294

　　14.3　颜色效果概述 ······································· 302

　　14.4　修复曝光问题 ······································· 308

　　14.5　修复颜色平衡 ······································· 310

　　14.6　特殊颜色效果 ······································· 315

　　14.7　创建一个外观 ······································· 317

　　14.8　复习 ·· 319

第 15 课　了解合成技术 ··· **320**

　　15.1　开始 ·· 322

　　15.2　什么是 alpha 通道 ································· 322

　　15.3　创建项目中的合成部分 ·························· 323

　　15.4　使用不透明度效果 ································· 325

　　15.5　处理 alpha 通道透明度 ························· 328

　　15.6　对绿屏剪辑进行色彩抠像 ······················ 329

　　15.7　使用蒙版 ·· 333

　　15.8　复习 ·· 341

第 16 课　创建字幕 ·· **342**

　　16.1　开始 ·· 344

　　16.2　字幕设计器窗口概述 ····························· 344

　　16.3　视频版式基础知识 ································· 348

　　16.4　创建字幕 ·· 352

　　16.5　风格化文字 ··· 356

　　16.6　处理形状和徽标 ···································· 361

　　16.7　创建滚动字幕和游动字幕 ······················ 365

　　16.8　复习 ·· 371

第 17 课　管理项目 ·· **372**

　　17.1　开始 ·· 374

　　17.2　文件菜单 ··· 374

　　17.3　使用项目管理器 ·· 376

　　17.4　最终的项目管理步骤 ··· 380

　　17.5　导入项目或序列 ·· 380

　　17.6　管理协作 ··· 381

　　17.7　管理硬盘 ··· 381

　　17.8　复习 ·· 383

第 18 课　导出帧、剪辑和序列 ··· **384**

　　18.1　开始 ·· 386

　　18.2　导出选项概述 ··· 386

　　18.3　导出单帧 ··· 386

　　18.4　导出主副本 ·· 388

　　18.5　使用 Adobe Media Encoder ·· 391

　　18.6　与其他编辑应用程序交换 ·· 399

　　18.7　录制到磁带 ·· 405

　　18.8　复习 ·· 408

第1课 Adobe Premiere Pro Creative Cloud概述

课程概述

在本课中，你将学习以下内容：

- Adobe Premiere Pro 中的新功能；

- Adobe Premiere Pro 中的非线性编辑；

- 标准数字视频工作流；

- 使用高级功能改进工作流；

- 将 Adobe®Creative Cloud® 纳入你的工作流中；

- Adobe Creative Cloud 工作流；

- Adobe Premiere Pro 工作区；

- 自定义工作区。

本课大约需要 45 分钟。

 开始之前，你将了解视频编辑的简单概述，以及 Adobe Premiere Pro 功能如何作为视频制作工作流的中心。即使经验丰富的编辑也会发现本书是 Adobe Premiere Pro 的一个有用指南。

Adobe Premiere Pro 是一个支持最新技术和摄像机的视频编辑系统，它具有易用且强大的工具，并且几乎可以与所有视频采集源完美地结合起来。

1.1 开始

如今，我们越来越需要高质量的视频内容，并且新老技术总是在不断变化。尽管出现了这种快速变化，但视频编辑的目的是一样的：你希望拍摄素材并使用原始版本调整它，这样，就可以有效地与观众（或整个世界）沟通。

在 Adobe Premiere Pro CC 中，你会找到支持最新技术和摄像机的视频编辑系统，它具有易用且强大的工具，几乎可以与所有视频采集源完美地结合起来，并且还有大量插件和其他后期制作工具。

首先从回顾大多数编辑使用的基本工作流开始。接下来，将介绍如何将 Premiere Pro 融合到 Adobe Creative Cloud 中。最后，将介绍 Adobe Premiere Pro 界面中的主要组件，以及如何创建自己的自定义工作区。

1.2 Adobe Premiere Pro 中的非线性编辑

Adobe Premiere Pro 属于非线性编辑工具（NLE）。与文字处理器一样，Adobe Premiere Pro 允许在想要的任何位置上放置、替换和移动视频剪辑，可以随时对视频剪辑的任何部分进行调整，无须按特定顺序执行编辑，并且可以随时对视频项目的任何部分进行更改。

使用鼠标单击并拖动多个剪辑，就可以将它们组合创建为一个可以编辑的序列。可以任意顺序编辑序列的任何部分，然后更改内容，并移动剪辑，这样，会在视频中早一点或晚一点播放它们，将视频图层混合在一起，添加特效，等等。

可以以任何顺序在序列的任何部分上工作，并且甚至可以组合多个序列。可以跳到视频剪辑的任意时刻，无须快进或倒带。与在计算机上组织文件一样，组织视频剪辑很简单。

Adobe Premiere Pro 支持磁带和无磁带媒体格式，包括 XDCAM EX、XDCAMHD 422、DPX、DVCProHD、AVCHD（包括 AVCCAM 和 NXCAM）、AVC-Intra 和 DSLR 视频。它还支持最新的原始视频格式，改进了 RED 摄像机和 ARRI Alexa 的支持。

1.2.1 提供标准的数字视频工作流

获得了编辑经验后，你将形成自己的偏好，即以哪种顺序处理项目的不同方面。每个阶段都需要特殊的处理和不同的工具。此外，与其他阶段相比，一些项目在某个阶段花费的时间可能会更多。

无论是快速地跳过一些阶段，还是花几个小时（或者几天）来完善项目的某个方面，通常都会包括以下一些步骤。

1. 拍摄视频素材。这表示拍摄原始素材或收集项目的资源。

2. 将视频素材采集（传输或提取）到硬盘。对于磁带媒体，Adobe Premiere Pro（具有适当的硬件）可以将视频转换为数字文件。对于无磁带媒体，Adobe Premiere Pro 可以直接读取媒体，无须进行转换。如果使用的是无磁带媒体，那么一定要将文件备份到另一个位置。

3. 组织剪辑。目前，你的项目拥有很多视频剪辑可供选择。花时间将项目中的剪辑放到一个特殊文件夹中（名为 bins）。还可以添加彩色标签和其他元数据（有关剪辑的其他信息），以帮助保持井然有序。

4. 将想要的视频部分和音频剪辑合并成一个序列，并将它们添加到 Timeline（时间轴）中。

5. 在剪辑之间加入特殊过渡效果，添加视频效果，并通过在多个图层（轨道）上放置剪辑来创建综合的视觉效果。

6. 创建字幕或图形，并以与添加视频剪辑相同的方式将它们添加到序列中。

7. 混合音频轨道以获得恰到好处的电平，并在视频剪辑上使用过渡和特效来改善声音。

8. 将完成后的项目导出到录像带、计算机上的文件或适合互联网播放的流媒体、移动设备或制作光盘和蓝光光盘。

Adobe Premiere Pro 以其业界领先的工具支持以上这些步骤。

1.2.2 用 Adobe Premiere Pro 改进工作流

Adobe Premiere Pro 具有易于使用的标准视频编辑工具。它还提供了用来处理、调整和优化项目的高级工具。

在最初的几个视频项目中，你可能不会用到以下所有功能。但随着经验逐渐丰富并对非线性编辑越来越了解，你会想要扩展功能。

在本书中将会介绍以下几方面内容。

- **高级音频编辑**。Adobe Premiere Pro 提供了其他非线性编辑器无法比拟的音频效果和编辑功能。可以创建和放置 5.1 环绕声音频通道，编辑取样电平，在任何音频剪辑或音轨上应用多种音频效果，并使用自带的高级插件和第三方 VST（Virtual Studio Technology）插件。

- **颜色校正**。用高级颜色校正滤镜校正和增强视频效果。还可以进行混合色校正选择，调整孤立的颜色和部分图像，以改进图像。

- **关键帧控制**。Adobe Premiere Pro 提供了精确的控制功能，使你无须导出到合成或运动图形应用程序，就可以优化视觉和运动特效。关键帧使用标准界面设计，因此只需要学习一次如何使用它们，就会了解在所有 Adobe Creative Cloud 产品中如何使用它们。

- **广泛的硬件支持**。采集卡及其他硬件的可选择范围很大，组装系统时，可以根据自己的需要和预算进行选择。Adobe Premiere Pro 不仅支持数字视频编辑所使用的廉价计算机，也支持采集全高清、4K 和立体 3D 视频所使用的高性能工作站。

- **水银回放引擎显卡加速**。水银回放引擎有两种运行模式：纯软件模式和 GPU 加速模式。GPU 加速模式要求在工作站中安装满足最低要求的显卡。有关兼容显卡的列表，请访问 www.adobe.com/products/premiere/tech-specs.html。

- **多机位编辑**。可以轻松且快速地编辑多个摄像机拍摄的素材。Adobe Premiere Pro 会在一个分割显示的窗口中显示多个摄像机源，可以通过单击相应的屏幕或者使用快捷键来选择编辑的摄像机视图。也可以根据音频剪辑自动同步多个摄像机角度。

- **项目管理**。通过一个对话框就可以管理媒体文件。可以查看、删除、移动、搜索、重组剪辑和文件夹。将那些真正在项目中用到的剪辑统一复制到某个文件夹中，以此来合并项目，然后删除未使用的媒体，释放硬盘空间。

- **元数据**。Adobe Premiere Pro 支持 Adobe XMP，可以保存有关媒体的其他信息，比如可供多个应用程序使用的元数据。可使用此信息来找到剪辑或者交流有价值的信息，比如喜欢的照片。

- **创意字幕**。使用 Premiere Pro 的 Title Designer（字幕设计器）创建字幕和图形。还可以使用在任何合适的软件中创建的图形，此外，Adobe Photoshop 文档可以自动用作拼合图像，或者是用作单独图层（可以选择性地合并、组合和制作动画）。

- **高级修剪**。使用特殊的修剪工具调整每个剪辑并剪切序列中的点。Adobe Premiere Pro CC 对其修剪工具进行了改进，允许对多个剪辑进行复杂的修剪调整。

- **媒体编码**。导出序列以创建符合自己需要的视频和音频文件。使用 Adobe Media Encoder CC 的高级功能，可以用几种不同的格式创建完成序列的多个副本。

1.3 扩展工作流

虽然 Adobe Premiere Pro 可以作为独立的应用程序使用，但其实作为套件使用更好。Adobe Premiere Pro 是 Creative Cloud 的一部分，这意味着你可以访问其他许多专业工具，比如 Adobe After Effects、Adobe SpeedGrade 和 Adobe Prelude。了解这些软件组件如何协同工作，可以提高你的效率并扩展你的能力。

1.3.1 将其他组件纳入编辑工作流中

虽然 Adobe Premiere Pro 是一个多功能的视频和音频后期制作工具，但它仅是 Adobe Creative Cloud 的其中一个组件。Adobe Creative Cloud 是 Adobe 完整的印刷、网络和视频环境设计，它包含可以完成以下工作的视频软件。

- 创建高端 3D 运动特效；
- 生成复杂的文本动画；
- 制作带图层的图形；
- 制作矢量作品；
- 音频制作。

要将这些功能中的一项或多项纳入制作中，可以使用 Adobe Creative Cloud 的其他组件。该软件集具有制作高级专业的视频作品所需的所有工具。

下面简要地介绍一下其他组件。

- **Adobe After Effects CC**。这是适合运动图像和视频特效艺术家使用的工具。
- **Adobe Photoshop CC**。行业标准的图像编辑和图像创建产品。可以处理照片、视频和 3D 对象以为项目做好准备。
- **Adobe Audition CC**。功能强大的音频编辑、音频整理、音频美化、音乐创作和自动语音组合工具。
- **Adobe Encore CS6**。高质量的光盘制作工具。Encore 可以制作标准光盘、蓝光光盘和交互式 SWF 文件。
- **Adobe Illustrator CC**。为印刷、视频制作和 Web 提供的专业的矢量图形制作软件。
- **Adobe Dynamic Link**。产品间的链接，使你能够实时处理在 After Effects 和 Adobe Premiere Pro 本地之间共享的媒体、视频和序列。
- **Adobe Bridge CC**。可视化的文件浏览器，它提供对 Creative Suite 项目文件、应用程序和设置的集中访问。
- **Adobe Flash Professional CC**。行业标准的交互式 Web 内容制作工具。
- **Adobe SpeedGrade CC**。专业、高级的颜色分级 / 修整工具，支持高端和 3D（立体视觉）视频格式。
- **Adobe Prelude CC**。摄取、编码并将元数据、标记和标签添加到基于文件的素材中，然后创建与 Adobe Premiere Pro 直接共享或通过 XML 与其他 NLE 共享的初步剪接。

- **Adobe Media Encoder CC**。批量处理文件，为 Premiere Pro 和 Adobe After Effects 的任意屏幕生成内容。

1.3.2　Adobe Pro 视频工作流

Adobe Premiere Pro/Creative Cloud 工作流会随着创作的需要而变化。以下是一些场景。

- 使用 Photoshop CC 对来自数码摄像机、扫描仪或视频剪辑的静态图像进行润色并应用特效，然后在 Adobe Premiere Pro 中使用它们。

- 在 Photoshop CC 中制作分层图形文件，然后在 Adobe Premiere Pro 中打开它们。可以选择单独处理每个图层，这样就能够对所选的图层应用特效和动画。

- 使用 Adobe Prelude CC 导入大量媒体文件，添加有价值的元数据、注释和标签。根据 Adobe Prelude 中的子素材创建序列并将它们发送到 Adobe Premiere Pro 中以继续进行编辑。

- 直接从 Adobe Premiere Pro 时间轴将素材发送到 Adobe Audition，以进行专业的音频整理和美化。

- 将 Adobe Premiere Pro 序列发送到 Adobe Audition 以完成专业的音频混合。Premiere Pro 可基于序列创建一个 Adobe Audition 会话，具有混合的视频，这样可以根据操作进行创作。

- 使用 Dynamic Link，在 After Effects CC 中打开 Adobe Premiere Pro 视频剪辑，应用复杂的特效和动画，然后在 Adobe Premiere Pro 中查看结果。在 Adobe Premiere Pro 中可以直接播放 After Effects 合成图像，无须事先渲染它们。也可以从 After Effects CC Global Cache 中受益，它可以保存内存预览以供以后使用。

- 用 After Effects CC 的多种方式创建文字，并对其进行动画处理，这些方式是 Adobe Premiere Pro 所不具备的。然后在具有 Dynamic Link 的 Adobe Premiere Pro 中使用这些合成图。在 After Effects 中进行的调整可以在 Adobe Premiere Pro 中立即显示。

- 使用内置的预设将视频项目导出为蓝光兼容的 H.264 文件，并在 Encore CS6 中使用它们来制作光盘、蓝光光盘或交互式 Flash 应用程序。

本书将主要介绍只涉及 Adobe Premiere Pro 的标准工作流。但是，本书将用几课的篇幅和侧边栏演示如何在自己的工作流中使用 Adobe Creative Cloud 组件，以创建出更好的效果。

1.4　Adobe Premiere Pro 工作区概述

首先了解编辑界面会很有用，这样在后续课程中使用工具时才能认出它们。为了让配置用户界面更简单，Adobe Premiere Pro 提供了工作区。工作区可以快速配置各种面板和工具，以帮助完成特定操作，比如编辑、应用特效或音频混合。

注意：最好将光盘中的所有课程资料复制到硬盘中，直到完成本书的学习，因为一些课程会引用前面课程的文件。

首先将大致了解一下编辑工作区。在本练习中，将使用本书所附光盘中提供的 Adobe Premiere Pro 项目。一定要将光盘中的课程文件复制到硬盘中以获得最佳性能。

1. 确认你已将光盘中的所有课程文件夹及其内容复制到硬盘中。默认情况下，Windows 下的目录是 My Documents/Adobe/Premiere Pro/CC/Lessons，Mac OS 下的目录是 Documents/Adobe/Premiere Pro/CC/Lessons。

注意：可能会弹出一个对话框，询问你某个文件保存的位置。当使用的文件与硬盘中原始文件的保存位置不同时，就会出现这种情况。你需要告诉 Adobe Premiere Pro 此文件的位置。在本例中，导航到 Lessons/Assets 文件夹，选择对话框提示你打开的文件。Adobe Premiere Pro 默认会为其他文件选择此位置。

2. 启动 Adobe Premiere Pro。

在 Adobe Premiere Pro 的欢迎屏幕中，可以启动新项目或者打开已经保存的项目

3. 单击 Open Project（打开项目）。

4. 在 Open Project 窗口中，导航到 Lessons 文件夹下的 Lesson 01 文件夹，然后双击 Lesson 01.prproj 项目文件，在 Adobe Premiere Pro 工作区中打开第一课。

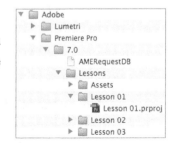

Pr **注意**：所有 Adobe Premiere Pro 项目文件都具有 .prproj 扩展名。

1.4.1 工作区布局

开始之前，确保查看默认工作区。选择 Window（窗口）>Workspace（工作区）>Editing（编辑）。然后，重置 Editing（编辑）工作区，选择 Window（窗口）>Reset Current Workspace（重置当前工作区）。单击确认对话框中的 Yes（是）。

如果你之前没有接触过非线性编辑工具，则默认工作区可能会让你觉得无所适从。没关系，了解了这些按钮的作用之后，事情就变得简单多了。这样的界面布局会简化视频编辑。主要元素如下图所示。

A	源监视器	E	项目面板	I	标记面板（隐藏）	M	工具面板
B	效果控制面板（隐藏）	F	媒体浏览器（隐藏）	J	历史记录面板（隐藏）	N	轨道
C	音频混合器（隐藏）	G	信息面板（隐藏）	K	剪辑	O	时间轴
D	节目监视器	H	效果面板（隐藏）	L	序列	P	音频主控电平表

工作区内的每一个项目都显示在它自己的面板中。你可以在一个框架中放置多个面板。一些通用的公共项目单独排列，比如时间轴、音频混合器和节目监视器。下面介绍一些主要的用户界面元素。

- **Timeline（时间轴）面板**。大部分的实际编辑工作在这里完成。在 Timeline（时间轴）面板中查看并处理序列（Adobe 术语，指已编辑的视频片段或整个项目）。序列的一个优点是可以嵌入它们（将某些序列放置到其他序列中）。我们可以用此方法将完整的任务分解成若干个易于处理的小块或者创建独特的特效。

- **Tracks**（轨道）。可以在无限数量的轨道上分层（或合成）视频剪辑、图像、图形和字幕。在时间轴上，放置在顶部轨道上的视频剪辑会覆盖其下方轨道上的内容。因此，如果你想要让处在底部轨道上的剪辑显现出来，就要为顶部轨道上的剪辑设置一定的透明度，或者缩小它们的尺寸。

- **Monitors**（监视器）面板。Source Monitor（源监视器，位于左侧）用来观看和修剪原始剪辑（拍摄的原始素材）。要在 Source Monitor（源监视器）中查看剪辑，请在 Project（项目）面板中双击该剪辑。Program Monitor（节目监视器，位于右侧）用来查看序列。一些编辑喜欢只使用单个监视器，而本书各课中都会使用两个监视器。你可以自己选择更改为一个监视器视图。在 Source（源）选项卡中，单击 Close（关闭）按钮以关闭该监视器。在主菜单中，选择 Window（窗口）>Source Monitor（源监视器）可以再次打开它。

- **Project**（项目）面板。在这里放置到项目素材的链接。这些素材包括视频剪辑、音频文件、图形、静态图像和序列。可以通过文件夹来组织这些素材。

- **Media Browser**（媒体浏览器）面板。此面板有助于浏览硬盘以查找素材。特别适用于查找基于文件的摄像机媒体文件。

- **Effects**（效果）面板。此面板包含将在序列中使用的所有剪辑效果，包括视频滤镜、音频效果和过渡（默认情况下，停靠在项目面板旁边）。效果按类型分组，这样可以快速找到各种效果。

- **Audio Clip Mixer**（音频剪辑混合器）。此面板（默认情况下，停靠在源、元数据和效果控制面板旁边）看起来很像一台用于音频制作的硬件设备，它包括音量滑块和平移旋钮。在时间轴上每个音轨都有一套控件。进行的调整会应用到音频剪辑中。还有一个专门的 Audio Track Mixer（音频轨道混合器），可以将音频调整应用到轨道。

Effects（效果）面板

- **Effect Controls**（效果控制）面板。此面板（默认情况下，停靠在源、音频剪辑混合器和元数据面板旁边，也可以通过窗口菜单访问它）显示应用到序列中所选剪辑的任意效果控件。可视剪辑都拥有 Motion（运动）、Opacity（不透明度）和 Time Remapping（时间重映射）控件。大多数效果参数都可以随时间进行调整。

- **Tools**（工具）面板。此面板中的每个图标代表一个执行特定功能的工具，通常是编辑功能。Selection（选择）工具与上下文相关。它会自动变换外观，代表与位置相匹配的功能。如果发现鼠标未像预期一样工作，可能是因为使用了错误的工具。

- **Info**（信息）**面板**。Info（信息）面板（默认情况下，停靠在项目面板和媒体浏览器旁边，也可以通过窗口菜单访问它）显示 Project（项目）面板中所选素材或序列中所选剪辑或过渡的信息。

- **History**（历史记录）**面板**。此面板（默认情况下，停靠在效果和信息面板旁边）记录所采取的步骤并支持轻松备份。它是一种可视的 Undo（撤销）列表。如果选择前一个步骤，则在该点之后的所有操作步骤也将被撤销。

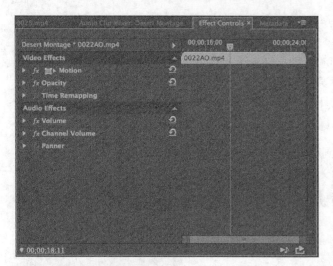

Effect Controls（效果控制）面板

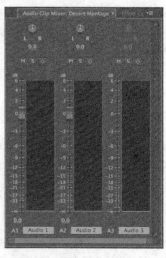

Audio Clip Mixer
（视频剪辑混合器）

Tools（工
具）面板

1.4.2　自定义工作区

除了（根据任务）自定义默认工作区外，还可以调整面板的位置以创建最适合自己的工作区。然后保存工作区，或者是创建多个工作区以执行不同的任务。

- 当更改一个框架尺寸时，其他框架的尺寸会随之做相应的调整。

- 框架中的所有面板都可以通过选项卡来访问。

- 所有面板都是可停靠的，可以将面板从一个框架拖放到另一个框架。

- 可以将某个面板从原来的框架中拖出，使它成为一个单独的浮动面板。

在本练习中，我们会尝试所有这些功能，并保存一个自定义工作区。

> **Pr**　**注意**：移动面板时，Adobe Premiere Pro 会显示一个拖曳区域。如果面板是矩形的，它会变为所选框架的另一个选项卡。如果是梯形，则会形成自己的框架。

1. 单击 Source Monitor（源监视器）面板（如果需要可选择其选项卡），然后将指针定位到

Source Monitor（源监视器）和 Program Monitor（节目显示器）之间的垂直分隔条上。然后，再左右拖动以更改这些框架的尺寸。可以选择不同的尺寸来显示视频。

2. 将指针定位到 Source Monitor（源监视器）和 Timeline（时间轴）之间的水平分隔条上，再上下拖动，改变这些框架的尺寸。

3. 单击 Effects（效果）面板中选项卡左上角的手柄，将它拖到 Source Monitor（源监视器）的中间，将 Effects（效果）面板定位到该框架中。

拖曳区域显示为中心的高亮区域

注意：移动面板时，Adobe Premiere Pro 会显示一个拖曳区域。如果面板是矩形的，它会变为所选框架的另一个选项卡。如果是梯形，则会形成自己的框架。

将多个面板合并到一个框架中时，可能无法看到所有选项卡。会在选项卡上面出现一个导航滑块以在它们之间导航。向左或向右滑动以显示隐藏的选项卡。也可以在 Window（窗口）菜单中选择命令来显示面板。

4. 拖动 Effects（效果）面板的移动柄，将它拖到靠近 Project（项目）面板右侧位置，将它放置到其自己的框架内。

拖曳区域是一个梯形，它覆盖了 Project（项目）面板的右半部分。释放鼠标按钮，这时工作区如上一个图中的示例所示。

还可以将面板拖出来形成浮动面板。

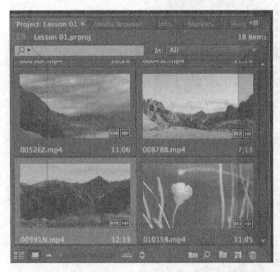

拖曳区域显示为梯形　　　　　　　　　　　　　你可能需要调整面板大小以查看想要的控件

5. 单击 Source Monitor（源监视器）的拖动手柄，在将它拖出框架的同时按住 Ctrl（Windows）或 Command（Mac OS）键，它的拖曳区域图形就更清楚，显示出即将创建一个浮动面板。

6. 将 Source Monitor（源监视器）随便拖到一个位置，创建浮动面板。调整其尺寸的方法是拖住它的某个角或边。

7. 随着编辑技能的提高,也许你想要创建和储存一个自定义工作区。为此,请选择 Window（窗口）>Workspace（工作区）>New Workspace（新建工作区),输入名称,然后单击 OK（确定）按钮。

8. 如果想使工作区返回到其默认布局，请选择 Window（窗口）>Workspace（工作区）>Reset Current Workspace（重置当前工作区）。要返回到一个认识的起点，请选择预设编辑工作区并重置它。

1.4.3 首选项简介

编辑视频越多，就越想自定义 Adobe Premiere Pro 来满足自己的具体要求。有几种类型的首选项，为了便于访问，将它们放在一个面板中。下面将详细介绍首选项，因为它与本书各课相关。我们看一个简单的示例。

1. 在 Windows 下，请选择 Edit（编辑）>Preferences（首选项）>Appearance（外观），而在 Mac OS 下，则请选择 Premiere Pro>Preferences（首选项）>Appearance（外观）。

2. 左右移动 Brightness（亮度）滑块，调整到适合自己的亮度之后，单击 OK（确定）按钮，或者单击 Cancel（取消）以返回到默认设置。

默认亮度是中性灰，有助于正确地查看颜色。

Pr | 提示：当使用最暗的设置时，文本会变为灰底白字。这是为了满足那些在暗房中编辑的编辑人员的要求。

1.4.4　移动、备份和同步用户设置

用户首选项包含许多重要的选项。在大多数情况下，默认设置工作得很好，但是如果你非常熟悉编辑过程，则可能想要进行一些调整。

Adobe Premiere Pro CC 包含了一个新选项，可以在多台机器之间共享用户首选项：安装 Adobe Premiere Pro 时，会输入 Adobe ID 来确认软件许可。可以使用相同的 ID 来保存 Creative Cloud 的用户首选项，这支持你从任何 Adobe Premiere Pro 安装同步和更新它们。

可以在欢迎界面选择 Sync Now（立即同步）来同步首选项，也可以在使用 Adobe Premiere Pro 时同步首选项，方法是在 Windows 下选择 Premiere Pro>你的 Adobe ID>Sync Settings now（立即同步设置），而在 Mac OS 下，选择 File（文件）>Premiere Pro>你的 Adobe ID> Sync Settings now（立即同步设置）。

Sync Settings（同步设置）菜单提供了与 Creative Cloud 相关的几个选项的快捷方式。

| Sync Settings Now |
| Last Sync |
| Use Settings from a Different Account... |
| Clear Settings... |
| Manage Sync Settings... |
| Manage Creative Cloud Account... |

此新选项可以在多台机器之间同步首选项，这使得将作品从一个位置移动到另一个位置变得更加简单。

1.5 复习

1.5.1 复习题

1. 为什么将 Adobe Premiere Pro 视为非线性编辑工具?

2. 描述一下基本的视频编辑工作流。

3. Media Browser（媒体浏览器）的作用是什么?

4. 可以保存自定义工作区吗?

5. Source Monitor（源监视器）的目的是什么? Program Monitor（节目监视器）的目的是什么?

6. 如何将一个面板拖动为浮动面板?

1.5.2 复习题答案

1. Adobe Premiere Pro 支持你将视频剪辑、音频剪辑和图形放置到序列的任何位置，重新排列序列中的项目，添加过渡，应用效果，以及以适合自己的任何顺序执行大量其他视频编辑步骤。

2. 拍摄视频；将视频传输到计算机上；在时间轴上创建视频、音频和静态图像剪辑序列；添加效果和过渡；添加文本和图形；混合音频，以及导出完成的作品。

3. Media Browser（媒体浏览器）支持你浏览并导入媒体文件，无须打开外部文件浏览器。处理基于文件的摄像机素材时，它特别有用。

4. 是的，可以保存任何自定义工作区，方法是选择 Window（窗口）>Workspace（工作区）>New Workspace（新建工作区）。

5. 可以使用监视器面板来查看原始剪辑和序列。在 Source Monitor（源监视器）中可以查看和修剪原始素材，而使用 Program Monitor（节目监视器）可以在构建素材时查看时间轴序列。

6. 按住 Ctrl（Windows）或 Command（Mac OS）键，同时使用鼠标拖动面板。

第2课 设置项目

课程概述

在本课中，你将学习以下内容：

- 选择项目设置；
- 选择视频渲染和播放设置；
- 选择视频和音频显示设置；
- 创建暂存盘；
- 使用序列预设；
- 调整用户首选项；
- 自定义序列设置。

 本课大约需要 45 分钟。

开始编辑之前，需要创建一个新项目并为第一个序列选择一些设置。如果不熟悉视频和音频技术，则所有选项可能有些令人崩溃。幸运的是，Adobe Premiere Pro CC 提供了简单的快捷键。此外，无论是创建视频还是音频，视频和音频的再现原则是一样的。

问题是要知道自己想做什么。为了帮助你计划和管理项目，本课包含了很多有关格式和视频技术的信息。随着对 Adobe Premiere Pro 熟悉程度的增加，稍后你可能会决定重温本课内容。

实际上，尽管可能很少需要更改默认设置，但是最好能了解所有选项的含义。

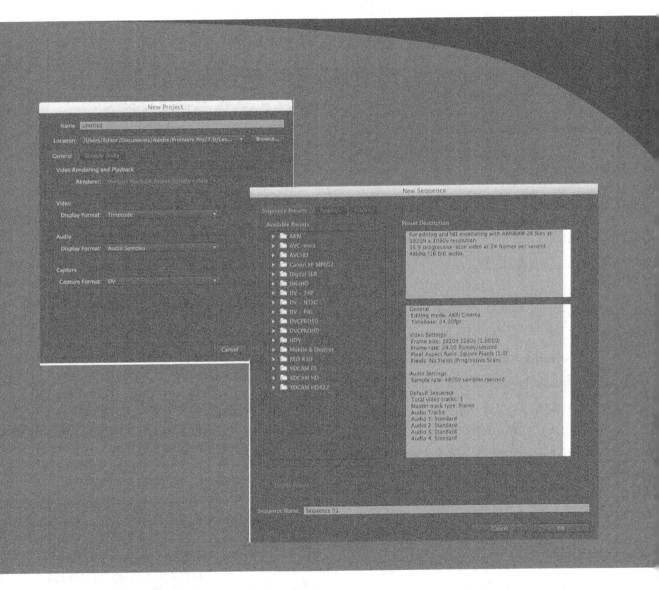

在本课中，你将学习如何创建新项目，以及如何选择序列设置，告知
Adobe Premiere Pro 如何播放剪辑。

2.1 开始

Adobe Premiere Pro 项目文件保存其项目所用的所有视频和音频文件（比如剪辑）的链接。项目文件至少包含一个序列，即按顺序播放的一系列剪辑，具有特效、字幕和声音，形成了完整的作品。你可以选择使用剪辑的哪个部分及其播放顺序。使用 Adobe Premiere Pro 进行编辑的好处是可以随时改变你的想法。

记住，Adobe Premiere Pro 项目文件的文件扩展名为 .prproj。

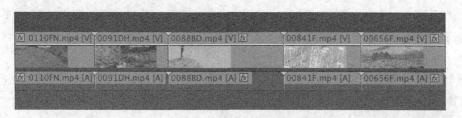

Pr **注意：**Adobe Premiere Pro 中使用的许多术语都来自电影剪辑，包括术语"剪辑"。在传统的电影剪辑中，电影剪辑师使用剪刀剪出一段电影，然后将这段电影放在一边，以便在编辑中使用它。
一个序列中的视频和音频剪辑按顺序播放，以形成完整的编辑。

通常来说，开始一个新的 Adobe Premiere Pro 项目很简单。你可以创建一个新项目，选择一个序列预设，然后开始编辑。

创建一个具有特定设置的序列并将多个剪辑放置在其中。最重要的是要了解序列设置如何更改 Adobe Premiere Pro 播放视频和音频剪辑的方式。可以通过选择预设更改设置，只要该预设是你想要的。

你需要知道摄像机拍摄的视频和音频类型，因为序列设置通常基于原始剪辑。为了便于选择正确的设置，Adobe Premiere Pro 序列预设根据不同的摄像机记录格式进行命名，因此，如果知道摄像机录制的视频格式，就会了解选择哪个预设。

Pr **注意：**预设会预先选择几个设置，这节省了你的时间。可以使用现有的序列预设，也可以创建一个新序列预设以供下次使用。

在本课中，你将了解如何创建新项目并选择告知 Adobe Premiere Pro 如何播放剪辑的序列设置，还将了解不同类型的音频轨道，什么是预览文件，以及如何打开使用 Apple Final Cut Pro 和 Avid Media Composer 创建的项目。

2.2 设置项目

我们首先创建一个新项目。

1. 启动 Adobe Premiere Pro，会出现欢迎屏幕。

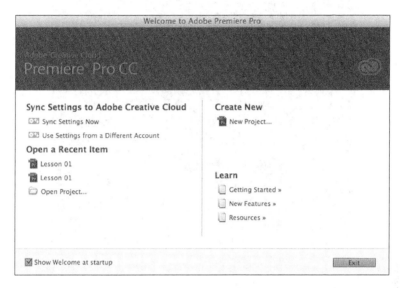

Recent Item（最近的项目）是之前打开的项目列表。如果是第一次启动 Adobe Premiere Pro，它将是空白的。

此窗口中有几个按钮。

- New Project（新建项目）：打开 New Project（新建项目）对话框。

- Open Project（打开项目）：支持浏览一个现有项目文件并打开它以继续工作。

- Resources（资源）：打开在线 Help（帮助）系统。需要连接到互联网才能访问在线 Adobe Premiere Pro 帮助。

- Exit（退出）：退出 Adobe Premiere Pro。

- Sync Now/Sync Settings Now（立即同步 / 立即同步设置）：允许你同步用户首选项和保存在 Creative Cloud 中的首选项。

- Use Settings from a Different Account（使用其他账户同步设置）：可以选择想要同步用户首选项的 Adobe ID。

2. 单击 New Project（新建项目）以打开 New Project（新建项目）对话框。

> **Pr** 注意：你会注意到选项卡面板和对话框在 Adobe Premiere Pro 中出现了多次。它们是以更小的空间容纳更多选项的有用方式。

此对话框有两个选项卡：General（常规）和 Scratch Disks（暂存盘）。此对话框中的所有设置稍后都可以更改。在大多数情况下，你会想要保持默认设置。让我们来看一下它们的含义。

2.2.1　视频渲染和播放设置

当创造性地处理序列中的视频剪辑时，很可能要应用一些视觉效果。一些特效可能会立即起作用，单击 Play（播放）时会立刻将原始视频与效果组合起来并显示结果。这种情况称为实时播放。

实时播放是可取的，因为这意味着可以立刻看到创意选项的结果。Adobe Premiere Pro 中的许多特效都可以实时显示结果。

如果使用了很多效果，或者是使用的效果无法实时发挥作用，则计算机可能无法以全帧速率显示结果。也就是说，Adobe Premiere Pro 会试图显示视频剪辑及特效，但不会显示每秒的每一个帧。这种情况称为丢帧。

渲染和实时的实际意思是什么？

我们可以将渲染视为画家的渲染，其中一些内容是可视的，画家在渲染时需要用到笔墨纸张并花费时间。假设你有一段很暗的视频。你添加了一个特效来让视频变亮，但是视频编辑系统无法同时播放原始视频并让视频变得更亮。在这种情况下，系统会渲染效果，创建一个新的临时视频文件，该文件是原始视频和特效的组合，以让视频变得更亮。

当播放包含了具有渲染效果的剪辑的序列部分时，系统会以不可见的方式无缝地切换到播放新渲染的视频文件，会像播放其他文件一样播放此文件。尽管原始视频应用了一种效果，但实际上只是一个正常播放的简单视频剪辑。

完成了具有已变亮视频的序列后，系统会以不可见的方式无缝地切换回播放原始视频文件。

渲染的一个缺点是会占用额外的硬盘空间并且需要一定的时间。这还意味着你正在查看基于原始媒体的新视频文件，而该文件可能会损失了一些质量。渲染的优点是能确保系统将以同样的质量播放效果。

实时就是立刻！使用实时特效时，系统会立刻播放带有特效的原始视频剪辑，无须等待渲染。实时性能的唯一缺点是无须渲染即可显示的数量取决于系统的性能。对于Adobe Premiere Pro，使用恰当的显卡可以明显改进实时性能（请参见下一页的"水银回放引擎"）。此外，你需要使用可以实时播放的效果，并不是所有效果都可以实时播放。

Adobe Premiere Pro 会在时间轴顶部显示一条彩色线，告诉你什么时候需要额外的工作才能播放视频。

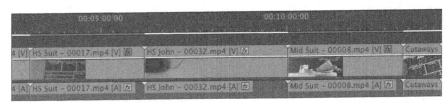

播放序列时没有看到每个帧也没有关系。这不会影响最终结果。完成编辑并输出最终序列（有关这一方面的更多信息，请参见第 18 课）时，会以同样的质量显示所有帧。但是，可能会对你的编辑经验和预览所应用效果的能力产生影响。有一种简单的解决方案：预览渲染。

选择渲染时，Adobe Premiere Pro 会生成一个应用了特效的新视频文件，它看起来与所选的序列部分很像。每次播放序列部分时，Adobe Premiere Pro 会自动以不可见的方式切换到新视频文件并播放它。播放完此序列部分后，Adobe Premiere Pro 会接着播放序列的下一个剪辑。

这意味着 Adobe Premiere Pro 可以同样的质量和帧速率播放特效的结果，计算机无须进行额外的工作，只是播放一个正常的视频文件。

实际上，告诉 Adobe Premiere Pro 渲染与按键盘上的一个键（如 Enter 键）或从菜单中选择一个选项一样简单。

| Render Effects In to Out | ↵ |
| Render In to Out | |

如果 New Project Renderer（新建项目渲染器）菜单可用，则意味着计算机的图形硬件满足最低的 GPU 加速要求，并且安装正确。

你将看到两个选项。

- **Mercury Playback Engine GPU Acceleration**（水银回放引擎 GPU 加速）。如果选择此选项，Adobe Premiere Pro 将向计算机的图形硬件发送许多播放任务，提供许多实时效果和序列中混合格式的轻松播放。

- **Mercury Playback Engine Software Only**（水银回放引擎软件渲染模式）。这是非实时播放的一个重大进步，可以使用计算机的所有可用能力，获得出色的性能。如果计算机没有合适的图形硬件，则只有此选项可用，并且不可以单击此菜单。

如果有一个兼容的显卡，则可以选择 GPU 加速实现更好的性能。此选项会让 Adobe Premiere Pro 将一些播放视频和应用视觉效果的工作交给 GPU。

你肯定希望选择 GPU 选项并获得更高的性能。

如果此选项可用，立刻选择此选项。

水银回放引擎

对于 Adobe Premiere Pro CS5，Adobe 引入了水银回放引擎。水银回放引擎明显改善了播放性能，使执行下列操作变得更快速且更简单：处理多种视频格式、多个特效和多个视频图层（比如画中画效果）。

在 CS5.5 和 CS6 中改进了水银回放引擎，在 CC 版本中再次改进了它。它包含三个主要功能。

- **播放性能**。改进了 Adobe Premiere Pro 播放视频文件的方式，尤其是播放一些很难播放的视频类型。例如，如果使用数码单反相机进行拍摄，很可能媒体是使用 H.264 编解码器录制的，这种格式很难播放。有了新的水银回放引擎，就可以轻松播放这些文件。

- **64 位和多线程**。Adobe Premiere Pro 是 64 位应用程序，这意味着它可以使用计算机上的所有 RAM。处理高分辨率视频时，这非常有用。水银回放引擎也是多线程的，这意味着可以使用计算机的所有 CPU 核心。计算机的功能越强大，Adobe Premiere Pro 的性能就会越好。

- **CUDA 和 Open CL 支持**。如果有合适的图形硬件，Adobe Premiere Pro 则可以将一些播放视频的工作委托给显卡，而不是让计算机的 CPU 承担全部处理工作。这样，在处理序列时可以获得更好的性能和响应能力，并且可以实时播放许多特效。

有关支持的显卡列表，请访问 www.adobe.com/products/premiere/tech-specs.html。

2.2.2　视频 / 音频显示格式设置

接下来的两个选项告诉 Adobe Premiere Pro 如何计算视频和音频剪辑的时间。

在大多数情况下，会选择默认选项：针对视频选择 Timecode（时间码），而针对音频选择 Samples（采样）。这些设置不会改变 Adobe Premiere Pro 播放视频或音频剪辑的方式，只改变计算时间的方式。

1.　视频显示格式

Video Display Format（视频显示格式）有 4 个选项。指定项目的正确选项取决于是使用视频还是影片作为源素材。

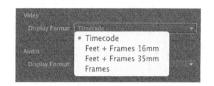

关于秒和帧

当摄像机拍摄视频时，会捕捉一系列运动的静态图像。如果每秒捕捉的图像足够多，那么在播放时看起来就像录像。每个图像就是一帧，而每秒的帧数通常被称为帧速率（fps）。

帧速率（fps）将取决于摄像机/视频格式和设置。它可以是任意数字，包括 23.976、24、25、29.97、50 或 59.94。一些摄像机支持在多种帧速率之间进行选择，提供不同的选项来适应帧大小。

Adobe Premiere Pro 可播放所有常见帧速率的视频。

选项如下所示。

- **Timecode**（时间码）。这是默认选项。它是一个通用标准，用于计算视频文件或磁带文件的小时、分钟、秒和各个帧。世界各地的摄像机、专业录像机和非线性编辑系统都使用同样的系统。

- **Feet + Frames 16mm**（英尺 + 帧 16 毫米）或 **Feet + Frames 35mm**（英尺 + 帧 35 毫米）。如果源文件来自电影并且你打算让胶卷显影室进行编辑决策，以便他们可以将原始负片剪成完整的电影，那么你可能想要使用这种标准的计算时间方法。不是计算时间，而是计算自上一英尺以后的英尺数和帧数。它有点像英尺和英寸，但是使用帧而不是英寸。由于 16 毫米胶片和 35 毫米胶片具有不同的帧大小（和不同的每英尺帧数），因此为每种胶片提供了一个选项。

- **Frames**（帧）。此选项仅计算视频帧数，从 0 开始。它有时用于动画项目，并且是胶卷显影室希望接收有关胶片项目的编辑的另一种方式。

对于此练习，将 Video Display Format（视频显示格式）设置为 Timecode（时间码）。

2. 音频显示格式

对于音频文件，时间可以使用采样或毫秒来度量。

- **Audio Samples**（音频采样）。录制数字音频时，会捕捉一个声音样本，使用麦克风捕捉时，可以达到每秒数千次。在大多数专业摄像机中，通常为每秒 48 000 次。在 Audio Samples 模式下，Adobe Premiere Pro 将以小时、分钟、秒和采样显示序列的时间。每秒的采样数量将取决于序列设置。

- **Milliseconds**（毫秒）。选择此模式，Adobe Premiere Pro 将以小时、分钟、秒和毫秒显示序列的时间。

默认情况下，Adobe Premiere Pro 允许放大序列以查看各个帧。但是，可以轻松地切换到音频显示模式。这强大的功能让你能够对声音进行最细微的调整。

对于本项目，将 Audio Display Format（音频显示格式）选项设置为 Audio Samples。

2.2.3 捕捉格式设置

Capture Format（捕捉格式）设置菜单告诉 Adobe Premiere Pro 将视频从录像带录制到硬盘时使用哪种格式。

1. DV 和 HDV 捕捉

不需要额外的第三方硬件，Adobe Premiere Pro 可以使用计算机上的 FireWire 连接（如果有的话）从 DV 和 HDV 摄像机录制视频。FireWire 也称为 IEEE 1394 和 i.Link。

FireWire 是一种方便的磁带媒体连接，因为它只使用一条连接线来传输视频和音频信息、设备控制（计算机可以以此告诉视频转录装置进行播放、快进和暂停等操作）和时间码。

2. 第三方硬件捕捉

并不是所有视频转录装置都使用 FireWire 连接，因此你可能需要安装额外的第三方硬件，以便连接视频转录装置进行捕捉。

如果有额外的硬件，则应该按照制造商提供的说明来安装硬件。最有可能的情况是，你将安装硬件提供的软件，这样做会发现计算机已经安装了 Adobe Premiere Pro，会自动将额外的选项添加到此菜单（和其他菜单）。

按照第三方设备提供的说明来配置新 Adobe Premiere Pro 项目。

有关视频捕捉硬件和 Adobe Premiere Pro 支持的视频格式的更多信息，请访问 www.adobe.com/products/premiere/extend.html。

现在请忽略此设置，因为在本练习中我们不会从磁带机捕捉，并且此设置可以随时更改。

> **注意**：水银回放引擎可以与视频采集卡共享性能以进行监控，这多亏了 Adobe Mercury Transmit，这是自 Adobe Premiere Pro CS6 以来就包含的功能。

2.2.4 暂存盘设置

只要 Adobe Premiere Pro 从磁盘捕捉（记录）视频或者渲染特效，就会在硬盘上创建新的媒体文件。

暂存盘是这些新文件的存储位置。顾名思义，暂存盘可以是单独的磁盘，也可以是任意文件存储位置。暂存盘可以放置在相同的磁盘或者单独的磁盘上，这取决于硬件和工作流的需要。如果正在处理非常大的媒体文件，那么将所有暂存盘放在不同的硬盘上有助于提升性能。

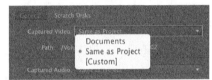

通常有两种存储方法支持视频编辑。

- **基于项目的设置**。所有相关媒体文件与项目文件都保存在同一个文件夹中。
- **基于系统的设置**。将与多个项目相关的媒体文件保存到一个集中的位置，而将项目文件保存到另一个位置。

2.2.5 项目文件设置

除了选择创建新媒体文件的位置外，Premiere Pro 还允许选择保存 Auto Save（自动保存）文件的位置。Auto Save 文件是工作时自动创建的项目文件副本。如果需要返回到之前的项目版本，则可以打开其中一个副本。

1. 使用基于项目的设置

默认情况下，Adobe Premiere Pro 会将新创建的媒体文件与项目文件保存在一起，这就是 Same as Project（与项目相同位置）选项。以这种方式将所有内容放在一起，可以轻松地查找相关文件。还可以更有条理一些，方法是在导入文件之前，将想要导入项目的所有媒体文件移动到一个文件夹中。完成项目后，通过删除保存项目文件的文件夹，可以删除系统上与此项目相关的一切内容。

2. 使用基于系统的设置

一些编辑喜欢将所有媒体保存在一个位置，而另一些编辑会选择保存捕捉文件夹并预览不同位置的项目文件夹。当多个编辑共享多个编辑系统并且所有人都连接到同一个存储硬盘时，这是一种常见的选择。对于拥有快速视频媒体硬盘和缓慢的其他内容硬盘的编辑来说，这也是一种常见的选择。

典型的硬盘设置和基于网络的存储

尽管所有文件类型可以在一个硬盘中共存，但典型的编辑系统有两个硬盘：硬盘1专门用于操作系统和程序，而硬盘2（通常是速度更快的硬盘）专门用于视频项目，包括捕捉的视频和音频、视频和音频预览、静态图像和导出的媒体。

一些存储系统使用本地计算机网络在多个系统之间共享存储。如果你的Adobe Premiere Pro设置就是这种情况，请联系系统管理员以确保你拥有正确的设置。

对于本项目，建议将暂存盘设置为默认的选项：Same as Project（和项目相同的位置）。

1. 单击 Name（名称）框并将新项目命名为 Lesson 02。

2. 单击 Browse（浏览）按钮，然后在计算机硬盘上为这些课程选择一个位置。

3. 如果项目设置正确，则 New Project 窗口中的 General 和 Scratch Disks 选项卡应该与下面所示的界面相同。如果设置相同，请单击 OK 按钮以创建项目文件。

2.2.6 导入 Final Cut Pro 项目

Adobe Premiere Pro CC 可以导入和导出使用 Final Cut Pro 7 XML 创建的媒体文件的序列和链接。XML 文件以 Final Cut Pro 和 Adobe Premiere Pro 可以理解的方式保存有关编辑决策的信息。这使它适合在两个应用程序之间共享创意工作。

1. 从 Final Cut Pro 7 导出 XML 文件

需要在 Final Cut Pro 中打开 Final Cut Pro 项目文件才能创建 XML 文件。将 XML 文件导入 Adobe Premiere Pro 时，需要 Final Cut Pro 使用的媒体文件。Adobe Premiere Pro 可以共享相同的文件。

1. 在 Final Cut Pro 中打开现有项目。

2. 如果想导出整个项目，则不要选择项目的任何内容；如果只想导出部分内容，则选择想要导出的项目。

3. 选择 File（文件）>Export（导出）>XML。

在 XML 对话框中，会看到一个报告，显示选择了多少素材箱、剪辑和序列。

4. 选择 Apple XML Interchange Format, version 4（Apple XML 交换格式，版本 4）选项以获得与 Adobe Premiere Pro 的最大兼容性。

5. 将 XML 文件保存在一个易于查找的位置（比如与项目保存在一起）。

媒体最佳实践

如果打算同时使用 Final Cut Pro 和 Adobe Premiere Pro，要使用一个两种编辑系统都可以轻松处理的媒体格式。Adobe Premiere Pro 支持大量媒体格式，并且可以轻松处理 Final Cut Pro ProRes 媒体文件。

出于此原因，最好使用 Final Cut Pro 来导入媒体文件并从磁带捕捉视频。在 Final Cut Pro 中可以使用 ProRes 媒体设置项目，然后轻松地与 Adobe Premiere Pro 交换项目。

请访问 www.adobe.com/products/premiere/extend.html，了解与 Final Cut Pro 共享项目相关的更多信息。

2. 导入 Final Cut Pro 7 XML 文件

将 Final Cut Pro 7 XML 文件导入 Adobe Premiere Pro 的方式与导入其他文件的方式一样（有关

详细信息，请参见第 3 课）。导入 XML 文件时，Adobe Premiere Pro 引导你将序列和剪辑信息连接到 Final Cut Pro 使用的原始媒体文件。Final Cut Pro 对在 XML 文件中包含的信息量有限制，因此你会发现其专有效果（比如颜色校正）不会传递给 Adobe Premiere Pro。在使用此工作流之前请先进行测试。

2.2.7 导入 Avid Media Composer 项目

Adobe Premiere Pro 可以导入和导出使用从 Avid Media Composer 导出的 AAF 文件的媒体文件的序列和链接。AAF 文件以 Avid 和 Adobe Premiere Pro 可以理解的方式保存有关编辑决策的信息。这使它适合在两个应用程序之间共享创意工作。

1. 从 Avid Media Composer 导出 AAF 文件

需要在 Avid Media Composer 中打开 Avid 项目文件才能创建 AAF 文件。将 AAF 文件导入 Adobe Premiere Pro 时，需要 Avid Media Composer 使用的媒体文件。Adobe Premiere Pro 可以共享相同的文件。

1. 在 Media Composer 中打开现有项目。

2. 选择想要转移的序列。

3. 选择 File（文件）>Export（导出）。单击 Options（选项）按钮。

在标准的 Avid Export（Avid 导出）对话框中，底部有一个包含模板的菜单。底部的 Options（选项）按钮支持自定义。

4. 在 Export Settings（导出设置）对话框中，执行下列操作。

- 选择 AAF Edit Protocol（AAF 编辑协议）。

- 包含序列中的所有视频轨道。

- 包含序列中的所有音频轨道。

- 在 Export Method（导出方法）的 Video Details（视频细节）选项卡中，选择 Link to (Don't Export) Media（链接到不导出的媒体）。

- 在 Export Method（导出方法）的 Audio Details（音频细节）选项卡中，选择 Link to (Don't Export) Media（链接到不导出的媒体）。

- 在 Audio Details（音频细节）选项卡中，选择 Include Rendered Audio Effects（包含渲染音频效果）。

- 包含标记——仅导出入点 / 出点之间的剪辑（可选）。

- 使用启用的轨道（可选）。

5. 将 AAF 文件保存在一个易于查找的位置。

2. 导入 Avid AAF 文件

导入 Avid AAF 文件的方式与导入其他文件的方式一样（请参见第 3 课）。导入 AAF 文件时，Adobe Premiere Pro 引导你将序列和剪辑信息连接到 Avid 使用的原始媒体文件。Avid 对在 AAF 文件中包含的信息量有限制，因此你会发现其专有效果（比如颜色校正）不会传递给 Adobe Premiere Pro。在使用此工作流之前请先进行测试。

> **媒体最佳实践**
>
> Avid Media Composer使用的媒体管理系统与Adobe Premiere Pro完全不同。但是，自Media Composer 3.5版之后，新的AMA系统已允许链接到Avid媒体组织系统外部的媒体。将AAF文件导入Adobe Premiere Pro时，使用AMA导入到Avid Media Composer的媒体通常重新链接得更好。Avid Media Composer的AMA文件夹中的媒体可以是Apple QuickTime能播放的任何内容，包括P2、XDCAM和RED。你的Adobe Premiere Pro编辑系统上应该有一个恰当的编解码器可用。
>
> 如果使用Avid Media Composer的AMA系统链接到P2或XDCAM等原始媒体，通常可以获得最佳结果。
>
> 请访问www.adobe.com/products/premiere/extend.html，了解与Avid Media Composer共享项目相关的更多信息。

2.3 设置序列

你可能想要创建序列，在其中放置视频剪辑、音频剪辑和图形。Adobe Premiere Pro 会改变放置到序列中的视频和音频剪辑，以便它们匹配序列的设置。项目中的每个序列具有不同的设置，你会想要选择与原始媒体尽可能精确匹配的设置。这样做可以减少系统播放剪辑所做的工作，改进实时性能，并提高质量。

2.3.1 创建自动匹配源媒体的序列

如果不确定应选择哪种序列设置，不要担心。Adobe Premiere Pro 有一种特殊的快捷方式，可以根据原始媒体创建序列。

> **Pr** 提示：如果添加到序列的第一个剪辑与序列的播放设置不匹配，Adobe Premiere Pro 会询问你是否想更改序列设置以让它自动匹配。

Project（项目）面板底部有一个 New Item（新建项目）菜单按钮▣。可以使用此菜单创建新项目，比如序列和字幕。

要自动创建匹配媒体的序列，在 Project 面板中将任意剪辑拖放到此 New Item 菜单按钮上即可。

Adobe Premiere Pro 会创建一个与剪辑名称相同的新序列，以及一个匹配的帧大小和帧速率。现在可以开始编辑了，并且可以确信序列设置将正常工作。

2.3.2 选择正确预设

如果你知道自己所需的设置，则 Adobe Premiere Pro 为你提供了所有选项来配置序列。如果你不确定，则可以从预设列表中进行选择。

单击 Project 面板底部的 New Item 菜单按钮，并选择 Sequence。

New Sequence（新建序列）对话框有 3 个选项卡：Sequence Presets（序列预设）、Settings（设置）和 Tracks（轨道）。我们从 Sequence Presets 开始。

Sequence Presets 选项卡让设置新序列变得更简单。选择预设时，Adobe Premiere Pro 为序列选择最匹配特定视频和音频格式的设置。选择了预设后，可以在 Settings（设置）选项卡中微调这些设置。

你将发现针对最常使用和支持的媒体类型的大量预设配置选项。根据摄像机格式组织这些设置（具体设置位于一个文件夹中，而该文件夹以录制格式命名）。

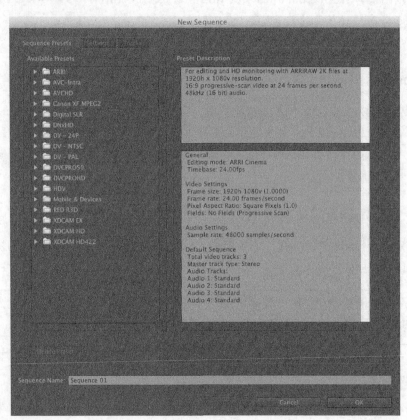

单击提示三角形来查看组中的具体设置。这些设置通常围绕帧速率和帧大小进行设计。我们来看一个示例。

1. 单击组 AVCHD 旁边的提示三角形。

现在可以看到三个子文件夹，根据帧大小和隔行扫描方法分组。记住，摄像机通常可以使用大小不同的 HD 并以不同的帧速率和录制方法拍摄视频。下一个练习所用的媒体是 720p 的 AVCHD，帧速率为 25fps。

2. 单击 720p 子组旁边的提示三角形。

3. 为了最好地匹配将使用的素材，可单击 AVCHD 720p25 预设来选择它。

开始视频编辑时，可能会发现可用的格式太多了。Adobe Premiere Pro 可以播放并处理非常多的视频和音频格式，并且通常可以顺利地播放不匹配的格式。

但是，当 Adobe Premiere Pro 因序列设置不匹配而不得不调整视频以进行播放时，系统必须做额外的工作才能播放视频，这会影响实时性能。开始编辑之前，有必要花时间确保序列设置与原始媒体文件相匹配。你会注意到，所有预设都是按照摄像机类型分组的，因此可以轻松选择适合的预设。

要素始终是相同的：每秒的帧数量、帧大小（图片中的像素数量）。如果打算将序列转换为文件，那么帧速率、音频格式和帧大小等内容应与此处所选的设置相匹配。

当输出到一个文件时，可以选择想要的任意导出格式（有关导出的更多信息，请参见第 18 课）。

尽管标准的预设通常就很合适，但你可能想要创建自定义设置。为此，首先选择与媒体匹配的序列预设，然后在 Settings 选项卡中进行自定义选择。可以单击 Settings 选项卡底部的 Save Preset（保存预设）按钮来保存自定义预设。在 Save Settings（保存设置）对话框中为自定义的项目设置预设命名，如果愿意也可以添加注释，然后单击 OK 按钮。该预设将出现在 Sequence Presets 下的 Custom 文件夹中。

可以使用 Apple ProRes 作为自己的预览文件编解码器。选择一种自定义编辑模式，然后选择 QuickTime 作为预览文件格式，并选择 Apple ProRes 作为编解码器。

2.3.3 自定义序列

选择了最匹配源视频的序列预设后，你可能想要调整设置以适应具体的序列。

要开始进行调整，单击 Settings 选项卡，并选择与 Adobe Premiere Pro 播放视频和音频文件的方式更匹配的选项。记住，Adobe Premiere Pro 会自动改编添加到时间轴的视频，以使它与序列设置相匹配，这提供了标准的帧速率和帧大小，无论原始格式是什么。

你会注意到，使用预设时一些设置无法更改。这是因为它们针对在 Preset 选项卡中所选的媒体类型进行了优化。为了获得完全的灵活性，将 Editing Mode（编辑模式）菜单更改为 Custom（自定义），则将能够更改所有可用的选项。

Settings 选项卡允许你自定义预设的各个设置。如果你的媒体与其中一个预设匹配，则没有必要对 Settings 选项卡进行更改。实际上，建议不要对 Settings 选项卡进行更改。

格式和编解码器

视频文件类型，比如Apple QuickTime、Microsoft AVI和MXF，是具有多种不同视频和音频编解码器的容器。文件被称为包装器，而视频和音频则被称为本质特征。

编解码器是压缩器/解压缩器的简称。它是视频和音频信息的存储方式。

如果将完成的序列输出为文件，则将选择文件类型和编解码器。

最大位深和最高渲染质量

　　如果启用Maximum Bit Depth（最大位深）选项，则Adobe Premiere Pro可以尽可能地最高质量渲染特效。对于许多特效，这意味着32位浮点颜色，这支持数万亿的颜色组合。这是效果所能获得的最佳质量，但是需要计算机执行更多的工作，因此如果启用了此选项，那么实时性能可能会降低。

　　如果启用Maximum Render Quality（最高渲染质量）选项，或者是拥有GPU加速，则Adobe Premiere Pro使用更高级的系统来将图像缩放得更小。如果没有此选项，在缩小图像时可能会看到人为痕迹或噪点。如果没有GPU加速，此选项将影响播放性能。

　　可以随时打开或关闭这些选项，因此可以在编辑时关闭这些选项，而在输出完成作品时打开这些选项。即使同时打开这两个选项，也可以使用实时效果并获得良好的Adobe Premiere Pro性能。

2.3.4　了解音频轨道类型

　　如果在 New Sequence 对话框中单击 Tracks 选项卡，则可以选择新序列的轨道选项。当为序列添加视频或音频剪辑时，会将它们放在轨道上。轨道是序列中的水平区域，在特定的时间保存剪辑。如果有多个视频轨道，则放置在顶部轨道的任何视频将位于底部轨道的剪辑前面（如果它们是同一个时间段）。因此，如果第二个视频轨道上有文本或图形，而第一个视频轨道上有视频，则会看到所有内容。

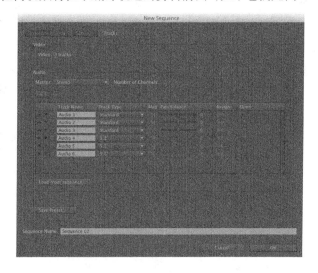

　　所有音频轨道会同时播放，因此可以轻松地创建音频混合。只需将音频剪辑放在不同的轨道上，按照时间进行排列即可。可以将叙述、插播、音效和音乐放在专用轨道上进行分类，这样就可以更轻松地找到序列的方向。

　　Adobe Premiere Pro 可以在创建序列时指定将添加的视频和音频轨道的数量。稍后可以添加和删除视频或音频轨道，但是无法更改 Audio Master（声音母带）设置。

Pr　注意：创建了序列后，无法更改 Audio Master 设置。此设置用于选择单声道、立体声、5.1 或多声道输出。出于这些课程的目的，我们将选择 Stereo（立体声）设置。如果你刚接触视频编辑，很可能会为大多数项目选择 Stereo 设置。其他选项用于高级的专业工作流，比如电影的混合环绕声。

可以从几种音频轨道类型中进行选择。每种轨道类型旨在添加特定类型的音频文件。选择特定的轨道类型时，Adobe Premiere Pro 提供了正确的控件来调整声音。

为具有视频和音频的序列添加剪辑时，Adobe Premiere Pro 确保音频部分位于正确的轨道，不会意外地将音频剪辑放到错误的轨道上；如果没有正确的轨道类型，则 Adobe Premiere Pro 将自动创建一个正确的轨道类型。

在接下来的几小节中，我们将简单地介绍一下每种类型（在第 11 课详细介绍音频）。

2.3.5　音频轨道

音频轨道是放置音频剪辑的水平区域。Adobe Premiere Pro 中的音频轨道类型如下所示。

* **Standard**（标准）。这些轨道可以包含单声道和立体声音频剪辑。
* **5.1**。这些轨道只能包含具有 5.1 音频的音频剪辑（环绕立体声格式）。
* **Adaptive**（自适应）。此轨道类型是在 Adobe Premiere Pro CS6 中增加的。自适应轨道可以包含单声道和立体声音频，并让你精确控制音频母带的输出路由。
* **Mono**（单声道）。此轨道类型只包含单声道音频剪辑。

```
• Standard
  5.1
  Adaptive
  Mono
```

2.3.6　子混合

子混合是 Adobe Premiere Pro 中音频整理工具的一个特殊功能，可以将序列中轨道的输出发送到子混合而不是直接发送到主输出，然后使用子混合来应用特殊音频效果并更改音量。对于单个轨道来说，此功能看起来不是很有用，但是可以将任意多的常规音频轨道发送到一个子混合。这意味着一个子混合可以控制 10 个音频轨道。简单地说，这意味着更少的单击和更多的操作。

根据想要的输出选项选择子混合。

* **Stereo Submix**（立体声子混合）。用于子混合立体声轨道。
* **5.1 Submix**（5.1 子混合）。用于子混合 5.1 轨道。
* **Adaptive Submix**（自适应子混合）。用于子混合单声道或立体声轨道。
* **Mono Submix**（单声道子混合）。用于子混合单声道轨道。

```
Stereo Submix
5.1 Submix
Adaptive Submix
Mono Submix
```

对于第一个序列，我们将使用默认设置。一定要花时间单击可用的选项以便了解它们。

1. 现在，单击 Sequence Name 框并将序列命名为 First Sequence。

2. 单击 OK 按钮以创建序列。

3. 选择 File>Save。恭喜你！使用 Adobe Premiere Pro 创建了新项目和序列。

如果还没有将媒体和项目文件复制到计算机，请在学习第 3 课前完成此操作（可以在本书的"前言"中找到说明）。

2.4 复习

2.4.1 复习题

1. New Sequence 对话框中的 Settings 选项卡的用途是什么?

2. 如何选择序列预设?

3. 什么是时间码?

4. 如何创建自定义序列预设?

5. 如果没有额外的硬件,则 Adobe Premiere Pro 中可用的捕捉设置有哪些?

2.4.2 复习题答案

1. Settings 选项卡用于自定义现有预设或创建新的自定义预设。如果使用的是标准媒体类型,则需要选择一个序列预设。

2. 通常最好选择与原始素材匹配的预设。Adobe Premiere Pro 通过描述摄像系统中的预设简单地说明了这一问题。

3. 时间码是通用的专业系统,用于以小时、分钟、秒和帧来计算时间。每秒的帧数量取决于录制格式。

4. 选择了自定义预设的设置时,单击 Save Preset 按钮,输入名称和描述,并单击 OK 按钮。

5. 如果计算机有 FireWire 连接,则 Adobe Premiere Pro 会录制 DV 和 HDV 文件。如果通过安装软件获得了额外的连接,请阅读硬件的文档来了解最佳设置。

第3课 导入媒体

课程概述

在本课中，你将学习以下内容：

- 使用媒体浏览器加载视频文件；

- 使用导入命令加载图形文件；

- 选择放置缓存文件的位置；

- 从磁带捕捉。

 本课大约需要 75 分钟。

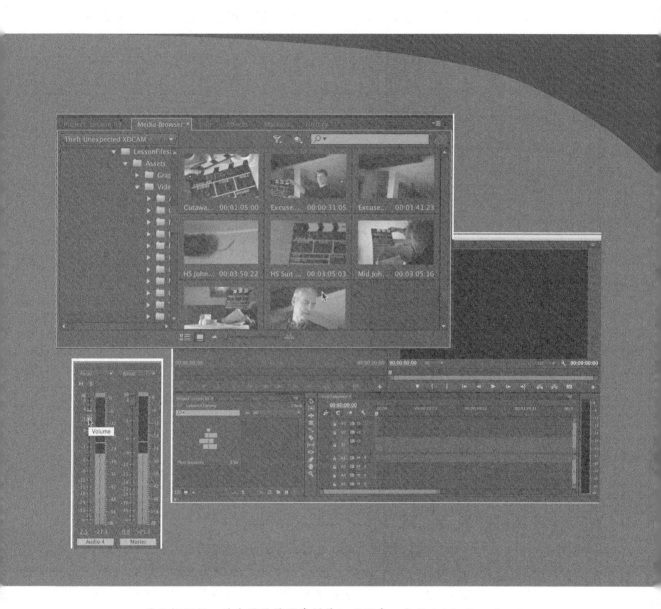

要编辑视频，首先需要将源素材导入项目中。由于 Adobe Premiere Pro
可以处理多种素材类型，因此有多种浏览和导入媒体的方法。

3.1 开始

在本课中，你将学习如何将媒体文件导入到 Adobe Premiere Pro CC 中。对于大多数文件，将使用 Adobe 的 Media Browser（媒体浏览器），这是一种强大的资源浏览器，适用于你可能需要导入到 Adobe Premiere Pro 中的所有媒体类型。你还将了解一些特殊情况，比如导入图形或者是从磁带捕捉。

对于本课，将使用在第 2 课创建的项目文件。

1. 继续使用上一课创建的项目文件，或者从硬盘上打开它。

2. 选择 File（文件）>Save As（另存为）。

3. 将文件重命名为 Lesson 03.prproj。

4. 在硬盘上选择自己喜欢的位置，并单击 Save（保存）保存项目。

如果没有之前的课程文件，可以从 Lesson 03 文件夹打开文件 Lesson 03.prproj。

3.2 导入资源

将项目导入 Adobe Premiere Pro 项目时，就会创建一个从原始媒体到位于项目内指针的链接。这意味着你实际上不是在修改原始文件，而是在以一种非破坏性方式处理它们。例如，如果选择只将部分剪辑编辑到序列中，则不会丢失未使用的媒体。

将媒体导入 Adobe Premiere Pro 主要有两种方式。

• 标准的导入方法是选择 File（文件）>Import（导入）。

• 另一种方法是使用 Media Browser（媒体浏览器）面板。

下面将介绍每种方法的好处。

3.2.1 何时使用导入命令

使用 Import（导入）命令很简单（并且可能与其他应用程序的此命令一样）。要导入任何文件，只需选择 File（文件）>Import（导入）即可。还可以使用键盘快捷键 Control+I（Windows）或 Command+I（Mac OS）打开标准的 Import（导入）对话框。

这种方法最适合单独的资源，比如图形和视频，尤其是如果你知道这些资源在硬盘上的确切位置并且想要快速浏览它们时。这种导入方法不适合摄像机格式文件，因为摄像机格式文件通常使用复杂的文件夹结构，并且具有单独的音频和视频文件。对于摄像机来源的媒体，可以使用 Media Browser（媒体浏览器）。

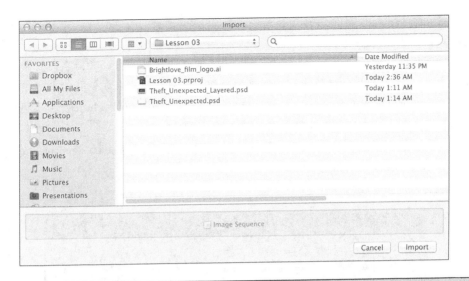

Pr | 注意：打开 Import（导入）对话框的另一种方式是双击 Project（项目）面板的空白区域。

3.2.2 何时使用媒体浏览器

Media Browser（媒体浏览器）是一种查看媒体资源并将它们导入 Adobe Premiere Pro 的强大工具。Media Browser 旨在正确显示从现代数码摄像机获得的媒体格式，并且可以将复杂的摄像机文件夹结构转换为易于浏览的图标和元数据。能够查看元数据使从长文件或照片列表中选择正确的内容变得更简单。

从Adobe Prelude导入

　　Adobe Prelude是Adobe Creative Suite CC的一个组件，可以在简单的界面中组织素材。Adobe Prelude的使用不在本书的介绍范围内，但是在该软件的文档中，可以找到有关如何使用它和组织素材的最佳实践的内容。Adobe Prelude旨在让制作者或助手可以快速摄取、记录和转码无磁带工作流的媒体。

　　如果你有一个Adobe Prelude项目，下面是如何将此项目发送到Adobe Premiere Pro。

1. 启动 Adobe Prelude。

2. 打开想要传输的项目。

3. 选择 File（文件）>Export Project（导出项目）。

4. 选中 Project（项目）复选框。

5. 在 Name（名称）字段中输入名称。

6. 将 Type（类型）设置更改为 Premiere Pro 以创建一个 Adobe Premiere Pro 项目。

7. 单击 OK 按钮（确定），将打开一个新对话框。

8. 导航到项目的目标位置，单击 Choose（选择），将创建一个新的 Adobe Premiere Pro 项目。

9. 切换到 Adobe Premiere Pro，并确保接收媒体的项目是打开的。

10. 选择 File（文件）>Import（导入），会将整个项目导入到现有项目中。文件将出现在 Project（项目）面板中。

　　现在可以退出Adobe Prelude并关闭项目了。

默认情况下，如果工作区设置为 Editing（编辑）模式，则可以在 Adobe Premiere Pro 工作区的左下角找到 Media Browser（媒体浏览器）。它与 Project（项目）面板停靠在同一个框架中。也可以按 Shift+8 组合键快速访问 Media Browser（媒体浏览器）。

可以拖动 Media Browser（媒体浏览器）以将它放在界面的任何位置，或者是，可以取消停靠它并让它变为一个浮动面板，方法是单击面板角落的子菜单并选择 Undock Panel（解除面板停靠）命令。

你会发现，在 Media Browser（媒体浏览器）中工作与使用计算机的操作系统浏览并没有明显的不同之处。在左侧有一系列导航文件夹，而右上角的标准上、下、左、右箭头可以更改浏览级别。可以使用向上和向下箭头在列表中选择项目，使用向左和向右箭头深入文件目录路径（比如进入一个文件夹以查看其内容）。

Media Browser（媒体浏览器）的主要好处包含以下几点。

- 将显示缩小到一个具体的文件类型，比如 JPEG、Photoshop、XML 和 AAF 等。
- 自动检测摄像机数据，比如 AVCHD、Canon XF、P2、RED、ARRIRAW、Sony HDV 和 XDCAM（EX 和 HD）。
- 查看并自定义与素材相关的元数据的显示。
- 正确显示剪辑位于多个摄像机媒体卡的媒体。这在专业摄像机中很常见，Adobe Premiere Pro 会将这些文件作为一个剪辑导入，即使是使用两个卡录制了一个较长的文件。

3.3 使用媒体浏览器

Adobe Premiere Pro 中的 Media Browser（媒体浏览器）可以让你轻松浏览计算机上的文件。它还可以始终保持打开状态，这使你能够立刻访问硬盘上的媒体文件。它快速方便，并且针对定位和导入素材进行了高度优化。

3.3.1 使用无磁带工作流

无磁带工作流（也称为基于文件的工作流）是从数码摄像机导入、编辑和导出视频的过程。Adobe Premiere Pro CC 使这一过程变得非常简单，因为与许多非线性编辑系统不同，它不需要在编辑前先转换这些无磁带格式媒体。Adobe Premiere Pro 可以编辑无磁带格式（比如 P2、XDCAM、AVCHD 和拍摄视频的 DSLR），无须进行转换。

处理摄像机媒体时，为了获得最佳结果，请遵循这些指导原则。

1. 为每个项目创建一个新文件夹。

2. 将摄像机媒体复制到编辑硬盘（一定要保持现有文件夹结构完好无损）。一定要从卡的根目录直接传输整个数据文件夹。为了获得最佳结果，还可以使用摄像机制造商通常提供的传输应用程序来移动视频剪辑。查看它以确保复制了所有媒体文件，并且卡和新文件夹的大小相同。

> **Pr** | 注意：你可能想要使用 Adobe Prelude 来管理复制和导入无磁带媒体资源的过程。

3. 使用摄像机信息（包括卡号和拍摄日期）清楚地标明媒体文件夹。

4. 在第二个硬盘上制作卡的第二个备份。

5. 理想情况下，使用另一种备份方法创建一个长期存档，比如蓝光光盘和 LTO 磁带等。

3.3.2 支持的视频文件类型

处理一个项目而得到了使用另一种文件格式的视频剪辑，这种情况并不少见。Adobe Premiere Pro 没有问题，这是因为你可以在同一时间轴上混合具有不同帧大小的视频。Media Browser（媒体浏览器）可以查看任何文件格式。它特别适合查看本地支持的无磁带格式。

Adobe Premiere Pro 支持的主要无磁带格式包括以下几种。

- 直接将 H.264 拍摄为 .mov 或 .mp4 文件的任何数码单反相机。

- 松下 P2（DV、DVCPRO、DVCPRO 50、DVCPRO HD、AVC-Intra）。

- RED One、RED EPIC 和 RED Mysterium X。

- ARRIRAW。

- XDCAM SD、XDCAM EX、XDCAM HD 和 HD422。

- 索尼 HDV（使用可移动的磁带媒体拍摄时）。

- AVCHD 摄像机。

- 佳能 XF。

- Apple ProRes。

- Avid DNxHD MXF 文件。

3.3.3 使用媒体浏览器查找资源

Media Browser（媒体浏览器）的意思是不言而喻的。在许多方面，它像一个网页浏览器一样（它有前进和后退按钮，可以查看最近的浏览）。它还有一个快捷键列表。查找资源非常简单。

 提示：使用 Media Browser（媒体浏览器）的 Files of Type（文件类型）菜单，可以筛选查找的资源。

1. 使用之前的 Lesson 03.prproj 文件。此项目应该还没有导入任何资源。

2. 将工作区重置为默认设置；选择 Window（窗口）>Workspace（工作区）>Editing（编辑）命令。然后选择 Window（窗口）>Workspace（工作区）>Reset Current Workspace（重置当前工作区）命令，并单击 Yes（确定）按钮。

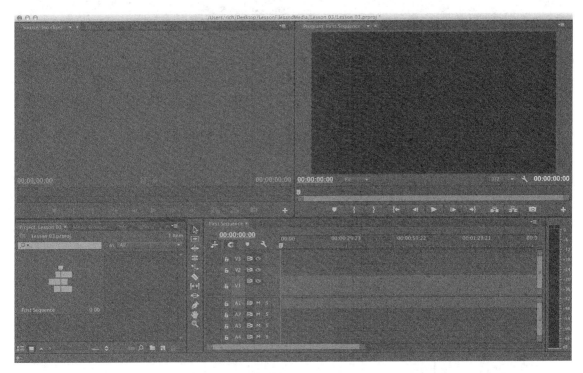

3. 单击 Media Browser（媒体浏览器），默认情况下，它与 Project（项目）面板停靠在一起。将其右侧边缘向右拖动以让它变大。

4. 让 Media Browser（媒体浏览器）变得更易于查看。将鼠标指针悬停在此面板上，然后按 ` 键。该键通常位于键盘的左上角。

Media Browser（媒体浏览器）面板现在应填满屏幕。你可能想要调整列宽以便于查看项目。

5. 使用 Media Browser（媒体浏览器）导航到 Lessons/Assets/Video 和 Audio Files/Theft Unexpected XDCAM 文件夹。可以双击打开各个文件夹。

| Pr | 注意：Media Browser（媒体浏览器）过滤掉了非媒体文件，这使得更容易浏览视频或音频资源。 |

6. 拖动 Media Browser（媒体浏览器）左下角的调整大小滑块以放大素材的缩略图。可以使用任何大小。

7. 单击素材箱中的素材以选择它。

现在可以使用键盘快捷键预览素材。

8. 按 L 键以预览素材。

9. 要停止播放，按 K 键。

10. 按 J 键可以倒回素材。

HS John - 00032_1.mxf   00:03:50:22

11. 尝试播放其他素材。如果调大计算机的音量，那么应该能够清楚地听到播放的音频。

12. 也可以多次按 J 或 L 键来增加快速预览的播放速度。使用 K 键或空格键暂停播放。

将所有这些素材导入到项目中。按 Control+A（Windows）或 Command+A（Mac OS）组合键以选择所有素材。

13. 右键单击所选的一个素材并选择 Import（导入）。

此外，可以将所选的所有素材拖到 Project（项目）面板的选项卡上，然后向下拖动到空白区域，来导入素材。

14. 切换回 Project（项目）面板。

3.4 导入图像

图形是现代视频编辑必不可少的一部分。人们希望图形能够传达信息并增加最终编辑的视觉效果。幸运的是，Adobe Premiere Pro 可以导入任意图像和图形文件类型。当使用 Adobe 的领先图形工具 Adobe Photoshop 和 Adobe Illustrator 创建的本机文件格式时，支持尤其出色。

3.4.1 导入拼合的 Adobe Photoshop 文件

处理印刷图形或进行照片修描的所有人都可能用过 Adobe Photoshop。Adobe Photoshop 是图形设计行业的主力。它是一种具有深度和多功能性的强大工具，并且它正成为视频制作中越来越重要的一部分。下面介绍如何从 Adobe Photoshop 正确导入两个文件。

首先从基本的 Adobe Photoshop 图形开始。

1. 单击 Project（项目）面板以选择它。

2. 选择 File（文件）>Import（导入），或者按 Control+I（Windows）或 Command+I（Mac OS）组合键。

3. 导航到 Lessons/Lesson 03。

4. 选择文件 Theft_Unexpected.psd，并单击 Import（导入）。

该图形是一个简单的徽标文件，将它导入到 Adobe Premiere Pro 项目中。

动态链接简介

使用Adobe Premiere Pro的一种方式是使用一套工具。可能你正在使用的Adobe Creative Suite版本包含其他执行视频编辑相关任务的组件。要使这些任务更加简单，可以使用几个选项加速后期制作工作流程。

Dynamic Link（动态链接）选项存在于Adobe Premiere Pro和After Effects之间，但是根据使用的选项不同，表现会有所不同。Dynamic Link（动态链接）的主要目的是减少渲染或导出的时间。

本书将介绍Dynamic Link（动态链接）工作流程，但是现在正是说明有助于了解Adobe软件组件如何协同工作的好时机。使用Dynamic Link（动态链接），可以将Adobe After Effects合成图导入到Adobe Premiere Pro项目中。添加了动态链接后，Adobe After Effects合成图的行为将与项目中的其他素材一样。如果在Adobe After Effects中进行更改，则这些更改会自动反映在Adobe Premiere Pro项目中。开始建立项目时，这种节省时间的工作很有用。

3.4.2 导入分层的 Adobe Photoshop 文件

Adobe Photoshop 还会创建使用多个图层的图形。图层与时间轴中的轨道类似，可以分离多个元素。可以将这些图层导入到 Adobe Premiere Pro 中以进行隔离或添加动画。

1. 双击 Project（项目）面板的空白区域以打开 Import（导入）对话框。

2. 导航到 Lessons/Lesson 03。

3. 选择文件 Theft_Unexpected_Layered.psd，并单击 Import（导入）。

4. 将打开一个新对话框，可以选择如何解释分层文件。有 4 种导入文件的方式，由 Import Layered File（导入分层文件）对话框中的弹出菜单进行控制。

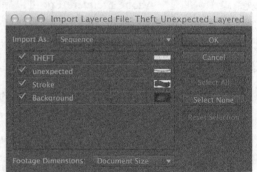

- **Merge All Layers**（合并所有图层）。合并所有图层，并将文件作为单个拼合剪辑导入 Adobe Premiere Pro 中。

- **Merged Layers**（合并图层）。仅将选定的图层作为单一的拼合剪辑导入 Adobe Premiere Pro 中。

- **Individual Layers**（各个图层）。仅将从列表中选择的图层导入素材箱中，其中每个源图层对应一个剪辑。

- **Sequence**（序列）。仅导入选定的图层并将每个图层作为一个剪辑。Adobe Premiere Pro 还会创建包含单独轨道（与原始堆叠顺序匹配）上的每个图层的序列（帧大小基于导入的文档）。

选择 Sequence（序列）或 Individual Layers（各个图层）后，你就可以从 Footage Dimensions（素材尺寸）菜单中选择以下选项之一。

- **Document Size**（**文档大小**）。以原始 Photoshop 文档大小导入所选的图层。

- **Layer Size**（**图层大小**）。将剪辑的帧大小与其在原始 Photoshop 文件中的帧大小匹配。无法填充整个画布的图层可能会裁剪得更小，因为删除了透明区域。

5. 对于本练习，选择 Sequence（序列）并使用 Document Size（文档大小）选项，然后单击 OK（确定）。

6. 在 Project（项目）面板中查看，找到新的素材箱 Theft_Unexpected_Layered。双击打开它并显示其内容。

7. 双击序列 Theft_Unexpected_Layered 以加载它。

8. 在 Timeline（时间轴）面板中检查序列。尝试关闭和打开每个轨道的可见性图标以了解如何隔离图层。

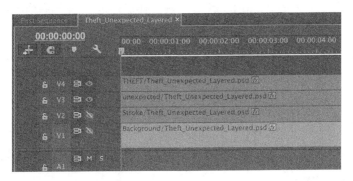

Adobe Photoshop文件的图像提示

下面是从Adobe Photoshop导入图像的一些提示。

- 最大可以导入 1600 万像素的图像（4096×4096）。记住，将分层 Photoshop 文件作为序列导入时，帧大小就是文件的像素大小。

- 如果你不打算缩放或平移，请尝试创建帧大小至少与项目帧大小一样大的文件。否则，必须放大图像，并且图像会损失一些清晰度。
- 导入过大的文件会使用更多内存，并且会减慢项目速度。
- 如果你打算缩放或平移，那么请创建图像，让其缩放或平移区域的帧大小至少与项目帧大小一样大。例如，如果在1080p模式下工作，并且想要放大2倍，则需要的像素为3840×2160。

3.4.3　导入 Adobe Illustrator 文件

Adobe Creative Suite 的另一个图形组件是 Adobe Illustrator。与 Adobe Photoshop 不同，Adobe Photoshop 主要用于处理基于像素（栅格）的图像，而 Adobe Illustrator 是矢量应用程序，这意味着它通常用于处理技术插图、线形图片和复杂图形等文件，这些文件在 Adobe Illustrator 中可以无限缩放。

让我们导入矢量图形。

1. 双击 Project（项目）面板的空白区域以打开 Import（导入）对话框。

2. 导航到 Lessons/Lesson 03。

3. 选择文件 Brightlove_film_logo.ai，并单击 Import（导入）按钮。

这种文件类型是 Adobe Illustrator Artwork。下面介绍 Adobe Premiere Pro 如何处理 Adobe Illustrator 文件。

- 与上一个练习中导入的 Photoshop CC 文件一样，这是一个分层图形文件。但是，Adobe Premiere Pro 没有提供以单独图层导入 Adobe Illustrator 文件的选项。它会合并这些文件。
- 它还使用栅格化过程来将矢量（基于路径）Adobe Illustrator 作品转换为 Adobe Premiere Pro 使用的基于像素的图像格式。这种转换发生在导入阶段，因此在将 Illustrator 中的图形导入到 Adobe Premiere Pro 之前一定要确保它们足够大。
- Adobe Premiere Pro 可自动对 Adobe Illustrator 作品的边缘进行抗锯齿或平滑处理。
- Adobe Premiere Pro 还会将所有空白区域转换为透明的 alpha 通道，以使这些区域底部的剪辑在时间轴上显示出来。

> **Pr** 　**注意**：如果在 Project（项目）面板中右键单击 Brightlove_film_logo.ai 文件，会发现一个选项是 Edit Original（编辑原稿）。如果计算机安装了 Illustrator，则选择 Edit Original 将在 Illustrator 中打开此图形，可以对它进行编辑。因此，即使在 Adobe Premiere Pro 中合并了这些图层，也可以返回到 Adobe Illustrator，编辑原始分层文件，保存它们，并且这些更改会立刻显示在 Adobe Premiere Pro 中。

录制一个叙述轨道

很多时候，你正在处理的视频项目可能具有叙述轨道。尽管大多数人最终会交由专业人士录制这些视频（或者至少在一个比较安静的地方录制），但是你仍然可以在Adobe Premiere Pro中录制一个临时的轨道。如果你想在项目中编辑视频，这会非常有用。

下面介绍如何录制音频轨道。

1. 如果没有使用内置麦克风，请确保你的外置麦克风正确连接到计算机。你可能想要查看计算机或声卡的说明文档。

2. 选择 Edit（编辑）>Preferences（首选项）>Audio Hardware（音频硬件）（Windows）或 Premiere Pro>Preferences（首选项）>Audio Hardware（音频硬件）（Mac OS）来正确配置麦克风，以便 Adobe Premiere Pro 可以使用它。从 Default Device（默认设备）弹出菜单中选择一个选项，比如 System Default Input/Output（系统默认输入 / 输出）或 Built-in Microphone/Built-in Output（内置麦克风 / 内置输出），并单击 OK（确定）按钮。

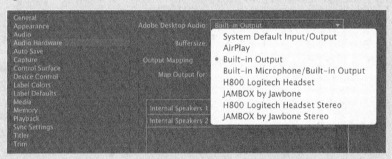

3. 将计算机的扬声器声音调小以防止反馈杂音或回音。

4. 打开一个序列并在时间轴中选择空白的轨道。

5. 选择 Window（窗口）>Audio Track Mixer（音频轨道混合器）（很可能与源监视器停靠在同一个框架中）。

6. 在 Audio Track Mixer（音频轨道混合器）中，单击想要在音频设备中使用的轨道的 Enable Track For Recording（启用轨道以进行录制）图标（R）。

7. 从 Track Input Channel（轨道输入声道）菜单中选择录制输入声道。

8. 单击 Audio Track Mixer（音频轨道混合器）底部的 Record（录制）按钮以进入 Record（录制）模式。

录制

9. 单击 Play（播放）按钮以开始录制。

播放 - 停止切换（空格键）

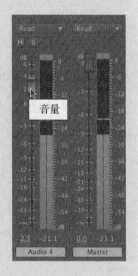

音量

10. 如果电平太大或太小，在录制时可以将轨道音量滑块向上（调大）或向下（调小）滑动。如果音量电平顶部的红色指示灯变亮，则很可能出现了失真。好的目标是大声接近 0dB，而小声接近 –18dB。

11. 单击 Stop（停止）图标以停止录制。

12. 找到录制音频的两个实例。新录制的音频作为音轨出现在时间轴中并作为剪辑出现在 Project（项目）面板中。可以在 Project（项目）面板中选择该剪辑，并重新命名它或从项目中删除它。

3.5　媒体缓存

　　当 Adobe Premiere Pro 导入某些格式的视频和音频时，它会处理并缓存这些项目的版本。对于高度压缩的格式来说尤其如此。导入的音频文件将各自匹配到一个新 .cfa 文件，而大多数 MPEG 文件将索引到新的 .mpgindex 文件。在导入媒体时，如果在屏幕的右下角看到一个小的进度指示器，就会知道正在构建缓存。

　　媒体缓存的好处是可极大地提高预览性能，从而减少计算机 CPU 的负载。可以完全自定义缓存以进一步提高响应能力。此媒体缓存数据库将与 Adobe Media Encoder、Adobe After Effects、Adobe Premiere Pro 和 Adobe Audition 共享，因此其中的每个应用程序都可以对同一组缓存媒体文件执行读取和写入操作。

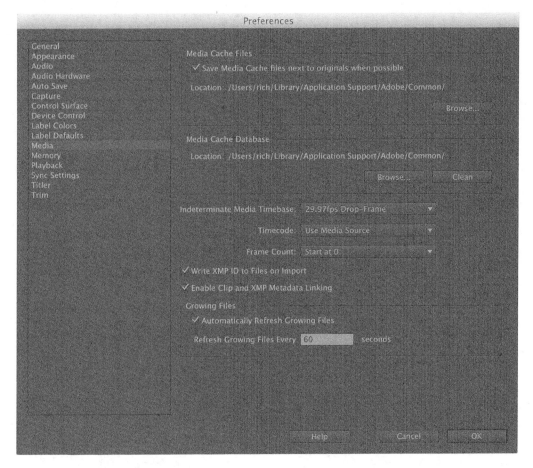

要访问缓存控制，请选择 Edit (编辑) >Preferences (首选项) >Media (媒体) (Windows) 或 Premiere Pro>Preferences (首选项) >Media (媒体) (Mac OS)。下面是要考虑的相关选项。

- 要将媒体缓存或媒体缓存数据库移动到一个新硬盘，请单击相应的 Browse (浏览) 按钮，并单击 OK (确定)。在大多数情况下，开始编辑之后，就不应该移动媒体缓存数据库了。但是，应定期清理媒体缓存数据库。

- 要从缓存中移除已匹配和已建立索引的文件，请单击 Clean (清理) 按钮。所有连接的硬盘将删除自己的缓存文件。项目结束后再这样做是个好主意，因为这会删除不需要的预览。

- 选择 Save Media Cache files next to originals when possible (尽可能将媒体缓存文件保存在原稿旁边)，以便将缓存文件与媒体保存在同一个硬盘上。这会将媒体缓存文件分配到与媒体相同的硬盘上，通常建议这样做。如果你想将所有内容保存在一个中央文件夹，请取消选中此复选框。

磁带工作流与无磁带工作流

尽管无磁带媒体已成为最常见的视频格式，但仍有很多摄像机从磁带录制视频。幸运的是，磁带仍然是一个重要来源，Adobe Premiere Pro完全支持它。要将素材导入Adobe Premiere Pro项目，可以捕捉它。

在项目中使用之前，应先将数字视频从磁带捕捉到硬盘。Adobe Premiere Pro会通过安装在计算机上的数字端口（比如FireWire或SDI端口）捕捉视频。Adobe Premiere Pro会先将捕捉的素材以文件形式保存到磁盘上，然后再将文件以剪辑形式导入项目中。

Adobe Premiere Pro的工具会消除捕捉过程的一些手动工作。有三种基本方法。

- 将整个视频磁带捕捉为一个长剪辑。
- 可以记录每个剪辑的入点和出点以自动进行批捕捉。
- 可以使用 Adobe Premiere Pro 中的场景检测功能，在每次按摄像机的 Pause/Record（暂停 / 录制）按钮时自动创建单独的剪辑。

默认情况下，如果计算机有FireWire端口，则Adobe Premiere Pro可以使用DV和HDV来源。如果想捕捉其他高端专业格式，将需要添加第三方捕捉设备。它们有几种形式，包括内置卡，以及通过FireWire、USB 3.0和Thunderbolt端口连接的转接器。Adobe Premiere Pro CC帮助统一第三方硬件的支持，而第三方硬件现在通常可以利用水银回放引擎播放功能，在连接的专业显示器上预览效果和视频。有关支持硬件的详细列表，请访问网址www.adobe.com/products/premiere/extend.html。

3.6 复习

3.6.1 复习题

1. Adobe Premiere Pro CC 在导入 P2、XDCAM 或 AVCHD 素材时是否需要转换它们?

2. 与 File（文件）>Import（导入）方法相比，使用 Media Browser（媒体浏览器）导入无磁带媒体的一个优势是什么?

3. 导入分层的 Photoshop 文件时，导入文件的 4 种方式是什么?

4. 可以将媒体缓存文件保存在哪里?

3.6.2 复习题答案

1. 不需要。Adobe Premiere Pro CC 可以直接编辑 P2、XDCAM 或 AVCHD 素材。

2. Media Browser（媒体浏览器）了解 P2 和 XDCAM 文件夹结构，并以一种更直观的方式显示剪辑。

3. 可以选择 Merge All Layers（合并所有图层）将所有图层合并为一个文件，或者通过选择 Merged Layers（合并图层）选择想要的图层。如果你想让图层作为单独的图形，请选择 Individual Layers（各个图层），将所选图层作为单独的图形导入，或者选择 Sequence（序列）来导入选定的图层并将创建一个新序列。

4. 可以将媒体缓存文件保存在一个指定的位置，或者是自动将媒体缓存文件保存到原始文件旁边（如果可能的话）。

第4课 组织媒体

课程概述

在本课中，你将学习以下内容：

·   使用项目面板；

·   保持素材箱井然有序；

·   为剪辑添加元数据；

·   使用基本的播放控件；

·   解释素材；

·   对剪辑进行更改。

本课大约需要 50 分钟。

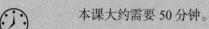

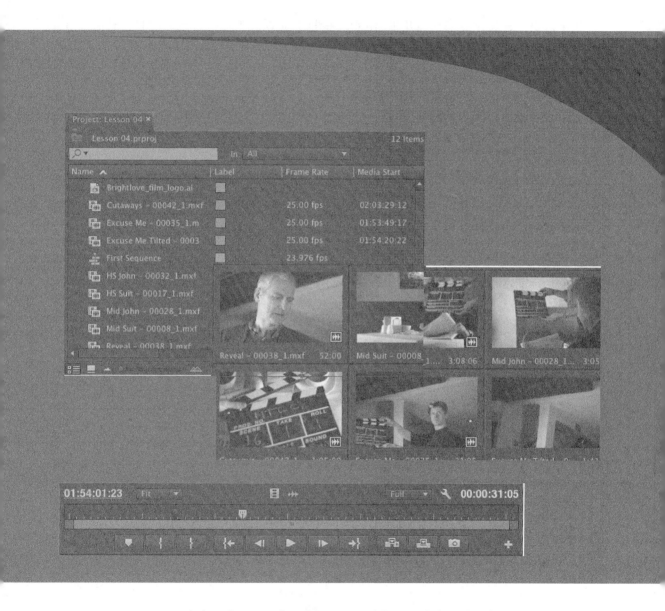

当项目中有一些视频和音频资源时，你将想要浏览素材并为序列添加剪辑。在这样做之前，有必要花时间组织一下所拥有的资源。这样可以节省稍后寻找素材的时间。

4.1 开始

当项目拥有大量从不同媒体类型导入的剪辑时，掌控一切内容并在需要剪辑时始终可以找到它是一项挑战。

在本课中，你将学习如何使用 Project（项目）面板组织剪辑，这是项目的核心工作。你将创建名为 bins 的特殊文件夹来对剪辑进行分类。你还将学习为剪辑添加重要的元数据和标签。

首先了解 Project（项目）面板和组织剪辑。

开始之前，确保你使用默认的 Editing（编辑）工作区。

1. 单击 Window（窗口）>Workspace（工作区）>Editing（编辑）。

2. 单击 Window（窗口）>Workspace（工作区）> Reset Current Workspace（重置当前工作区）。

3. 单击 Reset Workspace（重置工作区）对话框中的 Yes（确定）。

对于本课，将使用第 3 课所用的项目文件。

4. 继续使用上一课的项目文件，或者从硬盘上打开它。如果你没有之前的课程文件，可以从 Lesson 04 文件夹打开文件 Lesson 04.prproj。

5. 选择 File（文件）>Save As（另存为）。

6. 重新将文件命名为 Lesson 04.prproj。

7. 在硬盘上选择自己喜欢的位置并单击 Save（保存）来保存项目。

4.2 项目面板

导入 Adobe Premiere Pro CC 项目中的所有内容都会出现在 Project（项目）面板中。Project（项目）面板不仅提供了出色的浏览剪辑和处理其元数据的工具，还提供了一个特殊文件夹 bins，用于组织所有内容。

无论如何导入剪辑，序列中的一切内容都肯定会出现在 Project（项目）面板中。如果在 Project（项目）面板中删除了序列使用的剪辑，则会自动从序列中删除此剪辑。但不用担心，Adobe Premiere Pro 在你这样做时会提示你。

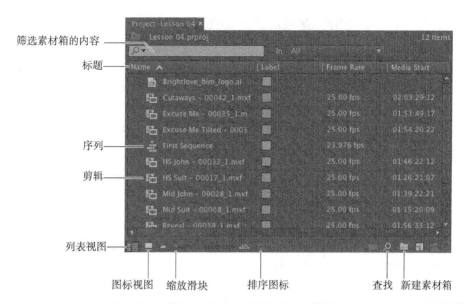

筛选素材箱的内容

标题

序列

剪辑

列表视图

图标视图　　缩放滑块　　　　　排序图标　　　　　查找　新建素材箱

Project（项目）面板还是所有剪辑的存储库，提供了解释媒体的重要选项。例如，所有素材都有帧速率和像素长宽比，出于创作的需要，你可能想要更改这些设置。例如，你可能想将 60fps 视频更改为 30fps，以实现慢动作效果。你可能也会收到像素长宽比设置错误的视频文件。

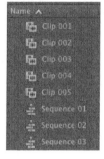

Adobe Premiere Pro 使用与素材相关的元数据来了解如何播放素材。如果你想更改剪辑元数据，也可以在 Project（项目）面板中执行此操作。

4.2.1　自定义项目面板

很可能有时你想调整 Project（项目）面板的大小。你将在以列表或缩略图方式查看剪辑之间切换，并且有时调整面板大小比滚动以查看更多信息更快速。

默认的 Editing（编辑）工作区是为了保持界面尽可能干净，以便你可以关注创作而不是按钮。Project（项目）面板的隐藏视图部分被称为 Preview Area（预览区域），提供有关剪辑的更多信息。

提示：在以框架和全屏查看 Project（项目）面板之间切换有一种非常快速的方式。将鼠标光标悬停在面板上并按 ` 键。对 Adobe Premiere Pro 中的任何面板都可以这样做。

我们一起来了解一下。

1. 单击 Project（项目）面板的面板菜单。

2. 选择 Preview Area（预览区域）。

在 Project（项目）面板中选中剪辑时，Preview Area（预览区域）会显示有关剪辑的几个有用信息，包括帧大小、像素长宽比和持续时间。

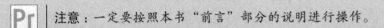

注意：一定要按照本书"前言"部分的说明进行操作。

标识帧　剪辑类型　剪辑名　　　　　　帧大小

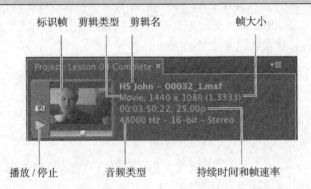

播放 / 停止　　音频类型　　持续时间和帧速率

单击 Project（项目）面板左下角的 List View（列表视图）按钮 ，如果还没有选中该按钮的话。在该视图中，会显示 Project（项目）面板中有关每个剪辑的大量信息，但是需要水平滚动才能查看这些信息。

在你需要时，Preview Area（预览区域）提供了有关剪辑的大量信息。

3. 单击 Project（项目）面板的面板菜单。

4. 单击 Preview Area（预览区域）以隐藏它。

4.2.2　在项目面板中查找资源

处理剪辑与处理书桌上的纸有点类似。如果只有一个或两个剪辑，则非常简单。一旦有一两百个剪辑，就需要一个系统！

一种在编辑时有助于让事情顺利进行的方式是一开始就花点时间组织一下剪辑。如果在捕捉剪辑或导入它们时进行命名，则会有很大的帮助。即使在从磁带捕捉时没有为每个剪辑命名，也可以为每种类型的照片命名，让 Adobe Premiere Pro 添加 01、02 和 03 等编号（参见第 3 课）。

> **Pr** │ 提示：可以使用鼠标的滚轮向上和向下滚动 Project（项目）面板视图。

1. 单击 Project（项目）面板顶部的 Name（名称）标题。再次单击 Name（名称）标题时，Project（项目）面板中的项会以字母顺序或颠倒的字母顺序显示。

2. 在 Project（项目）面板中向右滚动，直到看到 Media Duration（媒体持续时间）标题。

> **Pr** │ 注意：在 Project（项目）面板中向右滚动时，Adobe Premiere Pro 总是在左侧显示剪辑名，因此你可以了解正在查看哪个剪辑的信息。

3. 单击 Media Duration（媒体持续时间）标题。Adobe Premiere Pro 会以媒体持续时间顺序显示剪辑。注意 Media Duration（媒体持续时间）标题的方向箭头。单击此标题时，方向箭头会以正持续时间或反持续时间顺序显示剪辑。

> **Pr** │ 注意：你可能需要拖动来扩展列宽以查看其箭头。

如果你正在查看具有特定特征（比如持续时间或帧大小）的大量剪辑，则更改标题显示的顺序可能会有所帮助。

> **Pr** │ 注意：图形和照片文件（比如 Photoshop PSD、JPEG 或 Illustrator AI 文件）在导入时会具有在 Preferences（首选项）>General（常规）>Still Image Default Duration（静态图形默认持续时间）中设置的持续时间。

4. 将 Media Duration（媒体持续时间）标题向左拖动，直到看到 Label（标签）标题和 Name（名称）标题之间的蓝色分隔条。释放鼠标按钮时，Media Duration（媒体持续时间）标题将重新定位到 Name（名称）标题的右侧。

Name		Label	Frame Rate	Media Start	Media End	Media Duration ⌃

蓝色分隔条显示了标题将放置的位置。

1. 筛选素材箱的内容

Adobe Premiere Pro 具有内置的搜索工具，可以帮助你查找媒体。即使你正在使用的剪辑因来自基于文件的摄像机而具有非描述性的原始剪辑名称，也可以搜索帧大小或文件类型等内容。

在 Project（项目）面板顶部，可以在 Filter Bin Content（筛选素材箱内容）框中输入文本以显示与其相关的剪辑。如果知道剪辑的名称，这是一种非常快速且简单的查找剪辑方式。与所输文本不匹配的剪辑处于隐藏状态，而与所输文本匹配的剪辑将显示出来，即使它们位于同一个素材箱中。

1. 单击 Filter Bin Content（筛选素材箱内容）框，键入文字 joh。

Adobe Premiere Pro 仅显示名称或元数据中具有字母 joh 的剪辑。注意，会在文本输入框的顶部显示项目的名称，并附加了 (filtered)。

2. 单击 Filter Bin Content（筛选素材箱内容）框右侧的 X 以清除筛选。

3. 在框中键入 psd。

Adobe Premiere Pro 仅显示其名称或元数据及所有项目素材箱中具有字母 psd 的剪辑。在本例中，会显示之前作为拼合和分层图像导入的 Theft Unexpected 标题。以这种方式使用 Filter Bin Content（筛选素材箱内容）框，可以查找特定的文件类型。

在文本输入框的左侧，有一个按钮菜单，显示最近输入的列表，以及与搜索标准匹配的剪辑数量。

在 Filter Bin Content（筛选素材箱内容）框的右侧，有一个 In（入点）菜单，在这里可以指定 Adobe Premiere Pro 应该基于所有可用的元数据、仅当前显示的元数据（参见本课后面的 4.3 节），还是从脚本中摘取的词搜索剪辑（参见本课后面的"使用内容分析组织媒体"）。

通常情况下，不需要在菜单中选择任何内容，因为如果你仔细键入了选择，则使用 All（所有）选项时筛选可以正常工作。一定要单击 Filter Bin Content（筛选素材箱内容）框右侧的 X 以清除筛选。

 注意：在 Project（项目）面板中创建的文件夹称为素材箱。这是来自电影剪辑的术语。Project（项目）面板本身就是一个素材箱，因为你可以在其中包含剪辑。Project（项目）面板与任何其他素材箱的功能完全相同，因此它也是一个素材箱。

2. 查找

Adobe Premiere Pro 有一个高级的 Find（查找）选项。要了解它，请先导入一些剪辑。

1. 使用第 3 课介绍的任意一种方法导入下列项目。

   • Assets/Video and Audio Files/General Views 文件夹的 Seattle_Skyline.mov。

   • Assets/Video and Audio Files/Basketball 文件夹的 Under Basket.MOV。

2. 在 Project（项目）面板底部，单击 Find（查找）按钮 。Adobe Premiere Pro 会显示 Find（查找）面板，此面板有更多高级选项来查找剪辑。

使用 Adobe Premiere Pro 的 Find（查找）面板，同时可以执行两组搜索。可以选择显示同时匹配两个搜索标准或单个搜索标准的剪辑。例如，可以执行下列其中一个操作。

• 搜索名称中具有 dog 和 boat 的剪辑。

• 搜索名称中具有 dog 或 boat 的剪辑。

然后，从下列选项中进行选择。

• **Column**（列）。从 Project（项目）面板中可用的标题进行选择。单击 Find（查找）时，Adobe Premiere Pro 将使用所选的标题进行搜索。

• **Operator**（运算符）。提供了一套标准的搜索选项。使用此菜单选择是否想要查找这样一个剪辑，即包含搜索内容、与搜索内容完全匹配、以搜索内容开始或者是以搜索内容结束。

• **Match**（匹配）。选择 All（所有）以查找具有第一个和第二个搜索文本的剪辑。选择 Any（任意）以查找具有第一个或第二个搜索文本的剪辑。

• **Case Sensitive**（区分大小写）。告诉 Adobe Premiere Pro 你是否希望精确匹配所输入的大写和小写字母。

• **Find What**（查找内容）。在此处键入搜索文本。最多可以添加两组搜索文本。

单击 Find（查找）时，Adobe Premiere Pro 会突出显示与搜索标准匹配的剪辑。再次单击 Find（查找），Adobe Premiere Pro 会显示匹配搜索标准的下一个剪辑。单击 Done（完成）以退出 Find（查找）对话框。

4.3 使用素材箱

素材箱与硬盘上的文件夹具有相同的图标，并且工作方式几乎完全相同。它们能以更有条理的方式保存剪辑，将它们放在不同的组中。

与硬盘上的文件夹一样，在其他素材箱中可以有多个素材箱，形成一种项目需要的全面文件夹结构。

素材箱和硬盘上的文件夹有一个非常重要的差别：素材箱仅存在于 Adobe Premiere Pro 项目文件中。在硬盘上不会看到单独的项目素材箱。

4.3.1 创建素材箱

让我们创建一个素材箱。

1. 单击 Project（项目）面板底部的 New Bin（新建素材箱）按钮▓。

Adobe Premiere Pro 会创建一个新素材箱并自动突出显示器名称，你可以重命名它。养成在创建素材箱时命名它们是一个好习惯。

2. 我们有一些电影片段，因此让我们为它们创建一个素材箱，并将素材箱命名为 Theft Unexpected。

3. 还可以使用 File（文件）菜单创建素材箱。选择 File（文件）>New（新建）>Bin（素材箱）。

4. 将此素材箱命名为 PSD Files。

5. 也可以通过右键单击 Project（项目）面板中的空白区域并选择 New Bin（新建素材箱）来创建一个新素材箱。现在尝试一下吧。

6. 将新素材箱命名为 Illustrator Files。

为项目中的已有剪辑创建新素材箱的一种最快速且最简单的方式是将剪辑拖放到 Project（项目）面板底部的 New Bin（新建素材箱）按钮上。

> **Pr** | 注意：当 Project（项目）面板充满剪辑时，很难找到空白的 Project（项目）面板部分进行单击。尝试在面板中图标的左侧进行单击。

7. 将剪辑 Seattle_Skyline.mov 拖放到 New Bin（新建素材箱）按钮上。

8. 将新创建的素材命名为 City Views。

9. 按住键盘快捷键 Control+/（Windows）或 Command+/（Mac OS）来创建新素材箱。

10. 将素材箱命名为 Sequences。

如果将 Project（项目）面板设置为 List（列表）视图，则在剪辑中以名称顺序显示素材箱。

4.3.2 管理素材箱中的媒体

现在我们已经有了一些素材箱，让我们开始使用它们吧。将剪辑移动到素材箱时，使用指示三角形来隐藏其内容并整理视图。

1. 将剪辑 Brightlove_film_logo.ai 拖动到 Illustrator Files 素材箱中。

2. 将 Theft_Unexpected.psd 拖动到 PSD Files 素材箱。

3. 将 Theft_Unexpected_Layered 素材箱（导入分层 PSD 文件时会自动创建它）拖动到 PSD Files 素材箱。素材箱中的素材箱和文件夹中的文件夹的工作方式相同。

4. 将剪辑 Under Basket.MOV 拖到 City Views 素材箱。你可能需要调整面板大小或者切换到全屏模式以查看剪辑和素材箱。

5. 将序列 First Sequence 拖到 Sequences 素材箱中。

6. 将剩下的所有剪辑拖到 Theft Unexpected 素材箱中。

现在你应该拥有一个并然有序的 Project（项目）面板，每种剪辑都有自己的素材箱。

注意，你还可以复制并粘贴剪辑以制作更多的副本，如果这适合你的组织系统的话。你有一个可能对 Theft Unexpected 有用的 Photoshop 文档。现在来制作一个额外的副本。

7. 单击 PSD Files 素材箱的提示三角形以显示其内容。

8. 右键单击 Theft_Unexpected.psd 剪辑并选择 Copy（复制）。

9. 单击 Theft Unexpected 素材箱的提示三角形以显示其内容。

10. 右键单击 Theft Unexpected 素材箱并选择 Paste（粘贴）。

Adobe Premiere Pro 会将剪辑副本放在 Theft Unexpected 素材箱中。

查找媒体

如果不确定媒体在硬盘上的位置，在Project（项目）面板中右键单击剪辑并选择Reveal in Explorer（在浏览器中预览）（Windows）或Reveal in Finder（在Finder中显示）（Mac OS）。

Adobe Premiere Pro将打开硬盘上包含媒体文件的文件夹并突出显示它。如果正在使用的媒体文件保存在多个硬盘上，或者如果在Adobe Premiere Pro中重新命名了剪辑，则这种方法非常有用。

4.3.3 更改素材箱视图

尽管 Project（项目）面板和素材箱是有区别的，但是它们拥有相同的控件和查看选项。总而言之，可以将 Project（项目）面板视为素材箱。

素材箱有两个视图。单击 Project（项目）面板左下方的 List View（列表视图）或 Icon View（图标视图）按钮可以选择视图。

- List View（列表视图）。将剪辑和素材箱显示为列表，并且显示了大量元数据。可以滚动元数据，并通过单击栏标题来对剪辑进行排序。

- Icon View（图标视图）。将剪辑和素材箱显示为缩略图，可以重新排列和播放它们。

Project（项目）面板有一个 Zoom（缩放）控件，可以更改剪辑图标或缩略图的大小。

1. 双击 Theft Unexpected 素材箱以在其自己的面板中打开它。

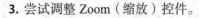

2. 单击 Theft Unexpected 素材箱的 Icon View（图标视图）按钮以显示剪辑的缩略图。

3. 尝试调整 Zoom（缩放）控件。

Adobe Premiere Pro 可以显示非常大的缩略图，以使浏览和选择剪辑变得更简单。

也可以通过单击 Sort Icons（排列图标）菜单 ，在 Icon（图标）视图中为剪辑缩略图应用不同的排序。

4. 切换到 List（列表）视图。

5. 尝试调整素材箱的 Zoom（缩放）控件。

在 List（列表）视图中，缩放没有太大意义，除非在此视图中启用了缩略图显示。

6. 单击面板菜单并选择 Thumbnails（缩略图）。

现在 Adobe Premiere Pro 会在 List（列表）视图和 Icon（图标）

视图中显示缩略图。

7. 尝试调整 Zoom（缩放）控件。

剪辑缩略图显示媒体的第一个帧。在一些情况下，这不是特别有用。例如，查看剪辑 HS Suit。缩略图显示了一个场记板，但是查看角色可能更有用。

8. 单击面板菜单并选择 Preview Area（预览区域）。

9. 选择剪辑 HS Suit，以便在 Preview Area（预览区域）中显示其信息。

10. Preview Area（预览区域）中的 Thumbnail Viewer（缩略图查看器）允许你播放剪辑、拖动剪辑并设置新的标识帧。使用 Thumbnail Viewer（缩略图查看器）拖动剪辑直到看到角色。

11. 单击 Thumbnail Viewer（缩略图查看器）的 Poster Frame（标识帧）按钮。

Adobe Premiere Pro 将新选的帧显示为剪辑的缩略图。

12. 使用面板菜单关闭 List（列表）视图中的缩略图，并隐藏 Preview Area（预览区域）。

4.3.4　指定标签

Project（项目）面板中的每个项都有标签颜色。在 List（列表）视图中，Label（标签）标题显示了每个剪辑的标签颜色。将剪辑添加到序列时，它们将以此颜色出现在 Timeline（时间轴）面板中。

> **Pr** | 注意：先选中多个剪辑，就可以更改它们的标签颜色。

现在更改字幕的颜色以使它与素材箱中的其他剪辑匹配。

1. 右键单击 Theft_Unexpected.psd 并选择 Label（标签）>Iris（彩虹色）。

2. 确保浮动 Theft Unexpected 素材箱是活动的，方法是在面板的某个位置单击一次。

3. 按 Control+A（Windows） 或 Command+A（Mac OS）组合键以选择素材箱中的所有剪辑。

4. 使用一个步骤即可更改多个剪辑的标签颜色。在素材箱中右键单击任意剪辑，并选择 Label（标签）>

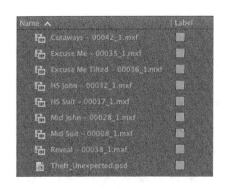

Forest（绿色）。

5. 将 Theft Unexpected 视频剪辑更改回 Iris（彩虹色），并将 Theft_Unexpected.psd 剪辑更改回 Lavender（淡紫色）（一定要更改两个副本）。如果这些剪辑在两个素材箱面板中都可见，则会看到在两个视图中更新了它们。

更改可用的标签颜色

有8种可用颜色可以指定为项目中项的标签颜色。也有8种可以指定标签颜色的项目类型，这意味着没有任何多余的标签颜色。

如果选择Edit（编辑）>Preferences（首选项）>Label Colors（标签颜色）（Windows）或Premiere Pro>Preferences（首选项）>Label Colors（标签颜色）（Mac OS），则可以看到颜色列表，每个列表都有一个颜色样本，你可以单击它们来更改颜色。

如果在首选项中选择Label Defaults（标签默认值），则可以为项目中的每种项选择不同的默认标签。

更改名称

由于项目中的剪辑与其链接到的媒体文件是分开的，因此可以在 Adobe Premiere Pro 中对项进行重命名，而硬盘上的原始媒体文件名称则保持不变。这使重命名剪辑很安全。

1. 右键单击 Theft_Unexpected.psd 的任意实例并选择 Rename（重命名）。

2. 将名称更改为 TU Title BW。

3. 右键单击新命名的剪辑 TU Title BW 并选择 Reveal in Explorer（在浏览器中预览）（Windows）或 Reveal in Finder（在 Finder 中显示）（Mac OS）。

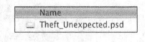

注意，原始文件名并没有改变。了解 Adobe Premiere Pro 中原始媒体文件和剪辑之间的关系很有用，因为它解释了 Adobe Premiere Pro 的工作方式。

 注意：在 Adobe Premiere Pro 中更改剪辑的名称时，新名称将保存在项目文件中。两个项目文件可能有不同的名称表示同一个剪辑。

4.3.5 自定义素材箱

默认情况下，Adobe Premiere Pro 会在 Project（项目）面板中显示特定类型的信息。可以轻松地添加或删除标题。根据拥有的剪辑和正在处理的元数据类型，你可能想要显示或隐藏不同类型的信息。

1. 如果 Theft Unexpected 素材箱还未打开，请打开它。

2. 单击面板菜单并选择 Metadata Display（元数据显示）。

Metadata Display（元数据显示）面板允许你选择任意元数据作为 Project（项目）面板（和任意素材箱）中 List（列表）视图的标题。你需要做的是选择希望包含的信息类型的复选框。

3. 单击 Premiere Pro 的 Project Metadata（项目元数据）的提示三角形以显示这些选项。

4. 选中 Media Type（媒体类型）复选框。

5. 单击 OK（确定）按钮。

你将注意到，Media Type（媒体类型）现在作为 Theft Unexpected 素材箱而不是任何其他素材箱的标题被添加进来了。要用一个步骤对所有素材箱而不是各个素材箱进行此类更改，请使用 Project（项目）面板的面板菜单。

一些标题仅用于提供信息，而一些标题可以直接进行编辑。例如，Scene（场景）标题允许你为每个剪辑添加一个场景号。

注意，如果为场景输入了一个数字并按 Enter 键，则 Adobe Premiere Pro 会激活下一个场景框。这样，你可以使用快捷键快速输入有关每个剪辑的信息，从一个框跳到下一个框。

Scene（场景）标题比较特殊。它提供了有关场景剪辑目的的信息，还为 Adobe Premiere Pro 提供了原始脚本的哪个场景应该用来自动分析音频的信息（参见 4.4）。

Adobe Story

　　Adobe Story 是一个脚本编写应用程序，自动进行正确格式化脚本的过程，并且集成到了 Adobe Premiere Pro 的编辑工作流中。

　　Adobe Story 还提供了脚本编写工具，支持与其他作者协作，自动版本控制，以及使用元数据标记脚本以用于制作前计划，并且它可以生成脚本报告和日程表，帮助你为制作做好准备。

4.3.6　同时打开多个素材箱

默认情况下，双击素材箱时，Adobe Premiere Pro 将以浮动面板打开素材箱。所有素材箱面板的工作方式一样，具有相同的选项、按钮和设置。

如果计算机显示器有空间，则可以打开尽可能多的素材箱。

素材箱与任何其他面板一样，可以将它们拖动到界面的任何部分，调整它们的大小，将它们与其他面板合并起来，以及使用 ` 键在全屏和帧显示之间切换。

由于默认首选项，在双击素材箱时会以其自己的面板打开它们，可以更改此设置以适合自己的编辑风格。

选择 Edit（编辑）>Preferences（首选项）>General（常规）（Windows）或 Premiere Pro>Preferences（首选项）>General（常规）（Mac OS）来更改选项。

当你双击、按住 Control（Windows）或 Command（Mac OS）键并双击，或者是按住 Alt（Windows）或 Option（Mac OS）键并双击时，每个选项可以让你选择发生的情况。

4.4　使用内容分析组织媒体

元数据越来越多地用于帮助你保持条理并共享有关剪辑的信息。使用元数据的挑战是寻找创建它并将它添加到剪辑的有效方式。

为使此过程变得更简单，Adobe Premiere Pro 可以分析媒体并自动根据内容创建元数据。语音转换成的文本可以作为基于时间的文本进行添加，并且具有脸孔的剪辑可以标记为此类，以使识别有用的镜头变得更简单。

4.4.1　使用 Adobe Story 面板

Speech to Text（语音到文本）功能监听素材中的话并创建与剪辑相关的文本。该文本与说话的时间相链接，因此可以轻松找到想要的剪辑部分。

分析的准确性取决于几个因素。通过将脚本或听力文稿与剪辑相关联，可以帮助 Adobe Premiere Pro 正确识别所说的话。

Adobe Story 面板允许访问 Adobe Story 脚本，并且允许将场景拖放到剪辑。它们可以改善语音分析的准确性。

在 Window（窗口）菜单中访问 Adobe Story 面板，登录后将可以访问现有脚本。

从 Adobe Story 面板拖动场景是一种将文本与剪辑相关联的方法。另一种方法是在本地存储硬盘上浏览文本文件。

4.4.2　语音分析

要启动 Speech to Text（语音到文本）功能，请执行以下操作。

1. 从 Lesson 04 文件夹导入视频文件 Mid John - 00028.mp4。

2. 在 Project（项目）面板中滚动直到看见 Scene（场景）标题。如果需要，为新的 Mid John 剪辑添加场景号 1。

 注意：在具有原始视频剪辑的文件夹中有一个 zip 文件，因此如果愿意可以再试一遍。使用 Adobe Premiere Pro 的 Speech to Text（语音到文本）功能，原始文件已经添加了更多元数据，一经导入就变为可用的。

3. 双击新 Mid John 剪辑。如果 Theft Unexpected 素材箱遮挡了 Source Monitor（源监视器），可以通过单击素材箱面板选项卡的 X 来关闭素材箱。

Adobe Premiere Pro 在 Source Monitor（源监视器）中显示该剪辑。

4. 单击 Metadata（元数据）面板的选项卡以显示它。在默认的 Editing（编辑）工作区，你将发现 Metadata（元数据）面板与 Source Monitor（源监视器）共享一个帧。如果 Metadata（元数据）面板不可用，请单击 Window（窗口）菜单并选择 Metadata（元数据）。

Metadata（元数据）面板显示项目剪辑的各种元数据类型。要同时查看 Metadata（元数据）面板与 Source Monitor（源监视器），请将 Metadata（元数据）选项卡拖动到 Program Monitor（节目监视器），然后单击 Source Monitor（源监视器）选项卡以显示它。

5. 单击 Metadata（元数据）面板右下方的 Analyze（分析）按钮。

Analyze Content（分析内容）面板提供了自动分析如何进行的选项。你只需要确定想要 Adobe Premiere Pro 检测脸孔和 / 或识别语音的位置，然后选择语音和质量设置。

 注意：你可能需要调整面板大小以查看按钮。

要改善语音检测的准确性，我们将附加一个脚本文件。

6. 单击 Reference Script（引用脚本）菜单并选择 Add（添加）。

7. 浏览到 Lesson 04 文件夹并打开 Theft Unexpected.astx。Adobe Premiere Pro 将显示 Import Script（导入脚本）对话框，以便你可以确定选择了正确的脚本。选中复选框以确认脚本文本精确匹配录制的对话。这迫使 Adobe Premiere Pro 仅使用原始脚本中的词（适用于采访录音文本）。单击 OK（确定）。

8. 在 Analyze Content（分析内容）中选择 Identify Speakers（识别说话人）。

这将告诉 Adobe Premiere Pro 分离不同声音的对话。

> **Pr** 注意：为剪辑添加场景号有助于 Adobe Premiere Pro 识别与对话相关的脚本部分。

9. 将其他设置保留为默认值，并单击 OK（确定）。

Adobe Premiere Pro 启动 Adobe Media Encoder，它会在后台执行分析。这允许你在分析时继续在项目中工作。当分析完成时，会在 Metadata（元数据）面板中显示剪辑的语音文本描述。

Adobe Media Encoder 自动开始分析并在完成时播放完成声音。可以设置多个剪辑进行分析，并且 Adobe Media Encoder 会自动将它们添加到序列中。任务完成后，可以退出 Adobe Media Encoder。

4.4.3　人脸检测

大型项目中有很多剪辑，因此任何有助于轻松查找正确照片的功能都会有所帮助。分析剪辑时启用人脸检测提供了另一种搜索内容的方式。

现在已经分析了 Mid John 剪辑，尝试单击 Project（项目）面板中 Filter Bin Content（筛选素材箱内容）框中的 Recent Searches（最近搜索）按钮，并选择 Find Faces（查找人脸）。将显示 Mid John 剪辑，即使你将它放入了素材箱也是这样。一定要单击 Filter Bin Content（筛选素材箱内容）框左侧的 X 来清除筛选。

4.5　监视素材

视频编辑的大部分投资用于查看剪辑并对它们进行创造性选择。对浏览媒体来说，感觉很舒服非常重要。

Adobe Premiere Pro 有多种执行常见任务的方式，比如播放视频剪辑。可以使用快捷键、使用鼠标单击按钮，或者是使用快转 / 慢转控制旋钮等外部设备。

也可以使用悬停调整功能快速轻松地查看素材箱中的剪辑内容。

1. 双击 Theft Unexpected 素材箱以打开它。

2. 单击素材箱左下角的 Icon View（图标视图）按钮。

3. 不用单击，在素材箱中的图像上拖动鼠标。

Adobe Premiere Pro 在拖动时显示剪辑的内容。缩略图的左侧表示剪辑的开始，而右侧表示剪辑的结束。这样，缩略图的宽度表示整个剪辑。

4. 单击一次剪辑以选中它。现在关闭悬停调整，会在缩略图底部出现一个小滚动条。尝试使用此滚动条浏览剪辑。

与 Media Browser（媒体浏览器）一样，Adobe Premiere Pro 使用键盘上的 J、K 和 L 键执行播放。

- J：向后播放。
- K：暂停。
- L：向前播放。

5. 选择剪辑，并使用 J、K 和 L 键播放缩略图。一定要只单击剪辑一次。如果双击剪辑，会在 Source Monitor（源监视器）中打开它。

| Pr | 提示：如果按 J 或 K 键多次，则 Adobe Premiere Pro 将以多倍速度播放视频剪辑。 |

双击剪辑时，不仅会在 Source Monitor（源监视器）中显示它，还会将它添加到最近使用的剪辑列表中。

6. 双击以从 Theft Unexpected 素材箱打开 4 个或 5 个剪辑。

7. 在 Source Monitor（源监视器）顶部的选项卡中，单击 Recent Items（最近的项目）菜单以在最近的剪辑之间浏览。

8. 单击 Source Monitor（源监视器）底部的 Zoom（缩放）菜单。默认情况下，Zoom（缩放）菜单设置为 Fit（适合），这意味着 Adobe Premiere Pro 将播放整个帧，无论原始大小是多少。将此设置更改为 100%。

> **Pr** 提示：注意，你拥有关闭一个剪辑或所有剪辑的选项，以便清理菜单和监视器。一些编辑喜欢清除菜单，然后打开场景的几个剪辑，方法是在素材箱中选择场景的几个剪辑并将它们拖放到 Source Monitor（源监视器）。然后，可以使用 Recent Items（最近的项目）来从此短列表中浏览剪辑。

这些 Theft Unexpected 剪辑是高分辨率的，并且它们可能比 Source Monitor（源监视器）面板大很多。现在，在 Source Monitor（源监视器）面板的右侧和底部很可能有一些滚动条，以便你可以查看图像的不同部分。

将 Zoom（缩放）设置为 100% 来查看的好处是可以看到原始视频的所有像素，这对于检查质量很有用。

9. 将 Zoom（缩放）菜单设置回 Fit（适合）。

播放分辨率

如果你的处理器很老或很慢，则计算机可能无法播放非常高质量的视频剪辑。要处理大量计算机硬件配置，从强大的桌面工作站到轻量型便携式计算机，Adobe Premiere Pro 可以降低播放分辨率，以便更流畅地播放视频。使用 Source Monitor（源监视器）和 Program Monitor（节目监视器）上的 Select Playback Resolution（选择播放分辨率）菜单，可以按照你喜欢的方式频繁地更改播放分辨率。

时间码信息

在 Source Monitor（源监视器）的左下角，时间码显示以小时、分钟、秒和帧（00:00:00:00）的方式表明了播放指示器的当前位置。注意，这基于剪辑的原始时间码，可能从 0 开始。

在 Source Monitor（源监视器）底部，时间码显示表明了所选剪辑的总共持续时间。稍后，可以添加特殊标记来进行部分选择。现在，它显示了完整的持续时间。

安全边界

老式的 CRT 显示器会裁剪图像的边缘以实现整齐的边。如果你正在制作针对 CRT 显示器的视频，请单击 Source Monitor（源监视器）底部的 Settings（设置）按钮（扳手图标）并选择 Safe

Margins（安全边界）。Adobe Premiere Pro 会在图像周围显示白色的轮廓线。

外框是动作安全区域。目的是将重要的动作限制在此框中，以便在显示图像时，裁剪不会隐藏正在发生的事情。

内框是标题安全区域。将标题和图形限制在此框中，这样，即使在校正糟糕的显示器上显示，观看者也能够阅读文字。

内部竖线表示用 4:3 显示器显示 16:9 图像时的动作安全区域和标题安全区域。

单击 Source Monitor（源监视器）底部的 Settings（设置）按钮并选择 Safe Margins（安全边界）关闭它们。

4.5.1 基本的播放控件

下面介绍播放控件。

1. 双击 Theft Unexpected 素材箱中的照片 Excuse Me 以在 Source Monitor（源监视器）中打开它。

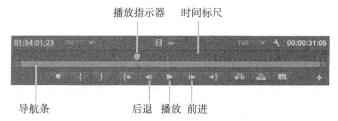

2. 在 Source Monitor（源监视器）底部，有一个黄色的播放指示器标记。沿着面板的底部拖动它以查看剪辑的不同部分。还可以在想要放置播放指示器的任何位置单击，即会跳到单击的位置。

3. 在剪辑导航条和播放指示器的下方，有一个是 Zoom（缩放）控件两倍宽的滚动条。拖动滚动条的一端以在视频导航器中进行缩放。

4. 单击 Play（播放）按钮来播放剪辑。再次单击它以停止播放。还可以使用空格键播放并停止播放。

5. 单击 Step Back（后退）和 Step Forward（前进）按钮来每次移动一个视频帧。还可以使用键盘上的向左和向右箭头键。

6. 使用 J、K 和 L 键播放视频。

4.5.2 自定义监视器

要自定义监视器，单击 Source Monitor（源监视器）的 Settings（设置）按钮 。

此菜单为 Source Monitor（源监视器）提供了几个不同的显示选项（节目监视器有类似的菜单）。可以选择查看波形和矢量示波器来分析视频。

现在，我们只是想知道如何显示常规视频。确保选中了此菜单中的 Composite Video（合成视频）。

可以在 Source Monitor（源监视器）底部添加或删除按钮。

1. 单击 Source Monitor（源监视器）右下角的 Button Editor（按钮编辑器）按钮，会出现一个特殊的按钮集。

2. 将浮动面板的 Loop（循环）按钮 拖放到 Source Monitor（源监视器）的 Play（播放）按钮的右侧，并单击 OK（确定）。

3. 双击 Theft Unexpected 素材箱中的 Excuse Me 剪辑以在 Source Monitor（源监视器）中打开它，如果它还未打开的话。

4. 单击 Loop（循环）按钮以启用它，然后使用空格键或 Source Monitor（源监视器）上的 Play（播放）按钮来播放视频。当看够视频时，可停止播放。

启用了 Loop（循环）后，Adobe Premiere Pro 会不断重复播放。

4.6 修改剪辑

Adobe Premiere Pro 使用与剪辑相关的元数据来了解如何播放它们。有时，此元数据可能是错误的，你需要告诉 Adobe Premiere Pro 如何解释剪辑。

可以用一个步骤更改一个文件或多个文件的剪辑解释。选择想要更改的剪辑即可。

4.6.1 调整音频声道

Adobe Premiere Pro 拥有高级音频管理功能。无须原始剪辑音频，即可创建复杂的声音混合并选择性地输出目标声道。通过精确的音频位置控制，可以制作单声道、立体声、5.1 和 32 声道序列。

如果你刚刚开始，很可能想要制作立体声序列并使用高保真声音源。在这种情况下，默认设置很可能正是你需要的。

使用专业摄像机录制音频时，使用一个麦克风录制一个声道，而使用另一个麦克风录制另一个声道的情况很常见。尽管这些声道同样适用于常规立体声音频，但是现在它们包含完全独立的声音。

摄像机为录制的音频添加元数据，以告诉 Adobe Premiere Pro 声音是单声道（单独的声道）还是立体声（声道 1 音频和声道 2 音频组合形成完整的立体声）。

通过选择 Edit（编辑）>Preferences（首选项）>Audio（音频）（Windows）或 Premiere Pro >

Preferences（首选项）>Audio（音频）（Mac OS）导入新媒体文件时，可以告诉 Adobe Premiere Pro 如何解释声道。

如果在导入剪辑时设置是错误的，可以轻松地告诉 Adobe Premiere Pro 如何正确地解释声道。

1. 右键单击 Theft Unexpected 素材箱中的 Reveal 剪辑，并选择 Modify（修改）>Audio Channels（声道）。

2. 现在，此剪辑被设置为使用文件的元数据来识别音频的声道格式。单击 Preset（预设）菜单，将它更改为 Mono（单声道）。

Adobe Premiere Pro 会将 Channel Format（通道记录格式）菜单更改为 Mono（单声道）。现在，你会看到 Left（左）和 Right（右）源声道链接到轨道 Audio 1（音频 1）和 Audio 2（音频 2）。这意味着将剪辑添加到序列时，每个声道将位于独立的轨道上，这允许你单独处理它们。

3. 单击 OK（确定）。

4.6.2 合并剪辑

在音频质量相对低的摄像机上录制视频，而在单独设备上录制高品质声音的情况很常见。以这种方式工作时，你会想要合并高品质音频和视频。

以这种方式合并视频和音频文件时，最重要的因素是同步。可以手动定义同步点（比如场记板），或者是让 Adobe Premiere Pro 根据时间码信息或音频自动同步剪辑。

如果选择使用音频同步剪辑，则 Adobe Premiere Pro 将分析摄像机内音频和单独捕捉的声音，并自动匹配它们。

- 如果在想要合并的剪辑拥有匹配的音频，则可以自动同步它们。如果没有，则可以添加标记，添加 In（入点）标记或 Out（出点）标记，或者是使用外部时间码。如果你正在添加标记，则将标记放在明显的同步点，比如场记板。

- 选择具有视频和音频的剪辑，以及仅包含音频的剪辑。右键单击每个项，并选择 Merge Clips（合并剪辑）。

- 在 Synchronize Point（同步点）下，选择你的同步点并单击 OK（确定）。

一个在单个项目中合并了视频和"好"音频的新剪辑就创建完成了。

4.6.3 解释素材

为了让 Adobe Premiere Pro 正确解释剪辑，需要了解视频的帧速率、像素长宽比（像素的形状）

和显示字段的顺序（如果剪辑具有这些内容的话）。Adobe Premiere Pro 可以从文件的元数据找到这些信息，但是你可以轻松地更改解释。

1. 从 Lesson 04 文件夹导入 RED Video.R3D。双击它以在 Source Monitor（源监视器）中打开它。它是全宽屏的，对我们的项目来说有点太宽了。

2. 在素材箱中右键单击此剪辑，并选择 Modify（修改）>Interpret Footage（解释素材）。

3. 现在，剪辑设置为使用文件 Anamorphic 2:1 的像素长宽比（Pixel Aspect Ratio）。这意味着像素的宽是高的两倍。

4. 使用 Conform To（适应）按钮将像素长宽比设置为 DVCPRO HD (1.5)。然后单击 OK（确定）。

从现在开始，Adobe Premiere Pro 会将像素的宽解释为高的 1.5 倍。这会重新调整图像以使其变为标准的 16：9 宽屏。实际上，这有时并不管用，经常会引入一些不必要的扭曲，但是它可以对不匹配的媒体进行快速修正（新闻编辑经常会遇到这种问题）。

4.6.4 处理 Raw 文件

Adobe Premiere Pro 针对 RED 摄像机创建的 R3D 文件和 ARRI 摄像机创建的 ARI 文件提供了特殊设置。这些文件类似于专业单反数码相机使用的 Camera Raw 格式。Raw 文件始终有一个应用的解释图层，以便查看文件。可以随时更改解释，这样做不会影响播放性能。这意味着你可以更改照片中的颜色，而不需要额外的处理能力。使用特效可以实现类似的结果，但是这样做计算机需要做更多的工作才能播放剪辑。

1. 在 Project（项目）面板中右键单击 RED Video.R3D 剪辑，并选择 Source Settings（源设置）。

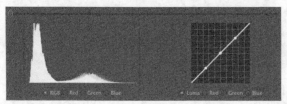

这将显示 RED R3D Source Settings（R3D 源设置）对话框，允许访问剪辑的原始解释控件。在许多方面，这是一个强大的颜色校正工具，具有自动白平衡，以及红色、绿色和蓝色值的单独调整。

2. 在右侧，有一系列调整图像的单独控件。滚动到列表的最下面，可以找到 Gain Settings（增益）设置。由于这是一个 RED 剪辑，因此将 Red（红色）增益增加到 1.5 左右。可以拖动滑块控件，拖动橘色数字，或者是单击并键入数字。

3. 单击 OK（确定）并再次查看 Source Monitor（源监视器）中的剪辑。你可能需要移动播放指示器才能查看更新的结果。

已经更新了此图像。如果已经将此剪辑编辑到序列中，也会在序列中更新此剪辑。

有关使用 RED 媒体的更多信息，请访问 http://www.adobe.com/go/red/。

4.7 复习

4.7.1 复习题

1. 如何更改 Project（项目）面板中显示的 List（列表）视图标题？

2. 在 Project（项目）面板中，如何快速筛选显示的剪辑以更轻松地查找剪辑？

3. 如何创建新素材箱？

4. 如果在 Project（项目）面板中更改了剪辑的名称，那么硬盘中它链接到的媒体文件的名称是否也会改变？

5. 可以使用哪些键来播放视频和音频剪辑？

6. 如何更改解释声道的方式？

4.7.2 复习题答案

1. 单击 Project（项目）面板的面板菜单，并选择 Metadata Display（元数据显示）。选择你想显示的任何标题的复选框。

2. 在 Filter Bin Content（筛选素材箱内容）框中单击并开始键入想要查找的剪辑名称。Adobe Premiere Pro 会隐藏不匹配的所有剪辑，而显示匹配的剪辑。

3. 单击 Project（项目）面板底部的 New Bin（新建素材箱）按钮。或者，访问 File（文件）菜单并选择 New（新建）>Bin（素材箱）。或者，右键单击 Project（项目）面板的空白区域并选择 New Bin（新建素材箱）。或者，按 Ctrl+/（Windows）或 Command+/（Mac OS）组合键。还可以将剪辑拖放到 Project（项目）面板底部的 New Bin（新建素材箱）按钮上。

4. 不会，你可以复制、重命名或删除 Project（项目）面板中的剪辑，而原始媒体文件不会发生任何变化。Adobe Premiere Pro 是一种非破坏性的编辑器，不会修改原始文件。

5. 按空格键播放和停止播放。J、K 和 L 键可以像航空飞机控制器那样使用，向前或向后播放，并且箭头键可用于向前或向后移动一个帧。

6. 右键单击想要更改的剪辑，并选择 Modify（修改）>Audio Channels（声道）。选择正确的选项（通常是选择一个预设），并单击 OK（确定）。

第5课 视频编辑的基础知识

课程概述

在本课中，您将学习以下内容：

- 在源监视器中处理剪辑；

- 创建序列；

- 使用基本的编辑命令；

- 了解轨道。

本课大约需要 45 分钟。

本课会教授您使用 Adobe Premiere Pro CC 创建序列时反复用到的核心编辑技能。

编辑并不仅仅是选择照片。可以精确地为剪辑安排时间，将剪辑放在
正确的序列时间点和想要的轨道上（以创建分层效果），将新剪辑添加
到现有序列，以及删除旧剪辑。

5.1 开始

无论如何进行视频编辑，都有一些你会反复采用的简单技术。实质上，你会选择部分剪辑并将它们选择性地放入序列中。在 Adobe Premiere Pro 中有几种方法来处理这样的事情。

开始之前，请确保使用的是默认的 Editing（编辑）工作区。

1. 选择 Window（窗口）>Workspace（工作区）>Editing（编辑）。

2. 选择 Window（窗口）>Workspace（工作区）>Reset Current Workspace（重置当前工作区）。

3. 在 Reset Workspace（重置工作区）对话框中单击 Yes（是）。

对于本课，将使用第 4 课中所用的项目文件。

4. 继续使用上一课的项目文件，或者从硬盘上打开它。

5. 选择 File（文件）>Save As（另存为）。

6. 将文件重命名为 Lesson 05.prproj。

7. 在硬盘上选择自己喜欢的位置，并单击 Save（保存）以保存项目。如果你没有之前的课程文件，则可以从 Lesson 05 文件夹打开 Lesson 05.prproj 文件。

首先了解有关 Source Monitor（源监视器）的更多信息，以及如何标记剪辑以将它们添加到序列中。然后，将介绍 Timeline（时间轴）面板（在这里可以处理序列），以及如何将所有内容放在一起。

5.2 使用源监视器

Source Monitor（源监视器）是将资源包含到序列之前检查资源的主要位置。

在 Source Monitor（源监视器）中查看视频剪辑时，是以其原始格式查看它们。它们将以录制时的帧速率、帧大小、帧顺序、音频采样率和音频位深度进行播放。

将剪辑添加到序列时，Adobe Premiere Pro 将让剪辑匹配序列设置。这意味着可能会调整帧速率、帧大小和音频类型，以便以同样的方式播放所有内容。

作为多种文件类型的查看器，Source Monitor（源监视器）提供了重要的附加功能。可以使用两种特殊的标记，即 In（入）点和 Out（出）点，来选择仅包含在序列中的部分剪辑。还可以为其他类型的标记添加注释，以便稍后参考它们或者提醒自己有关剪辑的重要信息。例如，你可能包含一个没有权限使用的照片的注释。

5.2.1 加载剪辑

要加载剪辑，请执行以下操作。

1. 浏览到 Theft Unexpected 素材箱。使用默认的首选项，可以在按住 Control（Windows）或 Command（Mac OS）键的同时双击 Project（项目）面板中的素材箱。将在现有面板中打开素材箱。要导航回 Project（项目）面板内容，请单击 Navigate Up（向上导航）按钮 。

2. 双击视频剪辑或者将剪辑拖放到 Source Monitor（源监视器）中。无论采用哪种方式，结果都是相同的：Adobe Premiere Pro 将在 Source Monitor（源监视器）中显示剪辑，供你查看并添加标记。

3. 将鼠标指针悬停到 Source Monitor（源监视器）上，并按 ` 键。再次按 ` 键，会将 Source Monitor（源监视器）恢复到其原始大小。

> **Pr** 提示：注意，活动帧具有一个橘色轮廓线。了解哪个帧是活动的很重要，因为有时会更新菜单以反映当前选择。如果按 Shift+` 组合键，则当前所选的帧（而不是鼠标悬停的帧）将切换为全屏。

在第二个显示器上查看视频

如果你有第二台显示器连接到计算机，则Adobe Premiere Pro可以使用它显示全屏视频。

选择Edit（编辑）>Preferences（首选项）>Playback（播放）（Windows）或Adobe Premiere Pro>Preferences（首选项）>（播放）（Mac OS），并选中想要用于全屏播放的显示器的复选框。

如果计算机连接了DV设备，那么也可以通过该设备播放视频。

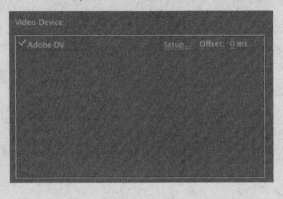

5.2.2　加载多个剪辑

接下来，你将选择在 Source Monitor（源监视器）中使用的剪辑。

1. 单击 Source Monitor（源监视器）左上方的 Recent Items（最近的项目）菜单并选择 Close All（全部关闭）。

2. 单击 Theft Unexpected 素材箱的 List View（列表视图）按钮，并单击 Name（名称）标题，以确保按字母顺序显示剪辑。

3. 选择第一个剪辑 Cutaways，然后按住 Shift 键并单击剪辑 Mid John–00028。

这会选中素材箱中的多个剪辑。

4. 将剪辑从素材箱拖放到 Source Monitor（源监视器）。

现在，将在 Source Monitor（源监视器）的 Recent Items（最近的项目）菜单中显示所选的剪辑。可以使用此菜单选择查看哪个剪辑。

5.2.3　源监视器控件

除了播放控件，Source Monitor（源监视器）中还有一些重要的其他按钮。

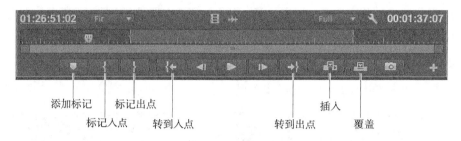

添加标记　　　标记出点　　　　　　　　　　插入
　　　标记入点　转到入点　　　　　转到出点　覆盖

- Add Marker（添加标记）。将标记添加到播放指示器所在的剪辑处。标记可以提供简单的视觉参考或保存注释。

- Mark In（标记入点）。标记想在序列中使用的剪辑的开始部分。可以只有一个 In（入）点。新的 In（入）点将自动替代现有入点。

- Mark Out（标记出点）。标记想在序列中使用的剪辑的结束部分。可以只有一个 Out（出）点。新的 Out（出）点将自动替代现有出点。

- Go to In（转到入点）。将播放指示器移动到剪辑的入点。

- Go to Out（转到出点）。将播放指示器移动到剪辑的出点。

- Insert（插入）。使用插入编辑模式将剪辑添加到 Timeline（时间轴）面板当前显示的序列中（参见本课后面的 5.4 节）。

- Overwrite（覆盖）。使用覆盖编辑模式将剪辑添加到 Timeline（时间轴）面板当前显示的序列中（参见本课后面的 5.4 节）。

5.2.4　在剪辑中选择范围

有时你想要在剪辑中选择一个特定的范围。

1. 使用 Recent Items（最近的项目）菜单选择剪辑 Excuse Me–00035。这是一张 John 紧张地询问能否坐下的视频。

> 提示：为了帮助你找到素材，Adobe Premiere Pro 可以在时间标尺上显示时间码数字。单击 Settings（设置）菜单 并选择 Time Ruler Numbers（时间标尺数字），可以打开和关闭此选项。

2. 播放剪辑以了解动作。

John 走进镜头中一半时停下来说了一句话。

3. 将播放指示器放在 John 进入镜头之前或者是他说话之前。大约在 01:54:06:00，他停顿了一下并说了一句话。注意，时间码引用基于原始录制。

4. 单击 Mark In（标记入点）按钮。还可以按键盘上的 I 键。

Adobe Premiere Pro 将突出显示所选的剪辑部分。已经排除了剪辑的第一部分，但是如果稍后需要可以包含此部分，这就是非线性编辑的自由之处。

5. 将播放指示器放在 John 坐下的那一刻。大约是 01:54:14:00。

6. 按键盘上的 O 键以添加一个 Out（出）点。

添加到剪辑的入点和出点是持久的。也就是说，如果关闭并重新打开剪辑，它们还是存在的。让我们为下列两个剪辑添加入点和出点。

7. 对于 HS Suit 剪辑，在 John 的话说完之后添加一个 In（入）点，大约在镜头的 1/4 处（01:27:00:16）。

8. 在短暂的特写镜头之后屏幕变暗时（01:27:02:14）添加一个 Out（出）点。

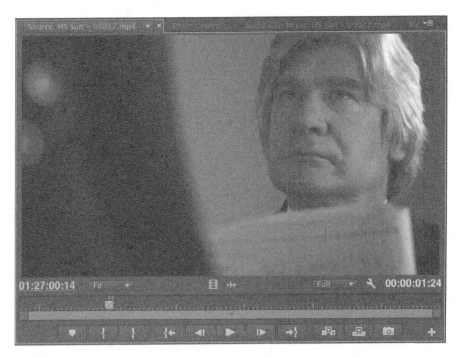

9. 对于 Mid John，在 John 坐下时（01:39:52:00）添加一个 In（入）点。

10. 在他喝了一口茶之后（01:40:04:00）添加一个 Out（出）点。

随着编辑经验的增加，你可能会发现自己喜欢浏览所有可用的剪辑，根据需要添加 In（入）点和 Out（出）点，然后构建序列。一些编辑喜欢在使用剪辑时添加 In（入）点和 Out（出）点。

从项目面板编辑

由于在更改 In（入点）和 Out（出点）标记之前它们在项目中仍是活动的，因此可以直接从 Project（项目）面板和 Source Monitor（源监视器）将剪辑添加到序列。如果已经查看了所有剪辑并选择了想要的部分，则这是一种创建第一个粗略序列版本的快速方式。

Adobe Premiere Pro CC 在从 Project（项目）面板编辑和从 Source Monitor（源监视器）编辑时会应用相同的轨道控件，因此体验十分类似，只需几次单击，速度更快。

5.2.5　创建子剪辑

如果你拥有一个非常长的剪辑（可能是录像带的全部内容），但可能只想在序列中使用几个部分，那么如果有一种分离剪辑部分的方法会非常有用，这样，可以在构建序列之前组织它们。

这正是创建子剪辑的原因。子剪辑是剪辑的部分副本。在处理非常长的剪辑时通常会使用它们，尤其是可能要在一个序列中使用同一原始剪辑的几个部分时。

- 与常规剪辑一样，可以素材箱的形式组织它们，但它们具有不同的图标 。

- 基于创建它们的入点和出点，它们具有有限的持续时间（与查看可能更长的原始剪辑相比，查看它们的内容更简单）。

- 重要的是，它们与原始剪辑共享相同的媒体文件。

让我们制作一个子剪辑。

1. 双击 Theft Unexpected 素材箱中的 Cutaways 以在 Source Monitor（源监视器）中查看它。

2. 在查看 Theft Unexpected 素材箱的内容时，单击此面板底部的 New Bin（新建素材箱）按钮。此新建素材箱将出现在现有 Theft Unexpected 素材箱中。

3. 将素材箱命名为 Subclips，并打开它以查看内容；考虑在按住 Ctrl（Windows）或 Command（Mac OS）键的同时双击素材箱以在同一个框中打开它，而不是作为一个单独的浮动框打开它。

4. 选择部分剪辑以制作成子剪辑，方法是使用一个入点和出点标记剪辑。当删除并替换数据包时可能会工作得很好。

5. 要根据所选的剪辑部分在入点和出点之间制作子剪辑，请执行下列操作之一。

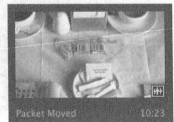

- 在 Source Monitor（源监视器）的图像显示中右键单击并选择 Make Subclip（制作子剪辑）。将子剪辑命名为 Packet Moved 并单击 OK（确定）。

> **Pr** | 注意：如果选择了 Restrict Trims To Subclip Boundaries（将修剪限制到子剪辑边界），那么查看子剪辑时就无法查看位于选区之外的剪辑部分。这可能正是你想要的（并且你可以更改此设置）。

- 单击 Clip（剪辑）菜单并选择 Make Subclip（制作子剪辑）。将子剪辑命名为 Packet Moved 并单击 OK（确定）。新的子剪辑会添加到 Subclips 素材箱中，具有入点和出点标记指定的持续时间。

使用键盘快捷键来制作子剪辑

如果你想制作大量子剪辑，有一个可以使用的键盘快捷键，这是一种好方法，因为键盘快捷键通常比使用鼠标更快。

要使用键盘，像往常一样使用入点和出点标记标记剪辑，并按 Ctrl+U（Windows）或 Command+U（Mac OS）组合键。

输入子剪辑名称并单击 OK（确定）。

5.3 导航时间轴

如果 Project（项目）面板是项目的核心，那么 Timeline（时间轴）面板就是画布。Timeline（时间轴）面板是将剪辑添加到序列，对它们进行编辑更改，添加视觉特效和音频特效，混合音轨，以及添加标题和图形的位置。

下面是有关 Timeline（时间轴）面板的一些信息。

- 可以在 Timeline（时间轴）面板中查看和编辑序列。
- 可以同时打开多个序列，每个序列都在自己的 Timeline（时间轴）面板中显示。
- 术语"序列"和"时间轴"通常是可互换的，比如"在序列中"或"在时间轴上"。
- 最多可以有 99 个视频轨道，并且顶部的视频轨道在底部的视频轨道之前播放。
- 最多可以有 99 个音频轨道同时播放以创建音频混合（音频轨道可以是单声道、立体声、5.1 或自适应的，最多 32 声道）。
- 可以更改 Timeline（时间轴）轨道的高度，以访问有关视频剪辑的更多控件和缩略图。
- 每个轨道都有一组控件，可以更改轨道的工作方式。
- 在时间轴上显示时间，始终是从左到右移动。

- Program Monitor（节目监视器）显示播放指示器当前所在位置的序列内容。

- 对于时间轴上的大部分操作，将使用标准的 Selection（选择）工具。但是，还有几个工具用于其他用途。如果有疑问，请按 V 键。这是 Selection（选择）工具的快捷键。

- 可以缩放时间轴，方法是使用键盘顶部的 + 和 – 键，以更好地查看剪辑。如果按 \ 键，则 Adobe Premiere Pro 会在当前设置和显示整个序列之间切换缩放级别。

A 序列嵌套切换
B 时间码
C 对齐
D 添加标记
E 显示设置
F 时间标尺
G 播放指示器
H 轨道
I 剪辑视频
J 剪辑音频
K 源轨道
L 轨道选择
M 同步锁定
N 轨道输出
O 在轨道之间拖动以
  调整大小
P 静音或独奏音频
Q 轨道锁定

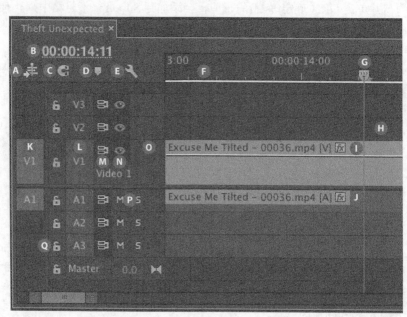

5.3.1 什么是序列

序列是一个容器，包含一系列依次播放的剪辑，有时还具有多个混合图层，并且通常具有特效、标题和音频，以制作成完整的影片。

在项目中，你可以拥有任意多的序列。让我们为 Theft Unexpected 戏剧制作一个新序列。

1. 在 Theft Unexpected 素材箱中，将剪辑 Excuse Me（而不是 Excuse Me Tilted）拖动到面板底部的 New Item（新建项目）按钮上。

这是一种制作与媒体完美匹配的序列的快捷方式。Adobe Premiere Pro 会创建一个新序列，名称与所选剪辑的名称相同。

Pr 注意：你可能需要单击 Navigate Up（向上导航）按钮来查看 Theft Unexpected 素材箱。

2. 会在素材箱中突出显示此序列，并且最好立刻对它进行重命名。在素材箱中右键单击此序列并选择 Rename（重命名）。将此序列命名为 Theft Unexpected。

这会自动打开该序列，并包含用于创建它的剪辑。这适用于我们的目标，但是如果你使用随机剪辑来执行此快捷方式，那么现在可以在序列中选择并删除它（按 Delete 键）。

单击 Timeline（时间轴）面板中其名称选项卡的 X 来关闭序列。

适应

序列具有帧速率、帧大小和音频母带格式（单声道或立体声）。它们协调或调整你所添加的所有剪辑以匹配这些设置。

可以选择是否缩放剪辑以匹配你的序列帧大小。例如，如果序列的帧大小是 720×480（标清 NTSC-DV），而视频剪辑的帧大小是 1920×1080（高清），那么你可能决定自动缩小高分辨率剪辑以匹配你的序列分辨率或保持它不变，仅在缩小的序列"窗口"中查看部分图像。

缩放剪辑时，会按比例缩小垂直和水平大小以保持原始长宽比。这意味着，如果剪辑与序列的长宽比不同，则在缩放时它可能就无法完全填满序列帧。例如，如果剪辑的长宽比是 4:3，你添加了它并将它放大到 16:9，那么就会在两侧看到空白。

使用 Motion（运动）控件（参见第 9 课），可以对想要看到的图像部分应用动画，创建一种动态的摇摄和扫描效果。

5.3.2 在时间轴面板中打开序列

要在 Timeline（时间轴）面板中打开序列，请执行以下操作之一。

- 在素材箱中双击序列。

- 在素材箱中右键单击序列，并选择 Open in Timeline（在时间轴中打开）。

现在打开 Theft Unexpected 序列，并在 Timeline（时间轴）面板中查看它。

Pr 提示：与剪辑一样，也可以在 Source Monitor（源监视器）中打开序列。注意，不要将序列拖动到 Timeline（时间轴）面板来打开它。你会将它添加到当前序列中。

5.3.3　了解轨道

与铁轨保持火车正常运行一样，序列有视频和音频轨道来限制添加剪辑的位置。最简单的序列形式是仅有一个视频轨道和一个音频轨道。依次将剪辑从左到右添加到轨道中，播放剪辑的顺序与放置的顺序一样。

序列也可以有更多视频和音频轨道。它们将成为视频和其他声道的图层。由于顶部视频轨道出现在底部视频轨道前面，因此可以使用它们创造性地制作分层合成。

你可能使用顶部视频标题来为序列添加标题，或者是混合使用特效的多个视频图层。

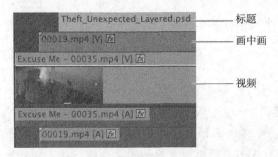

你可能使用多个音频轨道来为序列创建一个完整的音频合成，具有原始源对话、音乐和现场音频效果，比如枪声或烟火、大气音波和画外音。

Adobe Premiere Pro CC 具有多个滚动选项，根据光标的位置提供了不同的结果。

- 如果将鼠标悬停在任意轨道上，则可以向左和向右滚动；触控板手势也起作用。

- 如果将鼠标悬停在视频或音频轨道上，并在按住 Control（Windows）或 Command（Mac OS）键的同时向上或向下滚动，则只会向上或向下滚动此类轨道。

- 如果将鼠标悬停在轨道标题并滚动，则会增加或降低此轨道的高度。

- 如果将鼠标悬停在视频或音频轨道标题上，并在按住 Shift 键的同时进行滚动，则会增加或降低所有此类轨道的高度。

5.3.4　定位轨道

轨道标题并不仅仅是名称。当使用入点和出点标记删除部分序列或者在渲染时，它们还可以作为轨道的启用 / 禁用按钮。

> **Pr** **提示：** 轨道标题的使用在 Adobe Premiere Pro CC 中发生了改变。当使用源剪辑指示器为序列添加剪辑时，轨道标题的开关没有任何影响。

在轨道标题的左侧，你将看到一组额外的按钮，表示 Source Monitor（源监视器）中当前显示的剪辑或 Project（项目）面板中所选剪辑的可用轨道。

如果将剪辑拖放到序列中，则会忽略源轨道指示器。但是，当在 Source Monitor（源监视器）中使用键盘或按钮为序列添加剪辑时，那么源轨道指示器就非常重要。

在下列示例中，源轨道指示器的位置表示会将一个剪辑添加到时间轴的 Video 1 和 Audio 1 轨道上。

在下列示例中，通过拖放改变了源轨道指示器的位置。在本例中，会将剪辑添加到时间轴的 Video 2 和 Audio 2 轨道上。

源轨道指示器启用或禁用源剪辑的视频和音频声道。可以进行高级编辑，方法是仔细放置源轨道指示器并选择已经打开或关闭的轨道。

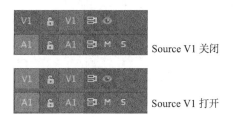

Source V1 关闭

Source V1 打开

5.3.5　入点和出点

Source Monitor（源监视器）中的入点和出点定义想要添加到序列中的剪辑部分。在时间轴上使用的点有两个主要目的。

- 使用它们告诉 Adobe Premiere Pro 将剪辑添加到序列的什么位置。
- 使用它们选择想要删除的序列部分。与轨道标题一起使用，可以进行非常精确的选择，以从多个轨道删除整个剪辑或部分剪辑。

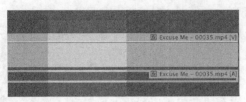

较亮的区域表示所选的
序列部分。

1. 设置入点和出点

在 Timeline（时间轴）上添加入点和出点与在 Source Monitor（源监视器）中添加它们一样。一个主要差别是，与 Source Monitor（源监视器）中的控件不同，Program Monitor（节目监视器）中的控件也适用于 Timeline（时间轴）。

要为 Timeline（时间轴）添加入点，确保 Timeline（时间轴）面板是活动的，然后按 I 键或单击 Program Monitor（节目监视器）中的 Mark In（标记入点）按钮。

要为 Timeline（时间轴）添加出点，确保 Timeline（时间轴）面板是活动的，然后按 O 键或单击 Program Monitor（节目监视器）中的 Mark Out（标记出点）按钮。

 提示：根据序列中剪辑（或剪辑组）的持续时间，还有一种为时间轴添加入点和出点的快捷方式。要尝试此快捷方式，在序列中选择剪辑部分并按 / 键。

2. 清除入点和出点

如果你打开了一个具有想要删除的入点和出点的剪辑（或者是时间轴上的入点和出点干扰了视图），可以轻松地删除它们。在 Timeline（时间轴）、Program Monitor（节目监视器）和 Source Monitor（源监视器）中，删除入点和出点的方式是一样的。

1. 在 Timeline（时间轴）中，单击 Excuse Me 剪辑以选择它。

2. 按 / 键。这会在 Timeline（时间轴）中的剪辑开始处（左侧）添加一个入点标记，而在剪辑结束处（右侧）添加一个出点标记。入点和出点都添加到了 Timeline（时间轴）面板顶部的时间标尺中。

3. 右键单击 Timeline（时间轴）面板顶部的时间标尺，查看菜单选项。在此菜单中选择需要的选项，或者使用以下一种键盘快捷键。

```
Clear In
Clear Out
Clear In and Out
```

- Alt+I。删除入点（Clear In，清除入点）。

- Alt+O。删除出点（Clear Out，清除出点）。

- Shift+Ctrl+X（Windows）/Alt+X（Mac OS）。删除入点和出点（Clear In and Out，清除入点和出点）。

4. 最后一个选项特别有用。它容易记住并且可以快速清除入点和出点。现在使用此选项来清除这些标记。

5.3.6　使用时间标尺

Program Monitor（节目监视器）和 Source Monitor（源监视器）底部以及 Timeline（时间轴）顶部的时间标尺的用途是一样的：它们允许你导航剪辑或序列。时间总是从左到右的，并且播放指示器的位置以一种可视方式表明了与剪辑的关系。

现在单击 Timeline（时间轴）顶部的时间标尺，左右拖动。播放指示器会跟随鼠标移动。在 Excuse Me 剪辑上拖动鼠标时，会在 Program Monitor（节目监视器）中看到此剪辑的内容。以这种方式拖动来浏览内容被称为调整。

注意，Source Monitor（源监视器）、Program Monitor（节目监视器）和 Timeline（时间轴）面板底部都有滚动条。将鼠标悬停在此滚动条上并使用鼠标滚轮滚动会缩放时间标尺。放大时间标尺后，可以通过单击并拖动来浏览时间标尺。

Program Monitor（节目监视器）面板中的缩放栏

5.3.7　自定义轨道标题

Adobe Premiere Pro CC 包含一组新选项来选择可用的轨道标题控件。要访问这些选项，右键单击视频或音频轨道标题，并选择 Customize（自定义）。

视频轨道Button Editor（按钮编辑器）

音频轨道Button Editor（按钮编辑器）

要找到可用按钮的名称，将鼠标悬停在按钮上以查看工具提示。许多按钮我们已经很熟悉了。还有一些按钮将在后面的课程中介绍。

通过将按钮从 Button Editor（按钮编辑器）拖放到轨道标题，可以为轨道标题添加按钮。将按钮拖离轨道标题可以删除按钮。

现在可以自由尝试此功能，完成尝试后，单击 Button Editor（按钮编辑器）上的 Reset Layout（重置布局）按钮以将轨道标题返回其默认选项。最后，单击 Cancel（取消）来关闭 Button Editor（按钮编辑器）。

5.4 基本的编辑命令

无论是使用鼠标将剪辑拖放到序列中，还是使用 Source Monitor（源监视器）上的按钮，或者是使用键盘快捷键，都是在应用插入编辑或覆盖编辑。

将剪辑添加到已有剪辑的序列并且想将剪辑放到已有剪辑中时，Insert（插入）和 Overwrite（覆盖）两个选项具有完全不同的效果。

5.4.1　覆盖编辑

让我们使用覆盖编辑为 John 请求椅子添加一个特写镜头。

1. 在 Source Monitor（源监视器）中打开镜头 HS Suit。已经为此剪辑添加了入点和出点标记。

> **Pr** ｜ 注意：术语"镜头"和"剪辑"通常是可互换的。

2. 你需要针对此编辑小心地设置 Timeline（时间轴）。将时间轴播放指示器定位到 John 做出请求之后。大约是 00:00:04:00。

除非在时间轴上放置了入点和出点，否则在使用键盘或屏幕按钮编辑时会使用播放指示器来定位新剪辑。

3. 尽管新剪辑具有音频轨道，但是我们不需要它。我们会将音频保留在时间轴上。单击音频轨道选择按钮 A1 以关闭它。差别很明显，但是将这些按钮关闭后，它们会变为深灰色。

4. 检查你的轨道标题是否与下列示例类似。

5. 单击 Source Monitor（源监视器）上的 Overwrite（覆盖）按钮。

将剪辑添加到了时间轴上，但只添加到了 Video 1 轨道上。再次说明，计时可能不是很完美，但是构建了一个完美的对话场景！

Pr 注意：执行覆盖编辑时序列不会变长。

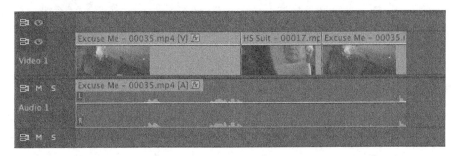

默认情况下，使用鼠标将剪辑拖放到序列中时，是在执行覆盖编辑。按住 Control（Windows）或 Command（Mac OS）键，可以将它更改为插入编辑。

5.4.2　插入编辑

要在 Adobe Premiere Pro 时间轴中执行插入编辑，请执行以下操作。

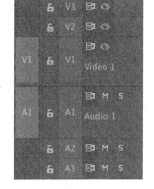

1. 拖动时间轴上的播放指示器，将它放置到 Excuse Me 剪辑中 John 说了 "Excuse me" 之后（大约是 00:00:02:16）。

2. 在 Source Monitor（源监视器）中打开剪辑 Mid Suit，在 01:15:46:00 处添加一个入点标记并在 01:15:48:00 处添加一个出点标记。这实际上来自动作的不同部分，但也适用于特写镜头。

3. 确保时间轴的源轨道指示器像下列示例一样是对齐的。

Pr 注意：如果为时间轴添加了入点和出点，则 Adobe Premiere Pro 将在播放指示器的位置优先使用它。

4. 单击 Source Monitor（源监视器）上的 Insert（插入）按钮。

恭喜你！你已经完成了插入编辑。序列中的剪辑 Excuse Me 已经被拆分开，稍后会移动播放指示器后面的剪辑部分以适应新剪辑 Mid Suit。

5. 将播放指示器放在序列的开头，并完成编辑。可以使用键盘上的 Home 键跳到开头，可以使用鼠标拖动播放指示器，或者按向上箭头键来让播放指示器跳到之前的编辑（按向下箭头键跳到后面的编辑）。

6. 在 Source Monitor（源监视器）中打开剪辑 Mid John。此剪辑已经拥有入点和出点。

7. 将时间轴播放指示器放在序列的末尾，即 Excuse Me 剪辑的结尾处。

8. 单击 Source Monitor（源监视器）上的 Insert（插入）或 Overwrite（覆盖）按钮。由于时间轴播放指示器位于序列末尾，因此没有多余的剪辑，使用哪种编辑模式都可以。

让我们再插入一个播放指示器。

9. 将时间轴播放指示器放在 John 喝茶之前，大约是 00:00:14:00。

10. 在 Source Monitor（源监视器）中打开剪辑 Mid Suit，并使用入点和出点，选择一个恰好位于 John 坐下和第一次喝茶之间的剪辑部分。入点标记位于 01:15:55:00，而出点标记位于 01:16:00:00 就很好。

11. 使用插入编辑将剪辑编辑到序列中。

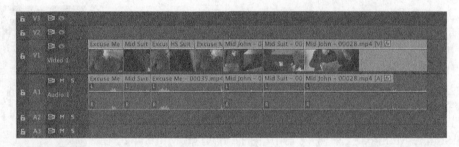

编辑的时间可能不是很完美，但没有关系。使用 Adobe Premiere Pro 等非线性编辑工具的好处就是稍后可以更改时间。最重要的是剪辑的顺序要正确。

5.4.3 三点编辑

要执行编辑，Adobe Premiere Pro 需要了解 Source Monitor（源监视器）和 Timeline（时间轴）中的持续时间。可以根据一个持续时间算出另一个持续时间，因此你仅需要三个而不是四个点或标记。例如，如果在 Source Monitor（源监视器）中选择 4 秒的剪辑，则 Adobe Premiere Pro 会自动了解它在序列中占 4 秒的时间。

做最后的编辑时，Adobe Premiere Pro 会将剪辑的入点（剪辑的开头）与时间轴的入点（播放指示器）对齐。

因此，即使你不会手动将入点标记添加到时间轴，仍然是在执行三点编辑，而持续时间是根据 Source Monitor（源监视器）中的剪辑计算出来的。

如果使用四点编辑会怎样？

可以使用4个点进行编辑。如果所选剪辑的持续时间与序列的持续时间相匹配，则会像往常一样进行编辑。如果它们的持续时间不匹配，则Adobe Premiere Pro将邀请你选择想要发生的事情。可以扩展或压缩播放速度，或者是选择性地忽略其中一个入点或出点。

如果为时间轴添加一个入点，则 Adobe Premiere Pro 会使用此入点进行编辑，而忽略播放指示器的位置。

仅为时间轴添加一个出点也可以实现类似的效果。在这种情况下，Adobe Premiere Pro 在编辑时会对齐剪辑的出点与时间轴的出点。如果序列末尾的剪辑有一个时间有限的动作（比如关门），并且新剪辑的时间需要与它对齐，那么你可能想选择这么做。

5.4.4　故事板编辑

术语"故事板"通常描述展示目标摄像机角度和影片动作的一系列绘制。故事板通常与连环画十分相似，尽管通常它们包含更多技术信息，比如目标摄像机移动、台词和音效。

可以将素材箱中的剪辑缩略图用作故事板图像。排列缩略图，方法是以你想要剪辑在序列中出现的顺序拖放它们，从左到右和从上到下。然后，将它们拖放到序列中，或者使用特殊的自动编辑功能将它们添加到具有过渡效果的序列中。

1. 使用故事板构建初步剪接

集合编辑是剪辑顺序正确但时间还没有计算出来的序列。首先将序列构建为集合很常见，这样做只是为了确保结构正常工作，稍后可以调整时间。

可以使用故事板编辑快速让剪辑保持正确的顺序。

1. 保存当前项目。

2. 打开 Lesson 05 文件夹中的 Desert Sequence.prproj。

此项目有一个带音乐的 Desert Montage 序列。我们将添加一些精彩照片。

2. 排列故事板

双击 Desert Montage 素材箱以打开它。在此素材箱中有一系列短镜头。

 注意：Adobe Premiere Pro CC 的图标视图中有根据多项标准排列剪辑的选项。单击 Sort Icons（排列图标）按钮 以了解选项。一定要将菜单设置为 User Order（用户顺序），以便拖放剪辑以新顺序显示它们。

1. 单击素材箱上的 Icon View（图标视图）按钮 以查看剪辑的缩略图。

2. 拖放素材箱中的缩略图以让它们按你想要的顺序出现在序列中。

3. 确保选中了 Desert Montage 素材箱。按 Control+A（Windows）或 Command+A（Mac OS）组合键选择素材箱中的所有剪辑。

4. 将剪辑拖放到序列中，将它们放到时间轴开头的 Video 1 轨道上，位于音乐剪辑上方。

设置静态图像的持续时间

这些视频剪辑已经有入点和出点了。为序列添加剪辑或者是直接从素材箱添加剪辑时，会自动使用这些入点和出点。

图形和照片在序列中可以有任意持续时间。但是，它们拥有在导入时设置的默认持续时间。在Adobe Premiere Pro首选项中可以更改默认持续时间。

选择Edit（编辑）>Preferences（首选项）>General（常规）（Windows）或Adobe Premiere Pro>Preferences（首选项）>General（常规）（Mac OS），并在Still Image Default Duration（静态图像的默认持续时间）框中更改持续时间。

5. 播放序列以查看结果。

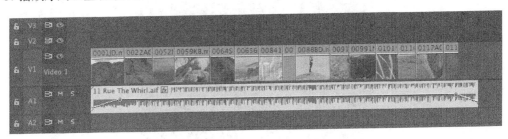

3. 自动匹配故事板与序列

除了将故事板编辑拖放到时间轴外, 还可以使用特殊的 Automate To Sequence（自动匹配序列）选项。

1. 撤销编辑, 方法是按住 Control+Z（Windows）或 Command+Z（Mac OS）组合键, 并将时间轴播放指示器放到时间轴的开头。

2. 在素材箱中, 仍然选中剪辑, 并单击 Automate To Sequence（自动匹配序列）按钮。

顾名思义, Automate To Sequence（自动匹配序列）会自动将剪辑添加到当前显示的序列中。下面是一些选项。

- Ordering（排序）。这会以剪辑出现在素材箱中的顺序（或单击以选择它们的顺序）将它们放置到序列中。

- Placement（放置）。默认情况下, 会依次添加剪辑。如果时间轴上有标记（也许是音乐节拍的时间）, 则可以将剪辑添加到标记处。

- Method（方法）。在 Insert（插入）和 Overwrite（覆盖）编辑之间选择。

- Clip Overlap（剪辑重叠）。自动重叠剪辑以支持特效过渡。

- Transitions（过渡）。选择在每个剪辑之间自动添加视频或音频过渡。

- Ignore Options（忽略选项）。选择将剪辑的视频或音频部分排除在外。

3. 设置 Automate To Sequence（自动匹配序列）对话框, 如下图所示, 尤其是 Ignore Audio（忽略音频）选项, 并单击 OK（确定）。

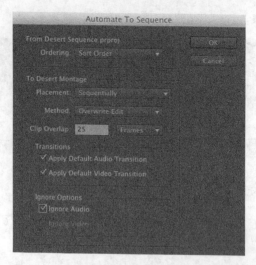

这时，剪辑与特效溶解重叠。注意，重叠会减少序列的总体持续时间。

5.5 复习

5.5.1 复习题

1. 入点和出点的作用是什么?

2. Video 2 轨道在 Video 1 轨道前面还是后面?

3. 子剪辑如何帮助保持井然有序?

4. 如何选择序列部分?

5. 覆盖编辑和插入编辑之间的区别是什么?

6. 如果源剪辑没有入点或出点,则可以将多少源剪辑添加到序列中?

5.5.2 复习题答案

1. 在 Source Monitor(源监视器)中,入点和出点定义想在序列中使用的剪辑部分。在 Timeline(时间轴)上,入点和出点用于定义想要删除的序列部分。当使用想要导出的效果和部分时间轴来创建新视频文件时,还可以使用它们定义想要渲染的序列部分。

2. 顶部的视频轨道始终位于底部视频轨道前面。

3. 尽管子剪辑让 Adobe Premiere Pro 播放视频和声音的方式稍微有些不同,但是它们让你可以轻松地将素材分到不同的素材箱中。对于具有大量较长剪辑的大型项目,如果能以这种方式分割内容会很有帮助。

4. 使用想要导出的特效或序列部分制作可以共享的文件时,你将使用入点和出点标记来定义想要渲染的序列部分。

5. 使用覆盖编辑方法添加到序列中的剪辑会替换序列中已有的任何内容。使用插入编辑方法添加到序列的剪辑会取代已有剪辑并将它们推后(向右)。

6. 如果不为源剪辑添加入点和出点,则在将剪辑添加到序列时,Adobe Premiere Pro 将使用整个剪辑。只使用其中一个标记会限制使用的剪辑部分。

第6课 使用剪辑和标记

课程概述

在本课中，你将学习以下内容：

- 比较节目监视器和源监视器；

- 使用标记；

- 应用同步锁定和轨道锁定；

- 在序列中选择项目；

- 在序列中移动剪辑；

- 从序列中删除剪辑。

本课大约需要 60 分钟。

如果序列中有一些剪辑，就可以进行下一阶段的微调了。你会在编辑中移动剪辑并删除不想要的剪辑部分。还可以使用特殊标记为剪辑和序列添加有用的信息，在编辑或将序列发送到 Adobe Creative Cloud 中的其他组件时，这种方法很有用。

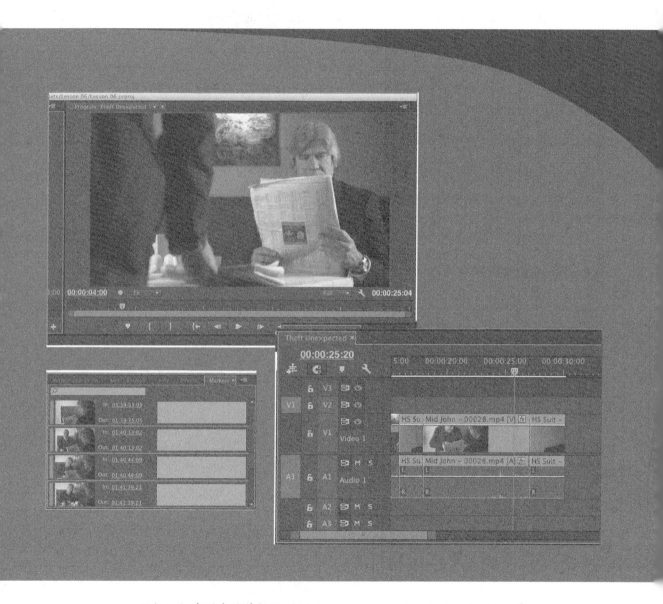

编辑视频序列中的剪辑时，Adobe Premiere Pro CC 可以使用标记和高
级工具来同步和锁定轨道，这使微调编辑变得更简单。

6.1 开始

视频编辑的艺术可能在集合编辑之后的阶段得到了最好的体现。选择了镜头并将它们以正确顺序放置时，仔细调整编辑时间的过程就开始了。

在本课中，你将了解 Program Monitor（节目监视器）中的更多控件，并了解在编辑期间标记如何帮助保持井然有序。

你还将学习使用 Timeline（时间轴）上已有的剪辑，Timeline（时间轴）是 Adobe Premiere Pro CC 非线性编辑的"非线性"部分。

开始之前，确保使用的是默认的 Editing（编辑）工作区。

1. 选择 Window（窗口）>Workspace（工作区）>Editing（编辑）。

2. 选择 Window（窗口）>Workspace（工作区）>Reset Workspace（重置工作区）。

将打开 Reset Current Workspace（重置当前工作区）对话框。

3. 单击 Yes（是）。

6.2 节目监视器控件

Program Monitor（节目监视器）与 Source Monitor（源监视器）几乎完全相同，因此你应该已经熟悉这一部分了。但是，有少量非常重要的差别。

让我们来看一下。对于本课，打开 Lesson 06.prproj。

6.2.1 什么是节目监视器

Program Monitor（节目监视器）显示序列的内容。Timeline（时间轴）面板中的序列显示剪辑部分和轨道，而 Program Monitor（节目监视器）显示生成的视频输出。Program Monitor（节目监视器）的时间标尺是 Timeline（时间轴）的微型版本。

在早期编辑阶段，你很可能花大量时间使用 Source Monitor（源监视器）。如果已经将序列粗略地编辑在一起，则将花大量时间使用 Program Monitor（节目监视器）。

当前序列帧

设置

标记入点　标记出点　　　　　提升　提取

节目监视器和源监视器

Program Monitor（节目监视器）与 Source Monitor（源监视器）的主要差别如下所示。

- Source Monitor（源监视器）显示剪辑的内容；Program Monitor（节目监视器）显示 Timeline（时间轴）面板中当前显示的序列的内容。

- Source Monitor（源监视器）有 Insert（插入）和 Overwrite（覆盖）按钮来为序列添加剪辑（或部分剪辑）。Program Monitor（节目监视器）具有对应的 Extract（提取）和 Lift（提升）按钮，可以从序列中删除剪辑（或部分剪辑）。

- 尽管两个监视器都有时间标尺，但 Program Monitor（节目监视器）的播放指示器是当前处理的序列（名称出现在节目监视器面板左上角）中的播放指示器。移动一个播放指示器，另一个播放指示器也会移动，这允许你使用任意面板来更改当前显示的帧。

- 在 Adobe Premiere Pro 中使用特效时，将在 Program Monitor（节目监视器）中预览它们（并查看结果）。

- Program Monitor（节目监视器）上的 Mark In（标记入点）和 Mark Out（标记出点）按钮与 Source Monitor（源监视器）中这两个按钮的工作方式是一样的。但是，将入点和出点标记添加到 Program Monitor（节目监视器）时，会将它们添加到当前显示的序列中。

6.2.2 使用节目监视器向时间轴添加剪辑

你已经学习了如何使用 Source Monitor（源监视器）选择部分剪辑，然后按一个键并单击按钮或者通过拖放向序列添加剪辑。

实际上，还可以直接从 Program Monitor（节目监视器）拖放剪辑以将它添加到时间轴上。

1. 在 Sequences 素材箱中，打开 Theft Unexpected 序列。这是你已经编辑过的场景。

2. 将 Timeline（时间轴）的播放指示器放在序列结尾，即剪辑 Mid John 最后一帧的后面。可以按住 Shift 键以让播放指示器与编辑对齐，或者按向上和向下箭头键来在编辑之间导航。

3. 在 Source Monitor（源监视器）中打开 Theft Unexpected 素材箱的剪辑 HS Suit。这是已经在序列中使用的剪辑，但是我们想使用另一部分剪辑。

4. 在大约 01:26:49:00 处为剪辑添加一个入点。镜头中没有太多工作，因此它作为切换镜头工作得很好。在大约 01:27:22:00 处添加一个出点，这样 Suit 中还有一点时间。

5. 将剪辑直接从 Source Monitor（源监视器）拖动到 Program Monitor（节目监视器）中。

这样做会在 Program Monitor（节目监视器）的中间出现一个大的 Overwrite（覆盖）图标。当释放鼠标按钮时，Adobe Premiere Pro 会将剪辑添加到序列末尾，现在编辑已经完成。

> **Pr** 注意：默认情况下，使用鼠标将剪辑拖到序列中时，Adobe Premiere Pro 会添加剪辑的视频和音频部分。还要注意，在这两种情况下，会根据轨道定位（源声道选择按钮相对于时间轴轨道标题的位置）将剪辑添加到序列中。

使用节目监视器进行插入编辑

让我们尝试使用相同的方法插入编辑。

1. 将 Timeline（时间轴）播放指示器放在 00:00:16:01 编辑处，位于 Mid Suit 和 Mid John 之间。在此剪接中，动作的连续性不是很好，因此让我们添加 HS Suit 剪辑的另一部分。

2. 在 Source Monitor（源监视器）中，为 HS Suit 剪辑添加一个新的入点和出点，并选择总共两秒的时间。可以在 Source Monitor（源监视器）的右下角看到所选的持续时间（ 00:00:02:00 ），显示为白色数字。

3. 按住 Control（Windows）或 Command（Mac OS）键，并将剪辑从 Source Monitor（源监视器）拖到 Program Monitor（节目监视器）。当释放鼠标按钮时，会将剪辑插入到序列中。

注意：使用鼠标将剪辑拖到 Timeline（时间轴）面板时会忽略轨道定位控件。只有当使用键盘快捷键或 Source Monitor（源监视器）上的 Insert/Overwrite（插入/覆盖）按钮，或者是直接将剪辑拖到 Program Monitor（节目监视器）时，才会应用轨道定位控件。

如果喜欢以这种方式使用鼠标进行编辑，而不是使用键盘快捷键或 Source Monitor（源监视器）上的 Insert/Overwrite（插入/覆盖）按钮，则有一种仅添加剪辑的视频或音频部分的方式。

尝试组合使用技术。你将设置时间轴轨道标题，然后将它拖放到 Program Monitor（节目监视器）中。

1. 将时间轴播放指示器放在大约 00:00:25:20 处，就是 John 拿出钢笔的那一刻。

2. 在 Timeline（时间轴）面板中，通过拖放将 Source V1 轨道连接到 Timeline V2 轨道。对于将要使用的技术，使用轨道定位来设置正在添加的剪辑位置。

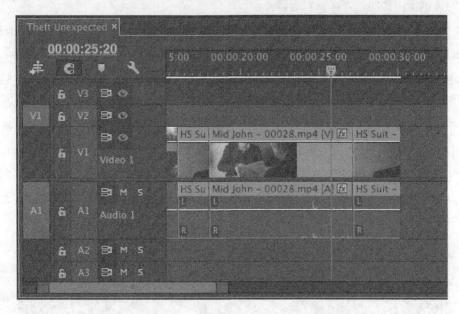

你的时间轴轨道标题应与此类似。

> **Pr** | **注意**：使用此技术时，Adobe Premiere Pro 会忽略轨道定位。

3. 在 Source Monitor（源监视器）中查看剪辑 Mid Suit。在大约 01:15:54:00 处，John 正在使用钢笔。在此处制作一个入点标记。

4. 在大约 01:15:56:00 处添加一个出点。我们需要一个快速的替代角度。

在 Source Monitor（源监视器）底部，可以看到 Drag Video Only（仅拖动视频）和 Drag Audio Only（仅拖动音频）图标 。

这两个图标有两个目的。

- 它们告诉你剪辑是否有视频和 / 或音频。例如，如果没有视频，则电影胶片图标是灰色的。如果没有音频，则波形是灰色的。

- 可以使用鼠标拖动它们以选择性地将视频或音频编辑到序列中。

5. 将 Source Monitor（源监视器）底部的电影胶片图标拖到 Program Monitor（节目监视器）中。你将在 Program Monitor（节目监视器）中看到熟悉的 Overwrite（覆盖）图标。当释放鼠标按钮时，仅将剪辑的视频部分添加到时间轴的 Video 2 轨道中。

6. 从头开始播放序列。

还需要调整时间，但是场景已经拥有一个良好的开端。刚添加的剪辑在 Mid John 剪辑末尾和 HS Suit 剪辑开始之前播放，这更改了时间。由于 Adobe Premiere Pro 是非线性编辑系统，因此稍后可以更改时间。第 8 课将介绍如何更改时间。

为什么有这么多将剪辑编辑进序列的方法？

这种方法看起来可能是实现相同事情的另一种方式，好处是什么呢？很简单：随着屏幕分辨率的增加和按钮变小，就很难瞄准并单击正确的位置。

如果你喜欢使用鼠标（而不是键盘）进行编辑，Program Monitor（节目监视器）显示了一个方便的大拖放区域来让你将剪辑添加到时间轴。它使用轨道标题控件和播放指示器的位置（或入点和出点标记），提供了剪辑的精确放置，同时在鼠标操作时保持自然播放。

6.3 控制分辨率

强大的水银回放引擎支持 Adobe Premiere Pro 实时播放多种媒体类型和特效等内容。水银回放引擎使用计算机硬件能力来提升性能。这意味着 CPU 的速度、RAM 数量和硬盘的速度是影响播放性能的重要因素。

如果你的系统在播放序列（在节目监视器中）或剪辑（在源监视器中）中的每个视频帧时有困难，则 Adobe Premiere Pro 可以降低播放分辨率来更轻松地播放帧。当你看到视频播放不连贯、停止和开始时，通常表示由于 CPU 速度或硬盘速度系统无法播放文件。

尽管降低分辨率意味着无法看到图像的每个像素，但是这样做可以明显提升性能，使创意工作变得更简单。此外，视频拥有比显示更高的分辨率是很常见的事情，因此 Source Monitor（源监视器）和 Program Monitor（节目监视器）比较小。这意味着在降低播放分辨率时，你实际上可能看不到显示差别。

6.3.1 调整播放分辨率

让我们尝试调整播放分辨率以匹配系统将支持的分辨率。

1. 从 Theft Unexpected 素材箱打开剪辑 Cutaways。默认情况下，此剪辑在 Source Monitor（源监视器）中以全品质显示。

在 Source Monitor（源监视器）和 Program Monitor（节目监视器）的右
下角，你将看到 Select Playback Resolution（选择播放分辨率）菜单。

2. 在将剪辑设置为全分辨率时，播放剪辑以了解其品质。

3. 将分辨率更改为 1/2，并再次播放剪辑以进行比较。它可能看起来很好。

4. 尝试将分辨率降低到 1/4。现在，在播放时可能会看到差别。注意，暂停播放时，图像会变
清晰。这是因为暂停分辨率与播放分辨率是独立的（参见 6.3.2 节）。

5. 尝试将播放分辨率降低到 1/8，对于此剪辑，不能降低到 1/8。Adobe Premiere Pro 会评估正在
处理的每种媒体，如果降低分辨率的好处小于它降低分辨率所花的时间，则该选项就不可用。

> Pr | 注意：Source Monitor（源监视器）和 Program Monitor（节目监视器）上的播
> 放分辨率控件是完全一样的。

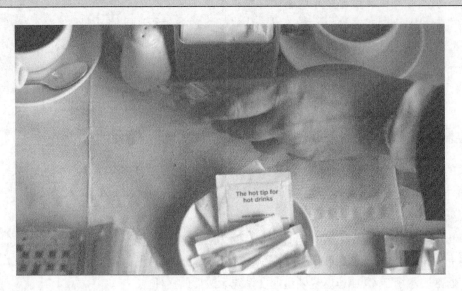

6.3.2 暂停分辨率

可以使用面板菜单或 Source Monitor（源监视器）和 Program Monitor（节目监视器）上的
Settings（设置）菜单来更改播放分辨率。

如果查看 Settings（设置）菜单，会发现第二个选项与显
示分辨率相关：Paused Resolution（暂停分辨率）。

此菜单与播放分辨率菜单的工作方式是一样的，但是你可
能会猜到，它仅更改暂停视频时看到的分辨率。

许多编辑选择将 Paused Resolution（暂停分辨率）设置为
Full（完整）。这样，在播放时，你可能看到降低了分辨率的视

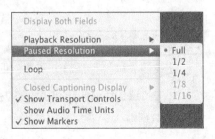

频，但在暂停时，Adobe Premiere Pro 会恢复为显示完整分辨率。

如果使用第三方特效，可能你会发现它们使用系统硬件的效率不像 Adobe Premiere Pro 那样高。结果是，对效果设置进行更改时，可能需要花很长时间更新图像。可以通过降低暂停分辨率来加速播放。

6.4 使用标记

有时可能很难记住有用镜头的位置或者是你打算如何处理它。如果可以对感兴趣的剪辑部分添加注释和标记，就会很有用。

你需要的就是标记。

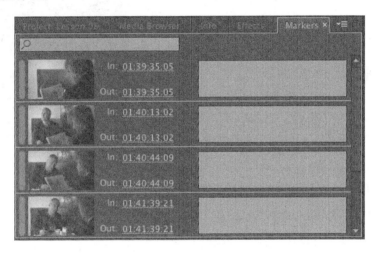

6.4.1 什么是标记

标记允许你识别剪辑和序列中的具体时间并为它们添加注释。这些临时（基于时间的）标记是帮助你保持条理并与合编者共享内容的绝佳方式。

可以使用标记用作个人参考或协作。它们可以基于剪辑或时间轴。

为剪辑添加标记时，它包含在原始媒体文件的元数据中。这意味着你可以在另一个 Adobe Premiere Pro 项目中打开此剪辑并查看相同的标记。

6.4.2 标记类型

有多种标记类型可供使用。

- Comment Marker（注释标记）。一个常规标记，可以指定名称、持续时间和注释。
- Chapter Marker（章节标记）。一种特殊标记，在制作 DVD 或蓝光光盘时，Adobe Encore 可以将它转换为常规章节标记。

- Web Link（Web 链接）。一种特殊标记，支持 QuickTime 等视频格式，在播放视频时，可用它来自动打开网页。当导出序列来创建支持的格式时，会将 Web 链接标记包含在文件中。

- Flash Cue Point（Flash 提示点）。Adobe Flash 使用的一种标记。将这些提示点添加到 Adobe Premiere Pro 的时间轴中，可以在仍然编辑序列时开始准备 Flash 项目。

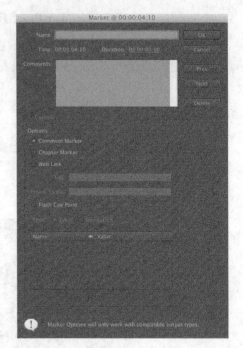

1. 序列标记

让我们添加一些标记。

1. 打开 Sequences 素材箱中的剪辑 Theft Unexpected 02。

在序列中大约 17 秒的位置，HS Suit 镜头不是很好，摄像机有点抖动。在此添加一个标记来作为提醒，以便稍后替换它。

2. 将时间轴播放指示器放在大约 00:00:17:00 处。

3. 以下列其中一种方式添加标记。

- 单击时间轴上的 Add Marker（添加标记）按钮。

- 右键单击时间轴的时间标尺并选择 Add Marker（添加标记）。

- 按 M 键。

会向时间轴添加一个绿色标记，位于播放指示器的上方。可以将它作为一个简单的视觉提醒，或者放到设置并将它更改为一种不同的标记。

Pr 注意：可以在 Timeline（时间轴）、Source Monitor（源监视器）和 Program Monitor（节目监视器）的时间标尺上添加标记。

你立刻就可以这样做，但首先在 Markers（标记）面板中查看此标记。

4. 打开 Markers（标记）面板。默认情况下，它与 Project（项目）面板在一起。如果没有看到它，请访问 Window（窗口）菜单并选择 Markers（标记）。

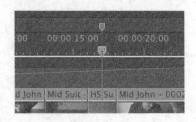

Markers（标记）面板显示了一个标记列表，以时间顺序显示标记。它还显示了序列或剪辑的标记，这取决于 Timeline（时间轴）面板或 Source Monitor（源监视器）是否是活动的。

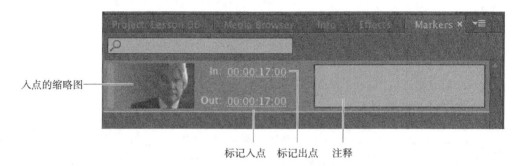

入点的缩略图 ——

标记入点　标记出点　注释

5. 双击 Markers（标记）面板中标记的缩略图。这会显示 Marker（标记）对话框。

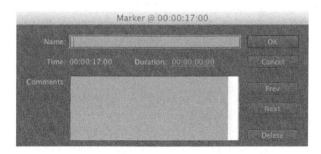

6. 单击 Duration（持续时间）字段并键入 400。避免按 Enter 或 Return 键，否则面板将关闭。Adobe Premiere Pro 会自动添加标点符号，将此数字转化为 00:00:04:00（4 秒）。

7. 单击 Comments（注释）框并键入注释，比如 Replace this angle。然后单击 OK（确定）。

注意，现在标记在时间轴上具有持续时间，如果放大一点，就会看到添加的注释。Markers（标记）面板中也会显示添加的注释。

2. 剪辑标记

让我们看一下剪辑上的标记。

1. 在 Source Monitor（源监视器）中打开 Further Media 素材箱中的剪辑 Seattle_Skyline.mov。

注意：可以使用按钮或键盘快捷键添加标记。如果使用键盘快捷键，可以轻松添加匹配音乐节拍的标记，因为可以在播放时添加标记。

2. 播放此剪辑，并在播放它时按几次 M 键以添加标记。

3. 查看 Markers（标记）面板。列出了添加的所有标记。为序列添加带有标记的剪辑时，会保留剪辑的标记。

4. 确保单击 Source Monitor（源监视器）以激活它。访问 Adobe Premiere Pro 的 Marker（标记）菜单并选择 Clear All Markers（清除所有标记）。Adobe Premiere Pro 会在 Source（源）面板中删除剪辑的所有标记。

| Clear Current Marker | ⌥ M |
| Clear All Markers | ⌥ ⌘ M |

提示：可以使用标记快速浏览剪辑和序列。如果双击标记，则会访问该标记的选项。如果单击标记，Adobe Premiere Pro 会将播放指示器放在标记位置，这是一种快速找到方向的方式。

3. 交互式标记

添加交互式标记与添加常规标记一样简单。

1. 将播放指示器放在想要标记出现在时间轴的位置，单击 Add Marker（添加标记）或按 M 键。Adobe Premiere Pro 会添加一个常规标记。

2. 在 Timeline（时间轴）或 Markers（标记）面板中，双击已经添加的标记。

3. 将标记类型更改为 Flash Cue Point（Flash 提示点），并单击 Marker（标记）对话框底部的 + 按钮来根据需要添加 Name（名称）和 Value（值）等详细信息。

提示：在 Source Monitor（源监视器）或 Timeline（时间轴）中右键单击并选择 Clear All Markers（清除所有标记），可以访问同样的选项来删除所有标记或当前标记。

使用Adobe Prelude添加标记

　　Adobe Prelude是Creative Suite Production Premium中包含的一种日志记录和摄取应用程序。Prelude提供了出色的管理大量素材的工具，可以为与Adobe Premiere Pro完全兼容的剪辑添加标记。

　　标记以元数据的形式添加到剪辑中，并且与在Adobe Premiere Pro中添加的标记一样，它们会与媒体一起进入应用程序中。

如果使用Adobe Prelude为素材添加标记，则当你查看剪辑时，这些标记会自动地出现在Adobe Premiere Pro中。不需要任何转换，因为Adobe Prelude添加的标记能够与Adobe Premiere Pro相兼容。

实际上，可以将剪辑从Adobe Prelude复制并粘贴到Adobe Premiere Pro项目中，并且标记也会自动复制到此项目中。

6.4.3　自动编辑标记

在上一课中，你学习了如何自动将剪辑编辑进素材箱的序列中。工作流中的一个选项是自动将剪辑添加到序列的标记处。下面介绍一下如何操作。

1. 打开 Sequences 素材箱中的序列 Desert Montage。

这是你之前工作的序列，时间轴上已经有了音乐，但是还没有添加剪辑。

2. 将时间轴的播放指示器放在开头并播放序列；然后按 M 键来添加初始标记。

3. 播放一会儿序列，在播放时，按 M 键。两个标记之间应该相差大约两秒。

4. 将时间轴的播放指示器放在序列的开头。然后在 Desert Footage 素材箱中单击并选择所有剪辑。

5. 单击素材箱底部的 Automate To Sequence（自动匹配序列）按钮。选择匹配本示例的设置，并单击 OK（确定）。

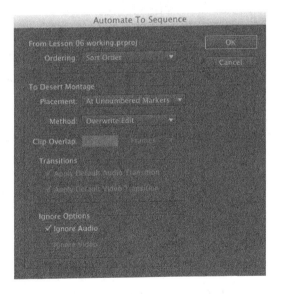

将剪辑添加到了序列，每个剪辑的第一个帧都与标记对齐，从播放指示器的位置开始。

如果有想要与图像同步的音乐或音效，则这是一种构建蒙太奇效果的快速方式。

6.5　使用同步锁定和轨道锁定

在时间轴上有两种锁定轨道的不同方式。

- 可以同步锁定剪辑，因此当使用插入编辑添加剪辑时，所有内容都聚在一起。

- 可以锁定轨道，这样就不能对轨道进行任何更改。

6.5.1 使用轨道锁定

同步的不仅仅是语言！将同步视为同时发生的任意两件事很有用。在一些高潮事件时可能会用配乐，或者是在下方 1/3 处的位置有介绍演讲者的字幕。如果它们同时出现，那么它们就是同步的。

打开 Sequences 素材箱中的原始 Theft Unexpected 序列。

现在，John 到达了，但是我们不知道他正在看什么。在此序列中我们可以使用更多安静坐着的 Suit。

切换同步锁定

切换轨道锁定

1. 在 Source Monitor（源监视器）中打开镜头 Mid Suit。在大约 01:15:35:18 处添加一个入点并在大约 01:15:39:00 处添加一个出点。

2. 将时间轴的播放指示器放在序列的开头，并确保时间轴上没有任何入点或出点标记。

3. 关闭 Video 2 轨道的 Sync Lock（同步锁定）。确认时间轴的配置如下列示例所示。现在，时间轴轨道标题按钮并不重要，但是打开合适的源轨道按钮非常重要。

4. 注意 Video 2 轨道上 Mid Suit 切换镜头剪辑的位置。它位于 Video 1 上 Mid John 和 HS Suit 剪辑之间，在序列的末尾。将源剪辑插入到序列中，并再次查看 Mid Suit 切换镜头剪辑的位置。

> **Pr** | **注意**：你可能需要缩小以查看序列中的其他剪辑。

> **Pr** | **注意**：覆盖编辑不会更改序列的持续时间，因此它们不受同步锁定的影响。

Mid Suit 切换镜头剪辑的位置不变，而其他剪辑向右移动，以适应新剪辑。这是一个问题，因为现在切换镜头与剪辑之间的位置不恰当。

5. 按 Control+Z（Windows）或 Command+Z（Mac OS）组合键撤销操作，启用 Sync Lock（同步锁定）之后再尝试一下此操作。

6. 打开轨道 Video 2 的 Sync Lock（同步锁定）并再次执行插入编辑。这一次，切换镜头与其他剪辑一起在时间轴上移动，尽管没有对 Video 2 轨道进行任何编辑。这就是同步锁定的作用，让它们保持同步！

6.5.2 使用轨道锁定

轨道锁定防止你对轨道进行任何更改。在创造性地工作时，它们是避免意外对序列进行更改，或者是修复具体轨道的绝佳方式。

例如，在插入不同的视频剪辑时，可以锁定音乐轨道。通过锁定音乐轨道，可以在编辑时忘掉它，因为不会对它进行任何更改。

通过单击 Toggle Track Lock（切换轨道锁定）按钮来锁定和解锁轨道。

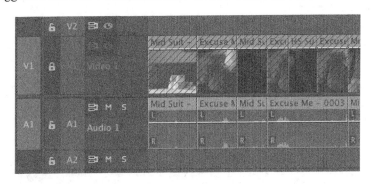

锁定轨道上的剪辑使用对角线进行突出显示。

6.6 在时间轴中查找间隙

直到现在，你一直在为序列添加剪辑。非线性编辑的部分能力是四处移动剪辑并删除不想要的剪辑部分。

删除剪辑或部分剪辑时，执行提升编辑会留下间隙，而执行提取编辑则不会留下间隙。

缩小复杂序列时，可能很难看到间隙。要自动查找下一个间隙，请选择 Sequence（序列）>Go to Gap（转至间隙）>Next in Sequence（序列中下一段）。

Next in Sequence	⇧;
Previous in Sequence	⌥;
Next in Track	
Previous in Track	

找到间隙后，可以通过选择它并按 Delete 键来删除它。

下面了解有关在时间轴中使用剪辑的更多信息。将继续使用 Theft Unexpected 序列。

6.7 选择剪辑

选择是使用 Adobe Premiere Pro 的一个重要部分。根据选择的面板，会有不同的菜单选项可用。在对剪辑应用调整之前，你会想要在序列中仔细地选择剪辑。

处理带有视频和音频的剪辑时，每个剪辑都有两个或多个部分。你将拥有一个视频和至少一个音频。

当视频和音频剪辑来自同一原始摄像机录制时，会自动链接它们。单击一个，也会自动选择另一个。

在 Timeline（时间轴）中选择剪辑时，使用两种方法很有用。

- 使用入点和出点进行选择。

- 通过选择剪辑来进行选择。

6.7.1 选择剪辑或剪辑范围

在序列中选择剪辑的最简单的方式是单击它。注意，不要双击，因为双击会在 Source Monitor（源监视器）中打开它，在这里可以调整入点或出点。

进行选择时，你将想使用默认的 Timeline（时间轴）工具，即 Selection（选择）工具 。此工具的键盘快捷键是 V。

如果在单击时按住 Shift 键，则可以选择或取消选择其他剪辑。

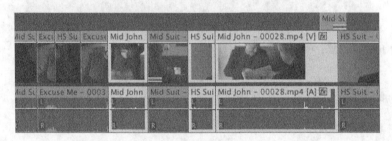

还可以使用套索工具来选择多个剪辑。首先单击 Timeline（时间轴）的空白部分，然后拖动以创建一个选择框。使用选择框拖过的所有剪辑都将被选中。

6.7.2 选择轨道上的所有剪辑

如果你想选择轨道上的所有剪辑，则有一种方便的工具：Track Select（轨道选择）工具 ，它的键盘快捷键是 A。

现在就试一下。选择 Track Select（轨道选择）工具，并单击 Video 1 轨道的任意剪辑。

轨道上的所有剪辑（从轨道上选择的剪辑到序列结尾的剪辑）都会被选中。注意，也会选择这些剪辑的音频，因为它们是链接的。

如果在使用 Track Select（轨道选择）工具时按住 Shift 键，则会选择所有轨道上的剪辑，从所选的轨道到序列的结尾，如果你想为序列添加间隙以为其他剪辑腾出空间，则这种方法很有用。

6.7.3 仅选择音频或视频

先为序列添加剪辑，然后意识到不需要剪辑的音频或视频部分，这种情况很常见。你将想要删除音频部分或视频部分，有一种简单的方法可帮助做出正确的选择。

按住 Alt（Windows）或 Option（Mac OS）键，并使用 Selection（选择）工具单击时间轴上的一些剪辑。使用 Alt（Windows）或 Option（Mac OS）键时，会忽略剪辑的视频和音频部分之间的链接。也可以使用套索工具执行此操作。

6.7.4　拆分剪辑

先为序列添加剪辑，然后意识到需要它们位于两个部分，这种情况很常见。可能你想要仅选择部分剪辑并将它用作切换镜头，或者是你可能想要分离开头和结尾以为新剪辑腾出空间。

可以使用三种方式拆分剪辑。

- 使用 Razor（剃刀）工具 ![icon]，它的键盘快捷键是 C。如果在单击 Razor（剃刀）工具时按住 Shift 键，则会为所有轨道上的剪辑添加编辑。

- 确保选择了 Timeline（时间轴）面板，访问 Sequence（序列）菜单，并选择 Add Edit（添加编辑）。这会向任意打开的轨道上的剪辑添加编辑，添加位置是播放指示器的位置。如果选择 Add Edit to All Tracks（添加编辑到所有轨道），会向所有轨道上的剪辑添加编辑，无论是否打开了轨道。

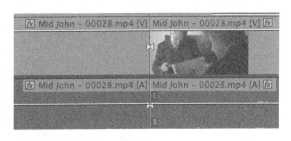

- 使用 Add Edit（添加编辑）键盘快捷键。按 Control+K（Windows）或 Command+K（Mac OS）组合键为所选轨道添加编辑，或者按 Shift+Control+K（Windows）或 Shift+Command+K（Mac OS）组合键为所有轨道添加编辑。

添加编辑时，原本连续的剪辑会在剪接上显示一个特殊的 Through Edit（直通编辑）图标。通过右键单击编辑并选择 Join Through Edits（通过编辑连接），可以重新链接带有此图标的剪辑。

立刻对此序列尝试此操作，但一定要撤销操作以删除新剪接。

6.7.5　链接和取消链接剪辑

可以非常简单地打开和关闭已连接视频和音频部分的链接。仅选择想要更改的剪辑，右键单击剪辑并选择 Unlink（取消链接）。还可以使用 Clip（剪辑）菜单。

可以将剪辑再次链接到其音频，方法是选择剪辑和音频，右键单击其中一个部分并选择 Link（链接）。链接或取消链接剪辑没有任何坏处，并不会更改 Adobe Premiere Pro 播放序列的方式，只是提供以自己想要的方式处理剪辑的灵活性。

6.8 移动剪辑

插入编辑和覆盖编辑会以截然不同的方式为序列添加新剪辑。插入剪辑会让现有剪辑向后移动，而覆盖剪辑会替换现有剪辑。处理剪辑的这两种方式可以延伸到在时间轴上四处移动剪辑和从时间轴上删除剪辑的方法。

使用 Insert（插入）模式移动剪辑时，你可能想要确保对轨道应用了同步锁定以避免可能失去同步。

下面将尝试一些方法。

6.8.1 拖动剪辑

在 Timeline（时间轴）面板的左上角，会看到 Snap（对齐）按钮 。启用对齐时，剪辑的边缘会自动对齐。这种简单但非常有用的功能有助于精确放置剪辑。

1. 在 Timeline（时间轴）上单击最后一个剪辑 HS Suit，并将它向右拖放一点。

由于此剪辑之后没有剪辑，因此会在此剪辑前面添加一个间隙。不会影响其他剪辑。

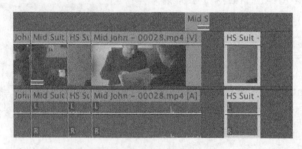

2. 将剪辑拖回其初始位置。如果缓慢地移动鼠标，并且打开了 Snap（对齐）模式，则会注意到剪辑片段跳到了初始位置。当出现这种情况时，可以确信已经完美地放置了它。注意，此剪辑也会与 Video 2 上切换镜头的结尾对齐。

3. 向左拖动剪辑，以将它放在时间轴稍早的位置。缓慢拖动此剪辑，直到它与其前面的剪辑的末尾对齐。释放鼠标按钮时，此剪辑会替换上一个剪辑的末尾。

拖放剪辑时，默认模式是 Overwrite（覆盖）。

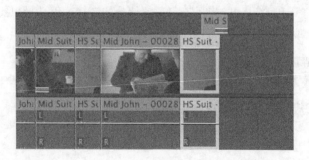

4. 撤销操作以将剪辑恢复到其初始位置。

6.8.2 微移剪辑

许多编辑喜欢尽可能多地使用键盘,而最大程度地减少鼠标的使用。使用键盘工作通常更快一些。

Adobe Premiere Pro 包含了许多键盘快捷键选项,其中一些可用的快捷键默认并没有启用。组合使用箭头键和修饰符键,并向上下左右微移所选项,这是在序列中移动剪辑的一种常见方式。

你不能向上和向下微移 V1 和 A1 上链接的视频和音频剪辑,除非你分离它们或取消它们的链接,因为视频和音频轨道之间的分隔符会妨碍操作。

微移剪辑的快捷键
下面是微移剪辑的快捷键。

- Nudge Clip Selection Left 1 Frame (add Shift for 5 frames)(要将剪辑选择项向左微移 1 帧)(要将剪辑选择项向左微移 5 帧,则加 Shift 键):Ctrl+Left(Windows)或 Command+Left(Mac OS)。
- Nudge Clip Selection Right 1 Frame (add Shift for 5 frames)(要将剪辑选择项向右微移 1 帧)(要将剪辑选择项向右微移 5 帧,则加 Shift 键):Ctrl+Right(Windows)或 Command+Right(Mac OS)。
- Nudge Clip Selection Up(要将剪辑选择项向上微移):Alt+Up(Windows)或 Option+Up(Mac OS)。
- Nudge Clip Selection Down(要将剪辑选择项向下微移):Alt+Down(Windows)或 Option+Down(Mac OS)。

6.8.3 在序列中重新排列剪辑

如果在时间轴上拖动剪辑时,按住 Control(Windows)或 Command(Mac OS)键,则 Adobe Premiere Pro 将使用 Insert(插入)模式。

 提示:你可能需要放大时间轴以清楚地查看剪辑并轻松地移动它们。

位于大约 00:00:20:00 处的 HS Suit 镜头可能工作得很好,如果它出现在上一镜头前面,并且它可能有助于我们隐藏 John 的两个镜头之间的不连续性。

1. 将 HS Suit 剪辑向左拖动到前一个剪辑的前面。HS Suit 剪辑的左边缘将与 Mid Suit 剪辑的左边缘对齐。拖动时按住 Control(Windows)或 Command(Mac OS)键,并在放置好剪辑后释放按键。

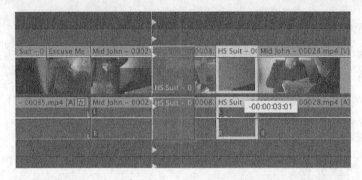

2. 播放结果。这将创建你想要的编辑，但会在 HS Suit 剪辑原来的位置生成一个间隙。

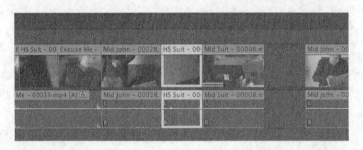

再添加一个修饰符键来尝试一下。

3. 撤销操作以将剪辑恢复到其初始位置。

4. 按住 Control+Alt（Windows）或 Command+Option（Mac OS）组合键，再次将 HS Suit 剪辑拖放到前一个剪辑的开头。

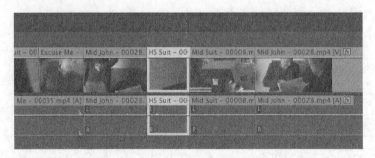

这次，序列中不会留下间隙。播放剪辑以查看结果。

6.8.4　使用剪贴板

与在文字处理器中复制和粘贴文本一样，可以复制和粘贴时间轴上的剪辑片段。

1. 选择想要复制的任意剪辑片段，然后按 Control+C（Windows）或 Command+C（Mac OS）组合键将它们添加到剪贴板上。

2. 将播放指示器放在想要粘贴所复制剪辑的位置，并按 Control+V（Windows）或 Command+V（Mac OS）组合键。

Adobe Premiere Pro 将根据启用的轨道为序列添加剪辑副本。最底部的轨道会接收剪辑。

6.9 提取和删除剪辑

你已经了解了如何为序列添加剪辑，以及如何四处移动它们，现在将学习如何删除它们。将再一次在 Insert（插入）或 Overwrite（覆盖）模式下运行。

有两种方法可以选择想要删除的序列部分。可以结合使用入点和出点与轨道选择，或者是选择剪辑片段。

6.9.1 提升

打开 Sequences 素材箱中的序列 Theft Unexpected 03。此序列有一些不需要的额外剪辑。它们具有不同的标签颜色，以便轻松识别它们。提升编辑将删除所选的序列部分，留下空白。这与覆盖编辑类似，但过程是相反的。

你需要在时间轴上设置入点和出点，以选择想要删除的部分。方法是定位播放指示器并按 I 或 O 键。也可以使用方便的快捷键。

1. 将播放指示器放置在第一个额外的剪辑 Excuse Me Tilted 中。

2. 确保启用了 Video 1 轨道标题，并按 X 键。

Adobe Premiere Pro 会自动添加入点和出点以匹配剪辑的开头和结尾。你应该看到突出显示了所选的序列部分。

已经选择了正确的轨道，现在就可以执行提升编辑了，不需要其他任何操作。

3. 单击 Program Monitor（节目监视器）底部的 Lift（提升）按钮，或按 ; 键。

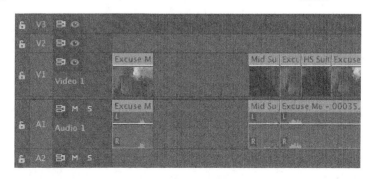

Adobe Premiere Pro 会删除所选的序列部分，留下间隙。在另一种情况下，这可能没有问题，但是我们不想要间隙。可以右键单击间隙并选择 Ripple Delete（波纹删除），但是要尝试使用提取编辑。

6.9.2 提取

提取编辑会删除所选的序列部分并且不会留下间隙。它与插入编辑类似，但过程是相反的。

1. 撤销上一次编辑。

2. 单击 Program Monitor（节目监视器）底部的 Extract（提取）按钮，或者按 ' 键。

这一次，Adobe Premiere Pro 会删除所选的序列部分并且不会留下间隙。

6.9.3 删除和波纹删除

有两种通过选择片段来删除剪辑的方法：删除和波纹删除。

单击第二个不想要的剪辑 Cutaways，并尝试这两个选项。

- 按 Delete 键以删除所选剪辑，留下间隙。这与提升编辑一样。
- 按 Shift+Delete 组合键删除所选剪辑，这样做不会留下间隙。这与提取编辑一样。如果使用的是没有 Delete 键的 Mac 键盘，则可以使用 Function 键将 Backspace 键转换为 Delete 键。

6.9.4 禁用剪辑

与可以打开或关闭轨道输出一样，也可以打开和关闭各个剪辑。禁用的剪辑仍然在序列中，只是看不到或听不到它们。

当你想要查看背景图层时，这是一种选择性地隐藏复杂且多层序列部分的有用功能。

在 Video 2 轨道的切换镜头上尝试此功能。

1. 右键单击 Video 2 轨道的剪辑 Mid Suit 并选择 Enable。

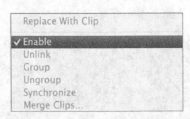

取消选择 Enable（启用）选项会禁用此剪辑。播放剪辑序列，你会看到剪辑是存在的，但是无法再看到它。

2. 再次右键单击剪辑，并选择 Enable（启用）。这会重新启用此剪辑。

6.10 复习

6.10.1 复习题

1. 将剪辑拖动到 Program Monitor（节目监视器）中时，使用哪个修饰符键（Control/Command、Shift 或 Alt 键）来执行插入编辑而不是覆盖编辑？

2. 如何仅将剪辑的视频或音频部分拖放到序列中？

3. 在 Source Monitor（源监视器）或 Program Monitor（节目监视器）中如何降低播放分辨率？

4. 如何为剪辑或序列添加标记？

5. 提取编辑和提升编辑之间的区别是什么？

6. Delete（删除）和 Ripple Delete（波纹删除）功能之间的区别是什么？

6.10.2 复习题答案

1. 在将剪辑拖动到 Program Monitor（节目监视器）时按住 Control（Windows）或 Command（Mac OS）键，是执行插入编辑而不是覆盖编辑。

2. 不是在 Source Monitor（源监视器）中捕捉图像，而是拖放电影胶片图标或音频波形图标以仅选择剪辑的视频或音频部分。

3. 使用监视器底部的 Select Playback Resolution（选择播放分辨率）来更改播放分辨率。

4. 要添加标记，单击监视器或时间轴底部的 Add Marker（添加标记）按钮，按 M 键，或者使用 Marker（标记）菜单。

5. 提取使用入点和出点的序列部分时，不会留下间隙。使用提升编辑时，会留下间隙。

6. 删除剪辑时会留下间隙。使用波纹删除功能删除剪辑时，不会留下间隙。

第7课 添加过渡

课程概述

在本课中，你将学习以下内容：

· 了解过渡；

· 了解编辑点和过渡帧；

· 添加视频过渡；

· 修改过渡；

· 优化过渡；

· 同时为多个剪辑应用过渡；

· 使用音频过渡。

本课大约需要 60 分钟。

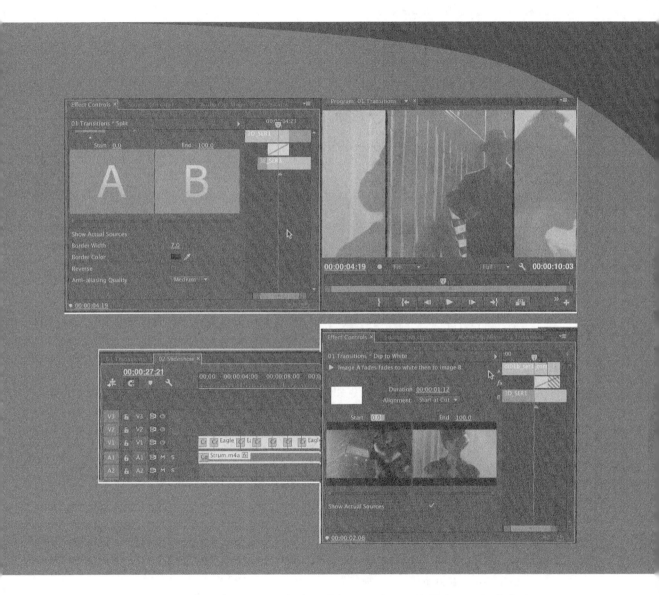

过渡可以帮助在两个视频或音频剪辑之间建立无缝的流。视频过渡通常用于表示时间或地点的更改。音频过渡是避免生硬编辑刺激倾听者的有用方式。

7.1 开始

在本课中，你将学习如何在视频和音频剪辑之间使用过渡。过渡是编辑视频时的常见做法，因为它们可用于帮助使整个项目流程更加流畅。你将了解选择性地选择过渡的最佳实践。

对于本课程，你将使用新项目文件。

1. 启动 Premiere Pro CC，打开项目 Lesson 07.prproj。

序列 01 Transitions 应该已经打开。

2. 选择 Window（窗口）>Workspace（工作区）>Effects（效果）。

这会将工作区更改为创建的预设，以让使用过渡和效果变得更简单。

3. 如果需要，单击 Effects（效果）面板以激活它。

7.2 什么是过渡

Adobe Premiere Pro 提供了几种特效和动画来帮助你在时间轴中连接相邻的剪辑。这些过渡（比如溶解、翻页划像和颜色过渡等）提供了一种让观看者轻松从一个场景过渡到另一个场景的方式。有时，过渡还可以用于引起观看者的注意力，以帮助其注意故事中的大变化。

为项目添加过渡是一门艺术。开始应用它们很简单，只是一个拖放过程。技巧在于其位置、长度和参数，比如方向、运动和开始/结束位置。

大多数过渡工作在 Effect Controls（效果控制）面板中进行。除了每种过渡特有的各种选项，该面板还显示了 A/B 时间轴。此功能使下列操作变得更简单：针对编辑点移动过渡，更改过渡持续时间，以及为没有足够头或尾帧的剪辑应用过渡。使用 Adobe Premiere Pro，可以为一组剪辑应用过渡。

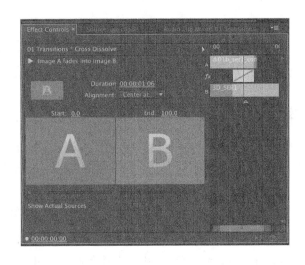

7.2.1　何时使用过渡

当想要删除在观看时让序列看起来抖动的、分散注意力的编辑时，过渡是最有效的。例如，在视频中，你可能想从室内切换到室外，或者是可能向前跳几个小时。动画过渡或溶解可帮助观看者了解时光流逝或行动的位置发生了变化。

过渡已成为视频编辑中使用的标准叙述的一部分。多年以来，观看者已经习惯看到以标准方式应用的过渡，比如视频中从一个部分切换到另一个部分或最后一个场景缓慢消失在黑暗中。使用过渡的关键是使用时要克制。

7.2.2　使用过渡的最佳实践

许多用户有过度使用过渡的倾向。一些用户将过渡作为拐杖，并认为它们会增强视觉效果。在发现 Adobe Premiere Pro 提供了许多选项后，你可能想要在每个编辑点都使用它们。请不要这样做！

将过渡视为调料品或香料。在合适的时间少量添加时，可以让饭菜变得更美味。但要是大量添加时，饭菜就难以下咽。为项目应用过渡时要记住这一点。

观看一些电视新闻报道。大多数仅使用剪接编辑，很少看到任何过渡。为什么呢？缺少过渡的主要原因是它们可能会分散人的注意力。如果电视新闻编辑使用了一个过渡，那肯定是有目的的。在新闻编辑室中，使用过渡最频繁的地方是消除抖动或生硬编辑（通常称为跳格编辑），并使新闻更容易让大家接受。

 注意：为项目添加过渡很有趣。但是，过度使用它们会让视频看起来像一个业余视频。选择过渡时，确保过渡会为项目添加意义，而不是炫耀自己掌握了多少编辑技巧。观看你最喜欢的电影和电视剧来了解专业人员如何使用过渡。

但这并不是说在精心策划的故事中没有过渡的位置。考虑具有高度风格化过渡的电影《星球大战》，比如明显的划像或缓慢划像。每个过渡都有目的。George Lucas 特意创建了一种类似旧连载电影和电视节目的效果。具体地讲，它们明确向观众传达了一个信息："注意，我们正在进行空间和时间过渡"。

7.3　编辑点和过渡帧

要了解的有关过渡的两个关键概念是编辑点和过渡帧。编辑点是时间轴中的一个点，表示一个剪辑结束，下一个剪辑开始。可轻松看到它们，因为 Adobe Premiere Pro 绘制了垂直线来显示一个剪辑结束而另一个剪辑开始的位置（与相邻的两块砖很像）。

过渡帧比较难理解。在编辑过程中，会得到部分不会在项目中使用的剪辑。第一次将剪辑编辑进时间轴时，会设置入点和出点来定义每个镜头。剪辑的 Media Start（媒体开始）时间和 In（入）点之间的过渡帧就称为头部素材，而剪辑的 Out（出）点和 Media End（媒体结束）时间之间的过渡帧被称为尾部素材。

如果在剪辑的左上角或右上角看到一个小三角形，则表示到达了剪辑的末尾。在剪辑开始之前或结束之后没有额外的帧。为了让过渡流畅地运行，就需要过渡帧。当剪辑有过渡帧时，剪辑的左上角或右上角就不会显示任何三角形。

应用过渡时，将使用通常不可见的剪辑部分。实际上，传出剪辑与传入剪辑重叠会创建发生过渡的区域。例如，如果在两个视频剪辑的中间应用两秒的 Cross Dissolve（交叉溶解）过渡，则需要两个剪辑都有两秒的过渡帧，在 Timeline（时间轴）面板中，另一个两秒的过渡帧通常是不可见的。

A 媒体开始　　C 入点　　E 过渡帧
B 过渡帧　　D 出点　　F 媒体结束

具有过渡帧的视频剪辑；Timeline（时间轴）中的阴影区域模拟过渡帧区域并且通常是不可见的

7.4 添加视频过渡

Adobe Premiere Pro 包含几种视频过渡（和三种音频过渡）。在 Adobe Premiere Pro 中可以找到两种视频过渡。最常使用的过渡是 Video Transitions（视频过渡）组中的过渡。根据风格将这些过渡分为六类。在 Effects（效果）面板的 Video Effects（视频效果）组中也可以找到一些过渡。它们适合应用到完整的剪辑并且可用于显示素材（通常位于开始帧和结束帧之间）。第二个类别还适用于叠加文字或图形。

 注意：如果需要更多过渡，请访问 Adobe 网站。访问 www.adobe.com/products/ premiere/extend.html 并单击 Plug-ins（插件）选项卡。在这里可以找到几种第三方效果。

7.4.1 应用单侧过渡

最容易理解的过渡是仅用于一个剪辑的过渡。这可能是在序列中想应用溶解（创建淡出或消失在黑暗中）的第一个剪辑或最后一个剪辑。当在重叠图形（比如下方 1/3 处或标题）上应用渐淡时，你可能想要使用单侧过渡。

我们试一下吧。

1. 使用已打开的序列 01 Transitions。

此序列已经插入了 4 个视频剪辑。剪辑拥有足够的过渡帧来应用过渡。

2. Effects（效果）面板应该与 Project（项目）面板停靠在一起。在 Effects（效果）面板中，打开 Video Transitions（视频过渡）>Dissolve（溶解）素材箱。找到 Cross Dissolve（交叉溶解）效果。

可以使用 Search（搜索）字段通过名称进行查找，或者可以打开预设文件夹。

3. 将效果拖动到第一个视频剪辑的开头。对于第一个剪辑，只能将效果设置为 Start at Cut（开始位置对齐）。

显示 Start at Cut（开始位置对齐）图标表明这是一个单侧过渡。

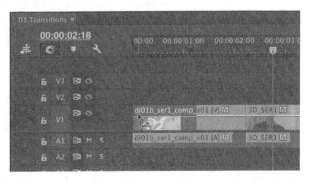

4. 将 Cross Dissolve（交叉溶解）效果拖放到最后一个视频剪辑的结尾。对于最后一个剪辑，只能将效果设置为 End at Cut（结束位置对齐）。

End at Cut（结束位置对齐）图标清楚地表明效果将从剪辑结束之前开始并在剪辑结束时完成。

在这种情况下，清楚地表明 Cross Dissolve（交叉溶解）过渡会淡出剪辑，而不会增加最后一个剪辑的持续时间。

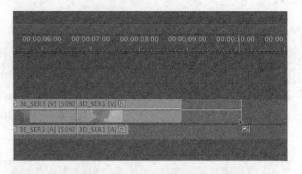

5. 通过播放几次序列来检查过渡。

应该在序列开头看到一个简单的自下而上的淡入，并在序列结尾看到逐渐消失在黑暗中。这是开始和结束视频的常见方式。

 注意：可以将过渡从序列的一部分复制到另一部分。只需使用鼠标选择过渡，并选择 Edit（编辑）>Copy（复制）即可。然后，将播放指示器移动到想要应用过渡的编辑点，并选择 Edit（编辑）>Paste（粘贴）。

7.4.2 在两个剪辑之间应用过渡

在两个剪辑之间应用过渡从简单的拖放过程开始。尝试在几个剪辑之间创建一个动画。为了进行解释，我们将打破常规并尝试一些不同的选项。

1. 继续使用之前的序列 01 Transitions。

为了更容易看到将要应用的过渡，需要放大以近距离地查看时间轴。

2. 将播放指示器放在时间轴上剪辑 1 和剪辑 2 之间的编辑点，然后按三次等号（=）键以近距离地查看时间轴。

3. 将 Dissolve（溶解）类别中的 Dip to White（白场）过渡拖放到剪辑 1 和剪辑 2 之间的编辑点上。

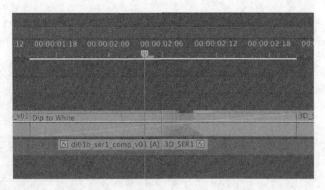

继续尝试可用的效果。

4. 将 Slide（滑动）类别中的 Push（推动）过渡拖放到剪辑 2 和剪辑 3 之间的编辑点上，并确保选中了过渡。

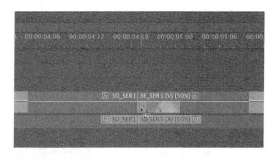

在 Effect Controls（效果控制）面板中，将剪辑的方向从 West（西）更改为 East（东）。

5. 将 3D Motion（3D 动作）类别中的 Flip Over（翻转）过渡拖放到剪辑 3 和剪辑 4 之间的编辑点上。

6. 从头到尾播放几次序列以检查它。

现在，你是否已经明白了使用过渡时要克制的建议？下面尝试替换一个现有效果。

7. 将 Slide（滑动）类别中的 Split（拆分）过渡拖放到剪辑 2 和剪辑 3 之间的现有效果上。

8. 在 Effect Controls（效果控制）面板中，将 Border Width（边框宽度）设置为 7，并将 Anti-aliasing Quality（渲染抗锯齿质量）设置为 Medium（中等），以在划像的边缘创建一条细黑边。

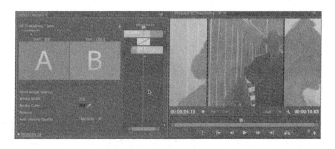

Pr ＞ 注意：将新视频或音频过渡从 Effects（效果）面板拖动到现有过渡顶部时，它将替换现有效果。它还将保留上次过渡的对齐方式和持续时间。这是一种换出过渡并进行尝试的简单方式。

抗锯齿方法减少了线条运动时的潜在闪烁。

9. 观看播放的序列以查看过渡的变化。

每个过渡默认有 30 帧的持续时间。在此序列中，这会有点问题。正在编辑的素材是 24p 序列，因此 30 帧过渡长 1.25 秒。可以更改默认值以匹配序列设置，方法是打开 Preferences（首选项）面板的 General（常规）选项卡并输入一个新默认值。

10. 选择 Edit（编辑）>Preferences（首选项）>General（常规）（Windows）或 Premiere Pro>Preferences（首选项）>General（常规）（Mac OS）。

11. 如果希望过渡的默认值是 1 秒，则为 Video Transition Default Duration（视频过渡默认持续时间）值输入 24 帧并单击 OK（确定）。

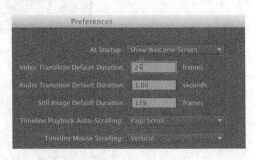

现有过渡仍与原来一样，但是未来添加的过渡将使用新持续时间。如果使用的是 25、30 或 60 fps 序列设置，一定要更新此值以匹配你的具体要求，记住，专业编辑采用的一些过渡的持续时间实际上是 1 秒。本课稍后将介绍有关如何自定义过渡的更多信息。

7.4.3　同时为多个剪辑应用过渡

到目前为止，一直是在为视频剪辑应用过渡。但是，还可以对静态图像、图像、颜色蒙版和音频应用过渡，本课的下一部分将介绍此内容。

编辑常遇到的一个项目是照片拼集。通常这些在照片之间具有过渡的照片拼集看起来很好。一次为 100 张图像应用过渡并不有趣。Adobe Premiere Pro 通过自动化此过程使应用过渡变得更轻松，方法是允许将（你定义的）默认过渡添加到任意连续或不连续的剪辑组。

1. 在 Project（项目）面板中，双击以加载序列 02 Slideshow。

此序列拥有几张按顺序编辑的图像。

2. 按空格键来播放时间轴。

你会注意到每个剪辑对之间都有一个剪接。

3. 按反斜杠（\）键来缩小时间轴以使整个序列可见。

4. 使用 Selection（选择）工具，在所有剪辑周围绘制一个选取框以选择它们。

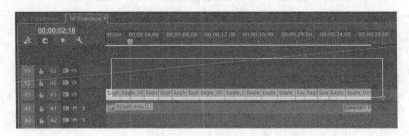

5. 选择 Sequence（序列）>Apply Default Transitions to Selection（应用默认过渡到选择项）。

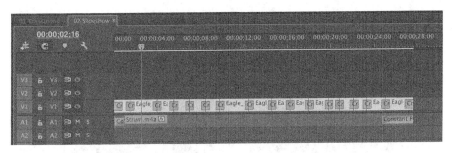

这将在当前所选的所有剪辑之间应用默认过渡。标准过渡是 1 秒的 Cross Dissolve（交叉溶解）效果。但是，在 Effects（效果）面板中右键单击效果并选择 Set Selected as Default Transition（将所选过渡设置为默认过渡），可以更改默认过渡。

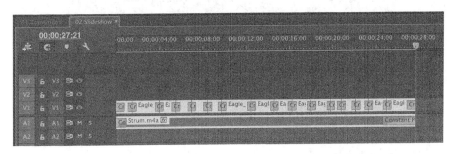

6. 播放时间轴，并注意 Cross Dissolve（交叉溶解）过渡在照片拼集的照片之间产生的差别。

注意：如果正在处理的剪辑具有链接的音频和视频，可以仅选择视频或音频部分。按住 Alt（Windows）或 Option（Mac OS）键并使用 Selection（选择）工具拖动以选择想要影响的剪辑的视频或音频部分。然后选择 Sequence（序列）>Apply Default Transitions to Selection（应用默认过渡到选择项）。注意，此命令仅适用于双侧过渡。

序列显示更改

为序列添加过渡时，在过渡上方可能会出现一个短的红水平线。红线表示在将序列录制到磁带或创建最终项目文件之前必须渲染此序列部分。

导出项目时会自动进行渲染，但是你可以选择渲染所选的序列部分以在缓慢的计算机上更流畅地显示这些部分。为此，将 Work Area（工作区）栏的滑块（如下图所示）与红色渲染线对齐（它们将与这些点对齐）。还可以使用 Sequence（序列）>Apply Video Transition（应用视频过渡）命令或 Sequence（序列）>Apply Audio Transition（应用音频过渡）命令。

7.5　使用 A/B 模式微调过渡

Effect Controls（效果控制）面板的 A/B 编辑模式将单个视频轨道拆分为两个子轨道。通常在单轨上是两个连续相邻的剪辑现在显示为独立子轨道上的单独剪辑，这让我们可以选择在它们之间应用过渡，处理它们的头帧和尾帧（或过渡帧），以及修改其他过渡元素。

7.5.1　在效果控制面板中更改参数

Adobe Premiere Pro 中的所有过渡都可以自定义。一些效果的自定义属性（比如持续时间、起始点）很少。而其他效果提供了方向、颜色和边框等更多选项。Effect Controls（效果控制）面板的主要好处是可以看到传出和传入的素材。这使调整效果位置或修剪源素材变得非常简单。

下面将修改过渡。

1. 切换回序列 01 Transitions。

2. 单击在剪辑 1 和剪辑 2 之间添加的 Dip to White（白场）过渡。

这将打开 Effect Controls（效果控制）面板，并加载了过渡。

3. 如果需要，选择 Show Actual Sources（显示实际源）复选框，以查看实际剪辑的帧。

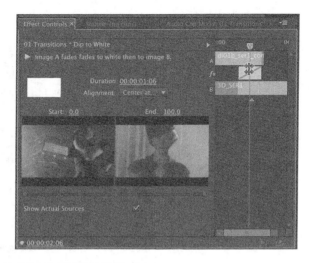

现在更容易判断对过渡的源剪辑所做的更改。

4. 单击对齐菜单，并将效果切换到 Start at Cut（开始位置对齐）。

这会切换过渡图标以显示新位置。

5. 单击 Play the Transition（播放过渡）按钮以在面板中播放过渡。

6. 单击 duration（持续时间）字段并为长 1.5 秒的持续时间效果输入 1:12。对角线（通常称为斑马线）表示已经插入的冻结帧。

> **Pr** **注意：** 你可能需要扩展 Effect Controls（效果控制）面板的宽度以查看 Show/Hide Timeline View（显示 / 隐藏时间轴视图）按钮。此外，Effect Controls（效果控制）面板的时间轴可能已经是可见的了。单击 Effect Controls（效果控制）面板中的 Show/Hide Timeline View（显示 / 隐藏时间轴视图）按钮进行开关切换。

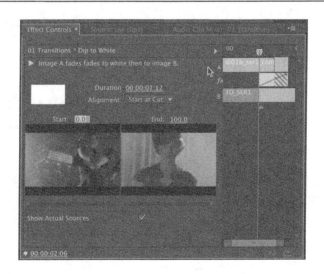

播放过渡以查看更改。下面将自定义下一个效果。

7. 单击时间轴中剪辑 2 和剪辑 3 之间的过渡。

8. 在 Effect Controls（效果控制）面板中，将指针悬停在过渡矩形中间的编辑线上。

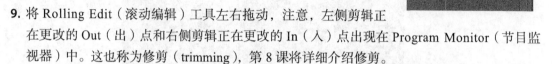

这是两个剪辑之间的编辑点，出现的指针是 Rolling Edit（滚动编辑）工具。此工具允许重新定位效果。

9. 将 Rolling Edit（滚动编辑）工具左右拖动，注意，左侧剪辑正在更改的 Out（出）点和右侧剪辑正在更改的 In（入）点出现在 Program Monitor（节目监视器）中。这也称为修剪（trimming），第 8 课将详细介绍修剪。

 注意：修剪时，你可以将过渡的持续时间缩短为 1 帧。这会使捕捉和定位过渡变得更加困难，尝试使用 Duration（持续时间）和 Alignment（对齐）控件。如果你想要删除过渡，单击它并按 Delete 键。

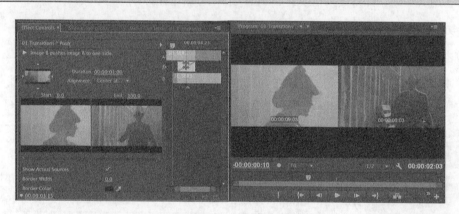

10. 将指针稍微移动到编辑线的左侧或右侧，注意，它更改为 Slide（滑动）工具。

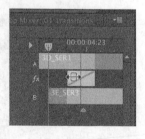

使用 Slide（滑动）工具更改过渡的开始点和结束点，无须更改总体长度（默认持续时间是 1 秒）。新的开始点和结束点将显示在 Program Monitor（节目监视器）中，但与使用 Rolling Edit（滚动编辑）工具不同，使用 Slide（滑动）工具移动过渡矩形不会更改两个剪辑之间的编辑点。

 提示：可以通过拖动不对称地放置溶解的开始时间。这意味着你不需要设置 Centered（居中）、Start at Cut（开始位置对齐）或 End at Cut（结束位置对齐）选项。如果非传统放置对过渡有益，则调整它，直到感觉合适为止。

11. 使用 Slide（滑动）工具左右拖动过渡矩形。

12. 继续尝试其他效果的控件。

7.5.2 头尾帧不足（或缺少）情况的处理

如果剪辑没有足够的帧作为过渡帧，而你试图扩展此剪辑的过渡，则会出现过渡，但是会出现对角警告栏。这意味着 Adobe Premiere Pro 正在使用冻结帧来扩展剪辑的持续时间，而通常不需要这样做。

你可以调整过渡的持续时间和位置来解决问题。

1. 在 Project（项目）面板中，双击序列 03 Handles。

2. 找到序列的第一个编辑。

注意，时间轴上的两个剪辑都没有头帧或尾帧。可以从剪辑角落的小三角形看出这一点；三角形表示剪辑的两端。

3. 使用 Ripple Edit（波纹编辑）工具，将第一个剪辑的右边缘向左拖动。拖动到大约 1:10 处以缩短第一个剪辑，然后停止拖动。

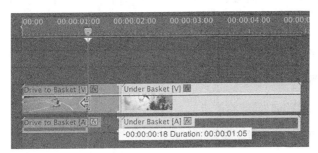

编辑点之后的剪辑会波动以封闭间隙。注意，剪辑两端的小三角形不再可见。

4. 将 Cross Dissolve（交叉溶解）效果拖动到两个剪辑之间的编辑点上。

只可以将过渡拖动到编辑点的开始处，因为如果不使用冻结帧，则过渡帧不足以在传入剪辑中创建溶解效果。

5. 使用标准 Selection（选择）工具，单击过渡以在 Effect Controls（效果控制）面板中加载它。

你可能需要放大以轻松选择过渡。

6. 将效果的持续时间设置为 1:12。

7. 将过渡的对齐方式更改为 Center at Cut（居中对齐）。

在 Effect Controls（效果控制）面板中，注意过渡矩形具有平行对角线，表示缺少头帧。

8. 在整个过渡中缓慢拖动播放指示器，并观察它如何工作。

- 对于剪辑的前半部分（到编辑点为止），B 剪辑是冻结帧，而 A 剪辑则继续播放。

- 在编辑点，A 剪辑和 B 剪辑开始播放。

- 在编辑后，使用短冻结帧。

9. 有几种方式来解决此问题。

- 可以更改效果的持续时间或对齐方式。

- 可以使用 Rolling Edit（滚动编辑）工具来重新定位过渡。

- 可以使用 Ripple Edit（波纹编辑）工具来缩短剪辑。

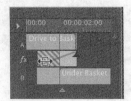
滚动编辑工具

波纹编辑工具

第 8 课将介绍有关 Ripple Edit（波纹编辑）和 Rolling Edit（滚动编辑）工具的更多信息。

> **Pr** 注意：使用 Rolling Edit（滚动编辑）工具可以向左或向右移动过渡，但是不会更改序列的总体长度。

7.6 添加音频过渡

使用音频过渡可以删除不想要的音频噪声或生硬编辑以改进序列的音轨。在音频剪辑末尾（或之间）应用交叉淡化过渡是一种在它们之间添加淡入、淡出和渐淡的快速方式。

7.6.1 创建交叉淡化

由于所有音频是不同的，因此你将发现可以选择三种交叉淡化。如果你想要实现专业的组合，则了解这些类别之间的细微差别很重要。

- **Constant Gain**（恒定增益）。Constant Gain（恒定增益）交叉淡化（顾名思义）在剪辑之间过渡时以恒定音频增益（音量）更改音频进出。一些人认为此过渡类型很有用，但是，音频过渡可能听起来会生硬，因为传出剪辑的声音淡出和传入剪辑的声音渐入的增益是一样的。当你不希望混合两个剪辑，而想在剪辑之间应用淡出和淡入时，则 Constant Gain（恒定增益）交叉淡化最为有用。

- **Constant Power**（恒定功率）。Adobe Premiere Pro 中的默认音频过渡，在两个音频剪辑之间创建平滑渐变的过渡。Constant Power（恒定功率）交叉淡化与视频溶解非常类似。应用此交叉淡化时，首先缓慢淡出传出剪辑，然后快速接近剪辑的末端。对于传入剪辑，过程是相反的。传入剪辑开头的音频电平增加很快，然后快速接近过渡的末端。当想要混合两个剪辑时，则此交叉淡化很有用。

- **Exponential Fade**（指数淡化）。此效果类似于 Constant Power（恒定功率）交叉淡化。Exponential Fade（指数淡化）过渡在剪辑之间创建非常平滑的淡化。它使用对数曲线来自下而上地淡出音频。这会在音频剪辑之间创建非常自然的混合效果。当执行单侧过渡（比如在节目开始或结尾处，先沉默，然后淡入剪辑）时，一些人喜欢使用 Exponential Fade（指数淡化）过渡。

7.6.2 应用音频过渡

有几种方法可以为序列应用音频交叉淡化。当然，你可以拖放过渡，但是还有一些有用的快捷键可以加速操作过程。了解一下三种可用的方法。

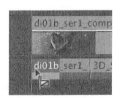

1. 双击以加载序列 04 Audio。

该序列在时间轴中具有几个不同的音频剪辑。

2. 在 Effects（效果）面板的 Audio Transitions 素材箱中，打开 Crossfade 素材箱。

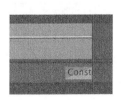

3. 将 Exponential Fade（指数淡化）过渡拖动到第一个音频剪辑的开始位置。

4. 移动到序列末尾。

5. 在 Timeline（时间轴）中右键单击最终编辑点，并选择 Apply Default Transitions（应用默认过渡）。

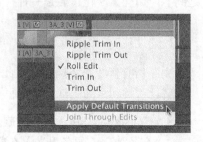

Adobe Premiere Pro 会添加一个新视频和音频过渡。要仅添加音频过渡，按住 Alt（Windows）或 Option（Mac OS）键，然后右键单击。

为末尾的音频剪辑添加了 Constant Power（恒定功率）过渡，以创建平滑混合作为音频的结尾。

6. 将视频过渡的长度拖动得更长或更短，并在播放时间轴时聆听效果。

> **Pr** 注意：更改过渡持续时间的另一种方式是在时间轴上拖动过渡的边缘。使用标准 Selection（选择）工具将过渡的右边缘向左或向右拖动以调整其长度。

7. 要完善项目，请在序列的开始和结尾处添加 Video Cross Dissolve（视频交叉溶解）过渡，方法是将播放指示器移动到剪辑开头附近并按 Control+D（Windows）或 Command+D（Mac OS）组合键以添加默认视频过渡。

为剪辑末尾重复此操作。这将在开头创建从黑色淡入效果，而在结尾创建渐隐为黑色的效果。现在，添加一系列短音频溶解，以消除背景声音。

8. 使用 Selection（选择）工具，按住 Alt（Windows）或 Option（Mac OS）键，并选择轨道 Audio 1 上的所有音频剪辑。Alt（Windows）或 Option（Mac OS）键允许临时取消音频剪辑和视频剪辑之间的链接以分离过渡。从音频剪辑下方拖动以避免意外选择视频轨道上的项目。

9. 选择 Sequence（序列）> Apply Default Transitions to Selection（应用默认过渡到选择项）。

> **Pr** 注意：选择的剪辑不需要是连续的。可以按住 Shift 键并单击剪辑以选择部分剪辑。

10. 播放时间轴并评估所做的更改。

> **Pr** 提示：Shift+Ctrl+D（Windows）或 Shift+Command+D（Mac OS）组合键是为所选音频轨道上播放指示器附近的编辑点添加默认音频过渡（这是一种为音频轨道快速添加淡入或淡出效果的方式）的键盘快捷键。

7.7 复习

7.7.1 复习题

1. 如何为多个剪辑应用默认过渡？

2. 如何根据名称查找过渡？

3. 如何使用一个过渡替换另一个过渡？

4. 描述三种更改过渡持续时间的方式。

5. 一种在剪辑开头或结尾淡化音频的简单方法是什么？

7.7.2 复习题答案

1. 在时间轴上选择剪辑并选择 Sequence（序列）>Apply Default Transitions to Selection（应用默认过渡到选择项）。

2. 在 Effects（效果）面板的 Contains（包含）文本框中键入过渡名称。在键入时，Adobe Premiere Pro 会显示名称中具有此字母组合的所有效果和过渡（视频和音频）。键入更多字符来缩小搜索范围。

3. 将替换过渡拖动到想要扔掉的过渡上。新过渡会自动替换旧过渡。

4. 在 Timeline（时间轴）中拖动过渡矩形的边缘，在 Effect Controls（效果控制）面板的 A/B 时间轴中进行同样的操作，或者在 Effect Controls（效果控制）面板中更改 Duration（持续时间）值。

5. 一种淡入或淡出音频的简单方法是在剪辑的开头或结尾应用音频交叉淡化过渡。

第**8**课　高级编辑技巧

课程概述

在本课中，你将学习以下内容：

· 执行四点编辑；

· 在时间轴中更改剪辑的速度或持续时间；

· 在时间轴中使用新影片替换剪辑；

· 永久替换项目中的素材；

· 创建嵌套序列；

· 对媒体执行基本修剪以完善编辑；

· 实施滑移和滑动编辑来完善剪辑的位置；

· 使用键盘快捷键动态修剪媒体。

本课大约需要 90 分钟。

Adobe Premiere Pro CC 中的基本编辑命令相对容易掌握。但几个高级
技巧需要花时间才能掌握。这些技巧可以加快编辑并提供专业外观，
因此花时间学习它们是值得的。

8.1 开始

在本课中，你将使用几个短序列来了解 Adobe Premiere Pro CC 中的高级编辑概念。此处的目的是亲身体验高级编辑所需的技巧。为此，我们将使用几个短序列来诠释这些概念。

对于本课，将使用新的项目文件。

1. 启动 Adobe Premiere Pro，打开项目 Lesson 08.prproj。

应该打开序列 01 Four Point，但是还未打开它，现在打开它。

2. 选择 Window（窗口）>Workspace（工作区）>Editing（编辑）。

这会将工作区更改为 Adobe Premiere Pro 开发团队创建的预设，以使使用过渡和效果变得更简单。

8.2 四点编辑

在之前的课程中，介绍了标准的三点编辑方法。使用 In（入）点和 Out（出）点（在 Source Monitor（源监视器）、Program Monitor（节目监视器）和 Timeline（时间轴）中都有）描述编辑的源、持续时间和位置。

> **提示**：四点编辑通常是因设置了太多点而造成的错误。当你想定义使用源素材的哪个部分或者是在时间轴中定义素材的不同持续时间时，会想要使用四点编辑。在这种情况下，将使用 Change Clip Speed（更改剪辑速度）选项，该选项也称为 Fit to Fill（适合填充）。

但是，如果定义了四个点会怎么样？

简单地说，你有一个必须解决的矛盾。最有可能出现的情况是，在 Source Monitor（源监视器）中设置的持续时间与在 Program Monitor（节目监视器）或 Timeline（时间轴）中所选的持续时间不同。这时，Adobe Premiere Pro 会提醒你此差异并让你做一个重要的决定。

8.2.1 编辑四点编辑的选项

如果你已经定义了四点编辑，则 Adobe Premiere Pro 会打开 Fit Clip（符合素材长度）对话框，提醒你这一问题。你需要从五个选项中进行选择以解决问题。可以忽略四个点中的一个或者更改剪辑的速度。

- **Change Clip Speed (Fit to Fill)**（更改剪辑速度（适合填充））。第一个选项假设故意设置了四个点。Adobe Premiere Pro 保留源剪辑的入点和出点，但会调整剪辑的速度以使其持续时间匹配在 Timeline（时间轴）或 Program Monitor（节目监视器）中设置的持续时间。

- **Ignore Source In Point**（忽略源入点）。如果选择此选项，则会忽略源剪辑的入点，并由 Adobe Premiere Pro 动态决定，有效地将编辑转换回三点编辑。新持续时间会与在

Timeline（时间轴）或 Program Monitor（节目监视器）中设置的持续时间相匹配。只有源剪辑比在序列中设置的范围长，才可以使用此选项。

- **Ignore Source Out Point**（**忽略源出点**）。如果选择此选项，则会忽略源剪辑的出点，并由 Adobe Premiere Pro 动态决定，有效地将编辑转换回三点编辑。新持续时间会与在 Timeline（时间轴）或 Program Monitor（节目监视器）中设置的持续时间相匹配。只有源剪辑比目标持续时间长，才可以使用此选项。

- **Ignore Sequence In Point**（**忽略序列入点**）。此选项告诉 Adobe Premiere Pro 忽略设置的序列入点，并仅使用序列出点执行三点编辑。如果剪辑比定义的持续时间短，则会得到一个不想要的视频，该视频是序列中原始入点内部从想要遮盖的影片开始的视频。

- **Ignore Sequence Out Point**（**忽略序列出点**）。此选项与上一个选项类似，但是将忽略设置的序列出点，然后执行三点编辑。

8.2.2 执行四点编辑

下面将执行四点编辑。本练习的目的是更改剪辑的持续时间以使其匹配目标序列的持续时间。

1. 如果还未加载 01 Four Point，请在 Project（项目）面板中找到它并加载此序列。

此序列包含一个我们想插入新影片的粗略编辑。我们将使用的剪辑与切换影片角度所需的持续时间不同。

2. 滚动浏览序列并找到已经设置了入点和出点的部分。在 Timeline（时间轴）中应该能看到一个突出显示的范围。

3. 找到素材箱 Clips to Load，并将 Desert New 剪辑加载到 Source Monitor（源监视器）中。应该已经在剪辑中设置了一个范围。

4. 在 Timeline（时间轴）中单击轨道的标题。确保视频修补了轨道 V1。

5. 单击 Overwrite（覆盖）按钮以进行编辑。

将出现 Fit Clip（符合素材长度）对话框。

6. 在 Fit Clip（符合素材长度）对话框中，选择 Change Clip Speed (Fit to Fill)（更改剪辑速度（适

合填充)) 选项。单击 OK (确定) 按钮。

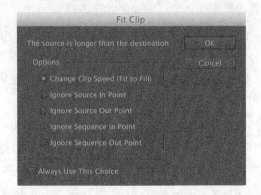

Adobe Premiere Pro 将在时间轴中进行此编辑。你会在编辑的剪辑中看到表示速度变化的数字。

7. 观察序列以查看编辑和速度变化的效果。

8.3　重新设置剪辑的时间

在上一个练习中，使用了 Adobe Premiere Pro 提供的一种方法来更改剪辑的速度。更改剪辑速度的原因有很多，其中包括技术必要性和艺术效果。慢动作是视频制作最常使用的一种效果。这是一种增加戏剧性或给观众更多的时间来研究或品味的有效方式。在本课中，你将学习静态速度变化、时间重映射功能，以及其他一些允许更改剪辑时间的工具。

8.3.1　更改剪辑的速度 / 持续时间

尽管慢动作是最常使用的时间变更方法，但加快剪辑的速度也是一种有用的效果。Speed/Duration (速度 / 持续时间) 命令可以两种不同的方式更改剪辑的时间。可以将剪辑的持续时间精确更改为一个特定时间。或者，可以更改播放的百分比 (比如更改为 50% 以放慢剪辑的速度)。

下面将介绍方法。

1. 在 Project (项目) 面板中，加载序列 02 Speed/Duration。

2. 右键单击 Eagle_Walk 剪辑，并从上下文菜单中选择 Speed/Duration(速度 / 持续时间)。或者，在 Timeline (时间轴) 中选择剪辑并选择 Clip (剪辑)>Speed/Duration (速度 / 持续时间)。

3. 现在有几个控制如何播放剪辑的选项。考虑这些选项。

- 将 Duration（持续时间）和 Speed（速度）链接在一起（在它们之间出现一个链接图标）。然后，输入一个新持续时间或速度。在一个字段中输入数据会影响另一个字段。

- 单击链接图标，会显示一个破碎的链接。然后，为剪辑输入一个新值，无须更改其持续时间（如果剪辑不够长，则 Adobe Premiere Pro 会插入空白帧）。

- 如果剪辑是链接的，还可以在不改变速度的情况下改变持续时间。缩短剪辑将在时间轴上留下间隙。如果在时间轴上剪辑是连续的，则延长剪辑将没有任何作用，因为剪辑默认不能波动。在这种情况下，选择 Ripple Edit, Shifting Trailing Clips（波纹编辑，移动尾部剪辑）选项。

- 要倒放剪辑，请选择 Reverse Speed（倒放速度）选项。你会在时间轴的速度值旁边看到一个负号。

- 如果剪辑有音频，请考虑选中 Maintain Audio Pitch（保持音频音调）复选框。这将在改变速度或持续时间时尝试保持剪辑当前的音调。如果没有选中此选项，则将获得加速或慢速音频效果。它仍允许你更改剪辑的速度，但是将应用适当数量的音调校正以使总体音调尽可能与源素材相匹配。此选项仅对细微的速度变更有效；重新采样将生成不自然的结果。

4. 将 Speed（速度）更改为 50% 并单击 OK（确定）。

在 Timeline（时间轴）中播放剪辑。按住 Enter（Windows）或 Return（Mac OS）键来渲染剪辑以查看流畅的播放。注意，剪辑现在的长度是 10 秒。这是因为将剪辑放慢了 50%，这使它变为原始长度的两倍。

5. 选择 Edit（编辑）>Undo（撤销），或者按 Control+Z（Windows）或 Command+Z（Mac OS）组合键。

6. 选中剪辑，按 Control+R（Windows）或 Command+R（Mac OS）以打开 Clip Speed/Duration（剪辑速度/持续时间）对话框。

> **Pr** 注意：如果剪辑有音频，Clip Speed/Duration（剪辑速度/持续时间）对话框会显示 Maintain Audio Pitch（保持音频音调）选项。选择此选项将保持原始音频音调，无论剪辑以什么速度运行。当你想要保持音频的音调，或者将角色的声音保持为正常音调，而对剪辑进行细微的速度调整时，或者是放慢或加快剪辑的播放速度，这可能很有用。

7. 单击链接图标，它表明 Speed（速度）和 Duration（持续时间）是链接的，因此这里的图标显示设置是没有链接的。然后，将 Speed（速度）更改为 50%。

注意，Speed（速度）和 Duration（持续时间）是取消链接的，持续时间仍然保持为 5 秒。

8. 单击 OK（确定），然后播放剪辑。

注意，剪辑以 50% 的速度播放，但是已经自动修剪了最后 5 秒，以保持剪辑的原始持续时间。

有时，你需要颠倒时间。可以在 Clip Speed/Duration（剪辑速度/持续时间）对话框中执行此操作。

9. 打开 Clip Speed/Duration（剪辑速度/持续时间）对话框。

10. 将 Speed（速度）保持为 50%，但这一次要选中 Reverse Speed（倒放速度）选项，然后单击 OK（确定）。

11. 播放剪辑，注意，它以 50% 的慢速度进行播放。

8.3.2 使用速率伸展工具更改速度和持续时间

有时我们需要查找长度刚好能够填充时间轴上间隙的剪辑。有时可以找到理想的剪辑，长度刚好合适，但大多数时候找到想使用的剪辑时，它会稍长或稍短一点。这种情况下，Rate Stretch（速率伸展）工具就派上用场了。

> **提示**：Adobe Premiere Pro 能够同时更改多个剪辑的速度。只需选择多个剪辑，并选择 Clip（剪辑）>Speed/Duration（速度/持续时间）。更改多个剪辑的速度时，一定要注意 Ripple Edit, Shifting Trailing Clips（波纹编辑，移动尾部剪辑）选项。这将在速度变化之后自动封闭或扩展所选剪辑的间隙。

1. 在 Project（项目）面板中，加载序列 03 Rate Stretch。

本练习中所遇到的情况很常见。时间轴与音乐同步，剪辑包含我们想要的内容，但剪辑时长太短。可以在 Clip Speed/Duration（剪辑速度/持续时间）对话框中用猜测法尝试插入合适的 Speed（速度）百分比，或者可以使用 Rate Stretch（速率伸展）工具将剪辑拖动到需要的长度。

2. 在 Tools（工具）面板中选择 Rate Stretch（速率伸展）工具。

3. 将 Rate Stretch（速率伸展）工具移动到第一段剪辑的右边缘上，拖动它，直到它与第二段剪辑相接为止。

请注意第一段剪辑的速度发生了改变，以填充我们拉伸它所产生的空间。

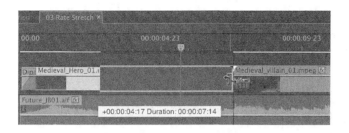

 提示：在使用 Rate Stretch（速率伸展）工具时如果改变了想法，还可以使用它恢复剪辑。或者，可以使用 Speed/Duration（速度 / 持续时间）命令并为 Speed（速度）输入 100%，以恢复自然运动。

4. 将 Rate Stretch（速率伸展）工具移动到第二段剪辑的右边缘上，拖动它，直到它与第三段剪辑相接为止。

5. 将 Rate Stretch（速率伸展）工具移动到第三段剪辑的右边缘上，拖动它，直到它与音频结束点相匹配为止。

6. 在时间轴播放，查看使用 Rate Stretch（速率伸展）工具所产生的速度变化。

8.3.3　用时间重映射更改速度和持续时间

时间重映射通过使用关键帧来改变剪辑的速度。这意味着同一段剪辑可以一部分是慢动作，而另一部分是快动作。除了这种灵活性之外，变速时间重映射能够从一种速度平滑过渡到另一种速度，无论是由快变慢，还是从正向运动变为反向运动。这非常有趣。

1. 在 Project（项目）面板中，加载序列 04 Remapping。

此序列有一个想要修改的影片。向剪辑添加时间调整时，它会改变时长。

2. 将 Selection（选择）工具定位到音频和视频轨道之间的分割上。向下拖动以腾出空间来查看视频轨道。

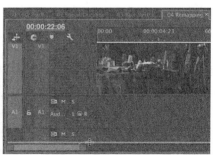

增加轨道高度使得在时间轴中调整该剪辑的关键帧变得更简单。

3. 右键单击该剪辑，并在剪辑菜单中选择 Show Clip Keyframes（显示剪辑关键帧）>Time Remapping（时间重映射）> Speed（速度）。

选择该选项之后，一条白色线将横穿剪辑，它表示速度。

4. 在 Timeline（时间轴）中将播放指示器拖动到歹徒转身并开始在房间走动这个时间点上（大约为 00:00:01:00）。

5. 按住 Control（Windows）或者 Command（Mac OS）键，鼠标指针将变为小十字形。

6. 单击白线，创建关键帧，在该剪辑的顶部可以看到这个关键帧。

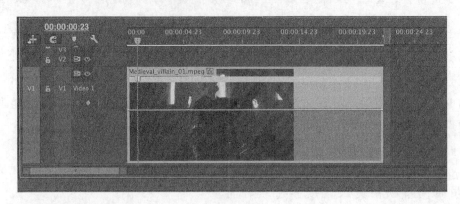

我们还没有改变速度，只是添加了控制关键帧。

7. 使用同样的方法，在 00:00:07:00 处（就在歹徒恰好指着墙时）添加另一个速度关键帧。

请注意，添加两个速度关键帧后，该剪辑现在分为 3 个"速度部分"。我们将在关键帧之间设置不同的速度。

8. 保持第一部分（剪辑的开始和第一个关键帧之间）的设置不变（Speed（速度）设置是 100%）。

9. 将 Selection（选择）工具定位到第一个关键帧和第二个关键帧之间的白色线上，向下拖动到 30%。

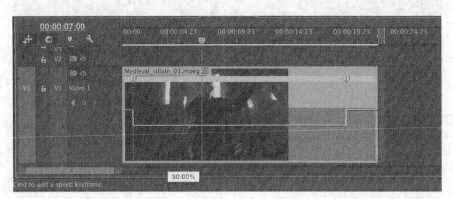

Pr 提示：如果在设置速度关键帧方面有困难，请打开 04 Remapping Complete 序列以查看完整的过程。

注意剪辑长度现在被拉伸，以适应这部分速度的改变。

10. 选择 Sequence（序列）>Render Effects in Work Area（渲染工作区域内的效果）以渲染该剪辑，以便最流畅地播放。

11. 播放剪辑。注意速度从 100% 变为 30%，之后在结束时又变回 100%。

在剪辑上设置变速更改可以产生非常生动的效果。在上一部分中，我们将一种速度立即更改为另一种速度。要创建更精细的速度变化，可以使用速度关键帧过渡，平滑地从一种速度过渡到另一种速度。

12. 将第一个速度关键帧的右半部分向右拖动，创建速度过渡。

Pr 注意：你可能需要调整 Video 1 轨道的高度，方法是将 Selection（选择）工具定位到 Video 1 标签上，并向上拖动该轨道的边缘。这为关键帧提供了更多可见控件。

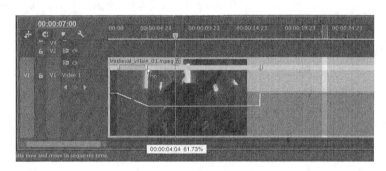

请注意白色线现在向下斜，而不是突然从 100% 变到 30%。

Pr 提示：可以拖动蓝色的贝塞尔手柄以改进渐变来进一步平滑过渡。

13. 拖动第二个速度关键帧的左半部分以创建过渡。

14. 右键单击视频剪辑，并选择 Frame Blend（帧混合）选项。

15. 渲染并播放该剪辑，以观察其效果。

Pr 注意：要删除时间重映射效果，需要选择剪辑，然后查看 Effect Controls（效果控制）面板。单击 Time Remapping（时间重映射）效果旁边的提示三角形来打开它。单击 Speed（速度）旁边的切换动画按钮（秒表）。这会将它设置为关闭，打开一个警告对话框。单击 OK（确定）来完全删除效果。

改变时间产生的下游影响

在将多个剪辑汇集到项目之后，你可能决定要改变Timeline（时间轴）开始处的速度。重要的是要理解剪辑速度的改变对"下游"剪辑部分的影响。

速度变化可能会产生几个问题。

- 由于增加了播放速度导致剪辑变短，从而生成不想要的间隙。
- 由于使用 Ripple Edit（波纹编辑）选项，使总体序列的持续时间发生变化。
- 速度变化导致的潜在音频问题。

更改速度或持续时间时，始终要仔细查看对总体序列的影响。你可能想要更改时间轴的缩放级别以同时查看整个序列或部分。另一种选择是将剪辑编辑到新序列中并进行调整。然后，可以复制并粘贴剪辑以让其返回原始序列。

8.4 替换剪辑和素材

在编辑过程中，你经常想要将一个剪辑换成另一个剪辑。这有可能是全局替换，比如使用新文件替换一个动画徽标版本。你可能想要在时间轴中将一个剪辑替换成素材箱中的另一个剪辑。根据目前进行的任务，可以使用几种方法来交换影片或媒体。

8.4.1 在替换剪辑中播放

一种替换剪辑的方法是将新剪辑拖放到想要替换的现有素材上。让我们先了解 Replace Clip（替换剪辑）功能。

1. 在 Project（项目）面板中，加载序列 05 Replace Clip。

2. 播放 Timeline（时间轴）。

注意，同样的剪辑作为画中画(PIP)被播放了两次。该剪辑有一些运动特效，使它旋转到屏幕上，之后又旋转出去。下一课将介绍如何创建这些效果。

 提示：两个剪辑上的紫色线表示重复帧。如果两个影片在同一序列中重复，则 Adobe Premiere Pro 会提醒你。如果没有看到警告，则在 Timeline（时间轴）中单击 Settings（设置）按钮（扳手图标），并选择 Show Duplicate Frame Markers（显示重复帧标记）。

你想使用新的剪辑 Boat Replacement 替换 V2 轨道中的第一个实例剪辑（SHOT4），但不想重新创建所有效果和时序。这种情况很适合使用 Replace Clip（替换剪辑）功能。

3. 在素材箱 Clips to Load 中，找到 Boat Replacement 剪辑，并将它拖动到第一个SHOT4 剪辑上面。

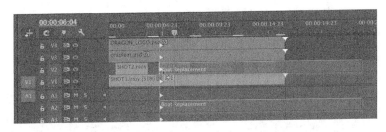

暂不要放下它。注意，它比时间轴上的剪辑长。

4. 按 Alt（Windows）或 Option（Mac OS）键。

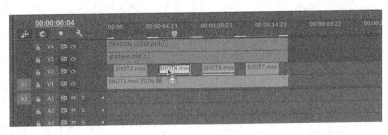

> **提示**：如果想将部分剪辑用作第一个 PIP，则可以使用 Slip（滑移）工具来滑动其内容。本课稍后将介绍如何使用此工具。

注意，替换剪辑现在变为与它要替换的剪辑长度完全相同。释放鼠标按钮，完成 Replace Clip（替换剪辑）功能。

5. 播放 Timeline。注意，所有 PIP 剪辑都具有相同的效果，但使用的是新素材。

8.4.2 执行替换编辑

如果你想更多地控制如何替换，则可以使用 Replace Edit（替换编辑）命令。这允许你从替换编辑精确选择采样的位置。

1. 在 Project（项目）面板中，加载序列 06 Replace Edit。

这就是之前修复的序列，但是这次将精确放置替换剪辑。

2. 将播放指示器放在序列中大约 00:00:06:00 处，以提供编辑的同步点。

3. 单击时间轴中 SHOT4 剪辑的第一个实例，以进行替换。

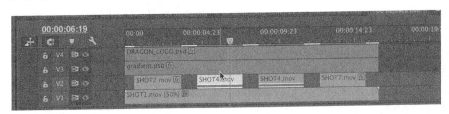

4. 从 Clips to Load 素材箱，将替换剪辑 Boat Replacement into frame.mov 加载到 Source Monitor（源监视器）中。

5. 拖动播放指示器以选择好的操作部分进行替换。使用标记作为参考。

6. 确保 Timeline（时间轴）是活动的，然后选择 Clip（剪辑）>Replace With Clip（使用剪辑替换）>From Source Monitor, Match Frame（从源监视器，匹配帧）。

剪辑得以替换。

7. 观察新编辑的序列以检查编辑。

你应该看到放置在播放指示器上的帧在 Source Monitor（源监视器）和 Program Monitor（节目监视器）中都同步了，确定使用替换剪辑的哪个部分进行替换编辑，而原始编辑剪辑长度被设置为持续时间。

8.4.3 使用替换素材功能

Adobe Premiere Pro 的 Replace Footage（替换素材）功能会替换 Project（项目）面板中的素材。这在需要替换一个或多个序列内多次反复出现的剪辑时非常有用。使用 Replace Footage（替换素材）时，项目内所有序列中使用的原始剪辑都被修改为你替换的剪辑实例。

1. 在 Project（项目）面板中，加载序列 07 Replace Footage。

2. 仔细观察序列播放。

在这种情况下，替换一个包含命名错误的图形。实际上，从项目中删除它可以避免意外使用它，并造成尴尬或代价高昂的错误。

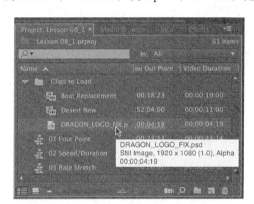

3. 在 Clips to Load 素材箱中，在 Project（项目）面板中选择剪辑 DRAGON_LOGO.psd。

4. 选择 Clip（剪辑）>Replace Footage（替换素材）。

5. 导航到 Lesson 08 文件夹，选择 DRAGON_LOGO_FIX.psd 文件，并单击 Select（Windows）或 Open（Mac OS）键。

6. 播放 Timeline（时间轴），注意，已经更新了序列和项目中错误的图形。

注意：Replace Footage（替换素材）命令是无法撤销的。如果想要切换回原始剪辑，请再次选择 Clip（剪辑）>Replace Footage（替换素材），以导航到原始文件并重新链接它。

8.5 嵌套序列

嵌套序列是序列中的序列。可以通过以下方式将项目分成几个更容易管理的块：在一个序列中创建项目片段，然后将这个序列及其所有剪辑、图形、图层、多个视频 / 音频轨道和特效拖到另一个序列中。这样它看起来和操作起来就像是单个视频 / 音频剪辑。

嵌套序列有许多潜在用途。

- 通过单独创建复杂序列来简化编辑工作。这有助于避免冲突，防止因移动远离当前工作区轨道上的剪辑而造成误操作。

- 将一种运动效果应用到一组剪辑（下一课将介绍有关此操作的更多信息）。

- 在多个序列中重用序列并将它作为源。

- 组织作品，采用与在 Project（项目）面板中创建子文件夹相同方法。

- 允许你过渡到作为一个项目的合成剪辑组。

8.5.1 添加嵌套序列

使用嵌套的一个原因是重用已经编辑的序列。在这种情况下，为已经编辑的序列添加一个编辑的片头。

提示：一种快速创建嵌套序列的方法是将序列从 Project（项目）面板拖动到活动序列相应的轨道上。还可以将序列作为源拖动到 Program Monitor（节目监视器）中，并使用标准的 Insert（插入）和 Overwrite（覆盖）命令。

1. 在 Project（项目）面板中，加载序列 08 Bike Race。

此序列包含一个编辑的自行车赛，它是使用多机位编辑方法剪接的，第 10 课将介绍此方法。

2. 在序列的开头设置一个入点。

3. 确保定位了 Timeline（时间轴）加载的序列中的轨道 V1。

4. 在 Project（项目）面板中，找到序列 08A Race Open。

5. 单击一次序列以选择它（不要打开它）。

6. 将序列 08A Race Open 拖放到 Program Monitor（节目监视器）中。

这样做会出现一个工具提示，提醒你选择想要执行的编辑类型。

7. 按住 Control（Windows）或 Command（Mac OS）键以执行插入编辑。

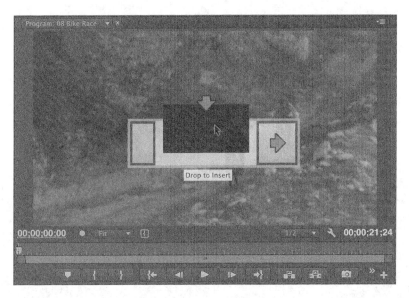

8. 释放按键以执行插入编辑并为序列添加打开的图形。

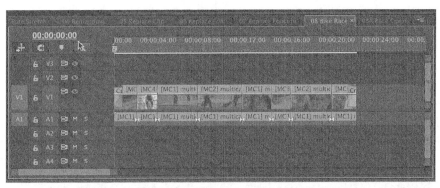

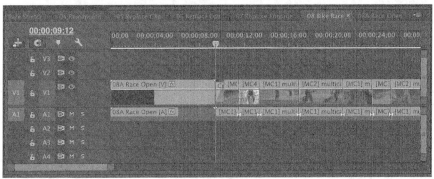

注意：在序列中选择项并选择 Clip（剪辑）>Nest（嵌套），可以创建新嵌套。无法将序列嵌套进自身中。相反，会提示你为嵌套部分创建一个新名称。然后，会将它添加到项目面板中。

9. 播放序列 08 Bike Race。

你会注意到，08A Race Open 序列被添加为一个剪辑，尽管它具有多个视频轨道和音频剪辑。

如果将此序列作为几个剪辑进行添加，原因是你可能已经修改了剪辑的修补方式。如果不想将序列添加为嵌套剪辑，则可以更改其行为。在 Timeline（时间轴）的左上角，单击按钮以在将序列插入和覆盖为嵌套剪辑或单独剪辑之间切换。

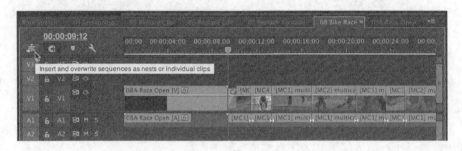

8.5.2 嵌套序列中已有的剪辑

前一个练习中将整个序列嵌入到另一个序列中，也可以选择序列中已有的一组剪辑，将它们嵌入到时间轴的新序列中，但不必是序列中的所有剪辑。将一组复杂的剪辑折叠到单个序列中很有用。

1. 在 Project（项目）面板中，加载序列 09 Collapse。

我们将在 Medieval_wide_01 和 Medieval_villain_02 剪辑之间的编辑点创建 Cube Spin（立方体旋转）过渡特效。因为还有另外两段剪辑合成到 Medieval_wide_01 剪辑上方，所以要插入正确影响前三段剪辑的 Cube Spin（立方体）过渡特效是有难度的，但是，如果将第一段折叠到单个嵌套剪辑中，就不困难了。

2. 按住 Shift 键并单击构成第一段的三段剪辑以选择它们：movie_logo.psd、Title 01 和 Medieval_wide_01。

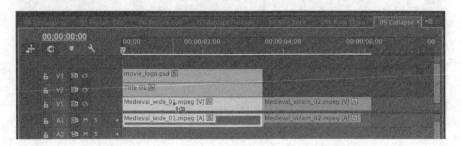

3. 右键单击所选剪辑，并选择 Nest（嵌套）。

4. 将新嵌套命名为 Paladin Intro，并单击 OK（确定）。

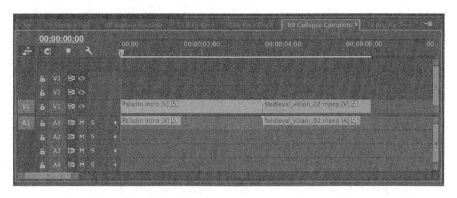

三段剪辑折叠到单个嵌套剪辑。请播放该剪辑，观察包含这三段剪辑的嵌套剪辑。

5. 在 Effects（效果）面板中，单击 Video Transitions 文件夹以打开它，然后打开 3D Motion 子文件夹。

6. 将 Cube Spin（立方体）过渡特效拖放到两段剪辑之间的编辑点上。

7. 播放序列以查看它们对作品的影响。

如果需要，渲染序列以便更流畅地播放。

Pr | 提示：如果需要更改嵌套序列，只需双击嵌套序列剪辑以打开它。

8.6 常规修剪

可以使用几种方式调整剪辑的长度。此过程通常被称为修剪。修剪时，可以编辑得更长或更短。一些修剪类型仅影响一个剪辑，而其他修剪类型可以调整两个相邻剪辑之间的关系。

8.6.1 在源监视器中修剪

修剪剪辑的最简单方式是使用 Source Monitor（源监视器）。如果提取序列中的剪辑并从序列将它加载到 Source Monitor（源监视器）中，则可以轻松调整其入点和出点。从序列将剪辑加载到 Source Monitor（源监视器）中，可以两种基本方式修剪剪辑。

• **标记新入点和出点**。如果想修剪剪辑，可以更新其入点和出点。双击时间轴中的剪辑以加载它。加载了剪辑之后，定位播放指示器并按 I 键添加入点，按 O 键添加出点。或者，可以使用 Source Monitor（源监视器）左下角的 Mark In（标记入点）和 Mark Out（标记出点）

按钮。如果在时间轴中剪辑与媒体相邻，则可以让所选剪辑变短一些。在修剪之后，会在修剪一侧得到间隙。

- **拖动入点和出点**。不是为加载的剪辑标记新点，而是通过拖动更改入点和出点。只需将光标放在 Source Monitor（源监视器）中迷你时间轴的入点或出点上。光标会变为红黑色图标，表示执行了修剪。可以向左或向右拖动以更改入点或出点。相同限制适用于与间隙相邻的媒体或扩展编辑。如果按住 Alt（Windows）或 Option（Mac OS）键，可以仅拖动剪辑的视频或音频。

8.6.2 在序列中修剪

另一种修剪媒体的方式是直接在 Timeline（时间轴）中进行。在编辑序列时，很可能找到想要调整的影片。让一个剪辑变得更短或更长被称为常规修剪，这相当简单。

Pr | 提示：在其他编辑应用程序中，常规修剪也称为单侧或覆盖修剪。

1. 在 Project（项目）面板中，加载序列 10 Regular Trim。

2. 播放序列。

最终的影片被删除了，并且需要扩展它以与音乐逐渐消失相匹配。

3. 选择 Selection（选择）工具（V）。

4. 将指针放在序列中最后一个剪辑的出点上。

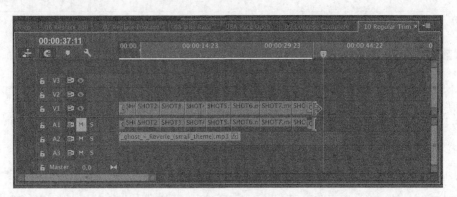

音乐："Reverie (small theme)" by _ghost—http://ccmixter.org/files/_ghost/25389

指针更改为带有双向箭头的 Trim In（修剪入点，头侧）或 Trim Out（修剪出点，尾侧）工具。将鼠标悬停在剪辑边缘会在修剪剪辑的出点（向左）或入点（向右）之间切换。

5. 拖动剪辑以在序列中修剪剪辑的出点。

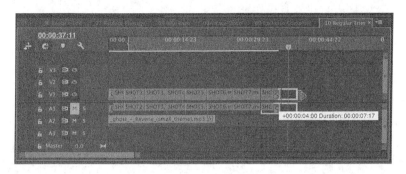

会出现时间码工具提示，显示修剪剪辑的程度。将边缘拖动到大约 4 秒的时间。

6. 释放鼠标按钮以进行编辑。

8.7　高级修剪

到目前为止，所学的修剪方法都有其局限性。它们会因为缩短剪辑而在时间轴中留下不想要的间隙。如果影片有相邻的剪辑，它们还可以避免延长剪辑。幸运的是，Adobe Premiere Pro 还提供了几种修剪选项。

8.7.1　波纹编辑

避免产生间隙的一种方法是使用 Ripple Edit（波纹编辑）工具，它是 Tools（工具）面板中的一个工具。使用 Ripple Edit（波纹编辑）工具修剪剪辑的方法与在 Trim（修剪）模式下使用 Selection（选择）工具一样。两者之间的区别是：Ripple Edit（波纹编辑）工具不会在序列上留下间隙，Program Monitor（节目监视器）中的显示会更清晰地表达出编辑的效果。

使用 Ripple Edit（波纹编辑）工具延长或缩短剪辑时，该操作会在整个序列中产生波纹。也就是说，编辑点后的所有剪辑都会往左移动填补间隙，或往右移动形成更长的剪辑。

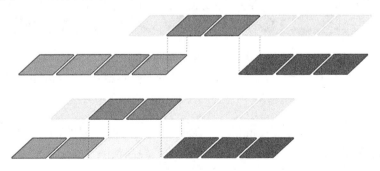

在本图中，绿色剪辑被缩短了 2 秒。波纹编辑更改了项目的总体长度。

1. 在 Project（项目）面板中，加载序列 11 Ripple Edit。

2. 单击 Ripple Edit（波纹编辑）工具（或按键盘上的 B 键）。

3. 将 Ripple Edit（波纹编辑）工具悬停在第七段剪辑（SHOT7）的右边缘上，直至它变成一个向左的大方括号为止。

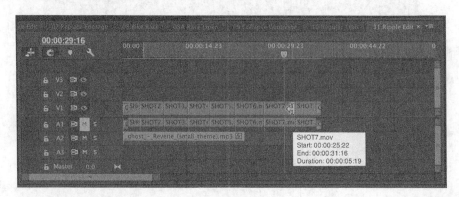

对于此影片来说，这是不够的。再添加一些编辑。

4. 向右拖动，使时间码读数达到 +00:00:01:10。

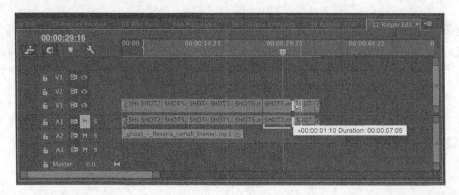

　　请注意，使用 Ripple Edit（波纹编辑）工具时，Program Monitor（节目监视器）左侧显示第一个剪辑的最后一帧，右侧显示第二个剪辑的第一帧。请观察 Program Monitor（节目监视器）左半部分上移动的编辑位置。

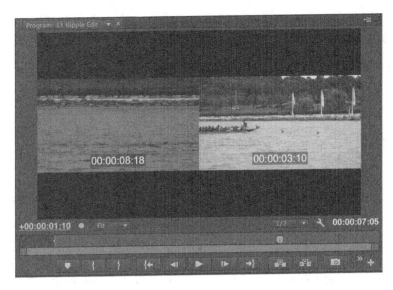

5. 释放鼠标按钮，完成编辑。

该剪辑剩余部分往左移动填满间隙，其右侧的剪辑随其移动。请播放这部分序列，查看编辑效果是否平滑。编辑显示了摄像机有轻微的晃动，接下来我们将删除它。

8.7.2 滚动编辑

使用 Ripple Edit（波纹编辑）工具时，它会改变项目的总体长度。这是因为当一个剪辑变短或变长时，会调整序列中的其他剪辑以封闭间隙（或者为编辑腾出空间）。还有一种方式来更改编辑的位置。

Rolling Edit（滚动编辑）不会改变项目的总体长度，它通常发生在两段剪辑之间的编辑点上，使一段剪辑缩短，另一段剪辑变长。它同时编辑两段相邻的剪辑。滚动编辑会修剪相邻的入点和出点，并以同样的帧数同时调整它们。

> 注意：在其他编辑应用程序中，波纹修剪也称为双边修剪。

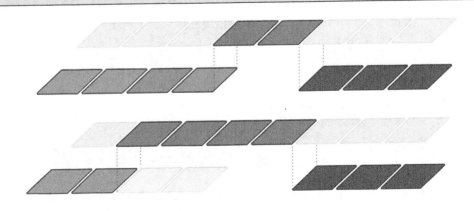

滚动编辑应用于第一个影片和第二个影片之间。传出影片缩短了两秒,而传入影片延长了两秒。序列的总持续时间保持不变。

1. 继续处理序列 11 Ripple Edit。

三个剪辑已经出现在 Timeline(时间轴)上,并且具有足够的头帧和尾帧来支持将要进行的编辑。

2. 在 Tools(工具)面板中选择 Rolling Edit(滚动编辑)工具(N)。

3. 将编辑点拖放到 SHOT7 和 SHOT8(时间轴中的最后两个剪辑)之间的编辑点上,使用 Program Monitor(节目监视器)拆分屏幕以寻找更好的匹配编辑。向左拖动以删除摄像机抖动。

Pr | 注意:修剪时,可以将剪辑的持续时间修剪为零(实际上就是从时间轴上删除它)。

尝试将编辑点向左滚动到 00:17(17 个帧)。可以使用 Program Monitor(节目监视器)时间码或 Timeline(时间轴)中的弹出时间码来查找编辑。

8.7.3 滑动编辑

滑动编辑是一种特殊的修剪类型。它并不经常使用,但却是可以节省时间的编辑。Slide Edit(滑动编辑)工具会保留剪辑的持续时间。它会以同样的帧数改变左侧剪辑的出点和右侧剪辑的入点。实际上,可以在时间轴上向前或向后滑动剪辑,并更改与它相邻的剪辑的内容。而该剪辑的入点和出点保持不变。序列的长度不会改变。

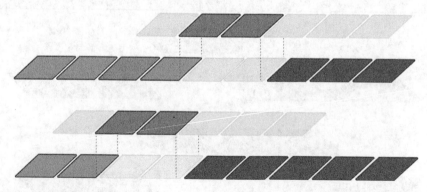

滑动编辑会更改相邻剪辑的入点和出点,同时保持原始剪辑的编辑点。中间影片的持续时间

不变（并且显示的帧也不会改变），但是它会在序列中向前或向后移动。

1. 继续处理序列 11 Ripple Edit。

2. 选择 Slide（滑动）工具（U）。

3. 将 Slide（滑动）工具定位到第二段剪辑上。

4. 左右拖动第二段剪辑。

5. 在执行滑动编辑时，请注意观察 Program Monitor（节目监视器）。

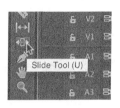

顶部的两幅图像是 Clip B 的入点和出点，它们都没有改变。两幅较大的图像分别是相邻剪辑 Clip A 和 Clip C 的出点和入点。这些编辑点会随着你在那些相邻剪辑上滑动所选的剪辑而改变。

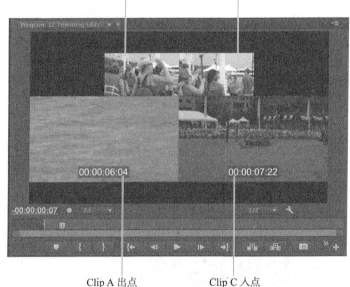

Slide（滑动）工具会在两个相邻剪辑之间移动剪辑

8.7.4 滑移编辑

滑移编辑有点难以理解，其实就是滑移到适当的位置。滑移编辑时，可以改变看到的影片部分。滑移编辑会以同样的帧数向前或向后更改剪辑的入点和出点。使用 Slip（滑移）工具可以更改剪辑的开始帧和结束帧，而不会更改其持续时间或影响相邻的帧。这会更改影片的哪部分是可见的。序列的长度不会改变。

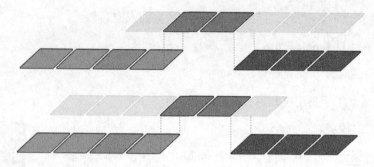

滑移编辑会更改所选剪辑的入点和出点，同时保留相邻剪辑的编辑点。会更改所显示的剪辑帧

1. 继续处理序列 11 Ripple Edit。

2. 选择 Slip（滑移）工具（Y）。

3. 左右拖动 Shot5。

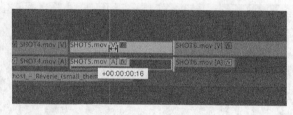

4. 在进行滑移编辑时，请注意观察 Program Monitor（节目监视器）。

顶部的两幅图像分别是 Clip A 和 Clip C 的出点和入点，它们没有改变。两幅较大的图像是 Clip B 的入点和出点。这些编辑点随着在 Clip A 和 Clip C 下方滑移 Clip B 而改变。

Clip A 出点（保持不变）　　　　Clip C 入点（保持不变）

Slide（滑移）工具会
在两个相邻剪辑之间
移动剪辑

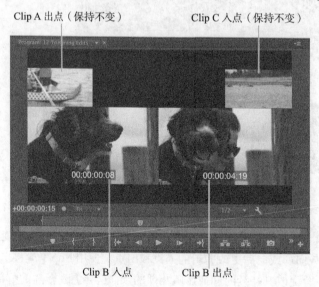

Clip B 入点　　　Clip B 出点

8.8　在节目监视器中修剪

如果你想修剪大量视觉反馈,则可以使用 Program Monitor(节目监视器)的 Trim(修剪)模式。此方法允许你查看正在处理的传出帧和传入帧。

> **Pr** 注意:在早期的 Adobe Premiere Pro(Window(窗口)>Trim Monitor(修剪监视器))中仍然可以找到 Trim Monitor(修剪监视器)。这是一个旧功能,不会利用精确选择编辑的功能。此功能已被新的 Trim(修剪)模式替代了,它位于 Program Monitor(节目监视器)中。

可以在 Program Monitor(节目监视器)中执行三种修剪。本课前面已经介绍了这三种方法。

- **常规修剪**。这种修剪类型会删除所选剪辑的边缘。此方法仅修剪编辑点的一侧。它会在时间轴中向前或向后移动所选编辑点,但是它不会改变任何其他剪辑。

- **滚动修剪**。滚动修剪将移动一段剪辑的尾部和相邻剪辑的头部。它会改变编辑点(如果有手柄的话)。不会创建任何间隙,并且序列的持续时间也不会改变。

- **波纹修剪**。如果需要扩展或缩短编辑的一侧,可以使用波纹编辑。这将向前或向后移动所选编辑点的边缘。编辑点之后的剪辑都会改变。

8.8.1　使用节目监视器中的修剪模式

使用 Trim(修剪)模式,Program Monitor(节目监视器)会切换它的一些按钮和控件,以改进几个修剪功能的能力。要使用 Trim(修剪)模式,首先需要激活它。可以通过选择两个剪辑之间的编辑点来这么做。有三种方法可以这么做。

- 使用选择或修剪工具,在时间轴中双击编辑点。

- 按 T 键以移动最近的编辑点,并在 Program Monitor(节目监视器)中以修剪模式打开它。

- 使用 Ripple(波纹)或 Roll(滚动)工具,可以拖动以创建选框选区。在一个或多个编辑点周围拖动以选择它们,并打开 Program Monitor(节目监视器)的 Trim(修剪)模式。

调用 Trim(修剪)模式时,它会显示两个视频剪辑。左侧框显示传出剪辑(也称为 A 侧)帧。右侧显示传入剪辑(也称为 B 侧)帧。帧下面是五个按钮和两个指示器。

A. **Out Shift counter**(出点移动计数器)。显示 A 侧的出点有多少帧改变了。

B. **Trim Backward Many**(大幅向后修剪)。单击时,这将执行所选修剪并向左移动多个帧。所移动的帧数取决于 Preferences(首选项)的 Trim Preferences(修剪首选项)选项卡中的 Large Trim Offset(最大修剪幅度)选项。键盘快捷键是 Alt+Shift+ 向左箭头(Windows)

或 Option+Shift+ 向左箭头（Mac OS）。

C. **Trim Backward**（向后修剪）。这将在帧上执行所选修剪类型并向左移动。键盘快捷键是 Alt+ 向左箭头（Windows）或 Option+ 向左箭头（Mac OS）。

D. **Apply Default Transitions to Selection**（应用默认过渡到选择项）。这会为选择了编辑点的视频和音频轨道应用默认过渡（通常是溶解效果）。

E. **Trim Forward**（向前修剪）。这与 Trim Backward（向后修剪）一样，除了它是将所选编辑点向前（向右）移动。键盘快捷键是 Alt+ 向右箭头（Windows）或 Option+ 向右箭头（Mac OS）。

F. **Trim Forward Many**（大幅向前修剪）。这与 Trim Backward Many（大幅向后修剪）一样，但它是向前移动了几个帧。键盘快捷键是 Alt+Shift+ 向右箭头（Windows）或 Option+Shift+ 向右箭头（Mac OS）。

G. **In Shift counter**（入点移动计数器）。显示 B 侧的入点有多少帧改变了。

8.8.2　在节目监视器中选择修剪方法

你已经学习了可以执行的三种修剪类型（常规、滚动和波纹编辑）。还在时间轴中尝试了每种修剪。使用 Trim（修剪）模式可以让过程变得更加简单，因为它提供更丰富的视觉反馈。

1. 在 Project（项目）面板中，加载序列 12 Trim View。

2. 使用 Selection（选择）工具，按住 Alt（Windows）或 Option（Mac OS）键并双击时间轴

中 Clip 1 和 Clip 2 之间的编辑点。这会选择视频编辑，而保留音频轨道。

3. 在节目监视器中，在 A 和 B 剪辑之间拖动光标。

在从左向右拖动时，会看到工具从 Trim Out（修剪出点，左侧）变为 Roll（滚动，中间），再变为 Trim In（修剪入点，右侧）。

4. 在剪辑之间拖动以执行滚动编辑。

右侧显示的时间应该为 01:26:59:01。

Pr | 注意：单击 A 或 B 边将切换修剪的边缘。单击中间将切换为滚动编辑。

5. 按向下箭头键三次以在第三段和第四段剪辑之间编辑。

传出影片太长了，并且显示演员坐下了两次。

6. 将修剪方法更改为波纹编辑。

更改修剪方法最简单的方式是按快捷键 Shift+T（Windows）或 Control+T（Mac OS）以在修剪模式之间切换。有 5 个选项。按组合键一次可进入下一个快捷键。会在 5 个选项之间切换。当 Trim（修剪）工具显示为黄色滚动块时，就表明选择了波纹编辑。

7. 将传入剪辑向左拖动，并让编辑变得短一些。

 **提示**：还可以右键单击编辑点来从弹出菜单中选择修剪类型。

注意：默认情况下，使用的修剪类型看起来是随机的，但其实不是这样的。所选的最初设置是由选择编辑点的工具确定的。如果使用 Selection（选择）工具单击，则 Adobe Premiere Pro 会选择常规的 Trim In（修剪入点）或 Trim Out（修剪出点）工具。如果使用 Ripple（波纹）工具单击，则会选择 Ripple In（波纹入点）或 Ripple Out（波纹出点）工具。在这两种情况下，在滚动块之间循环会导致使用滚动修剪。使用水平蓝色突出显示来确定使用的修剪类型。

时间显示应该为 01:54:12:18。其余剪辑会波动以封闭间隙。现在影片又变得同步了。

修饰键

有多个修饰键可以用来完善修剪选择。

- 当单击以暂时取消视频和音频的链接时，按住 Alt（Windows）或 Option（Mac OS）键。这使得仅选择剪辑的视频或音频部分变得更简单。
- 按住 Shift 键以选择多个编辑点。可以同时修剪多个轨道或多个剪辑。
- 组合使用两组快捷键可以进行高级选择以进行修剪。

8.8.3 动态修剪

由于修剪通常涉及恰当的编辑节奏，因此在播放序列时完成修剪会更简单一些。在实时播放序列时，Adobe Premiere Pro 允许你使用键盘快捷键或按钮来更新修剪。

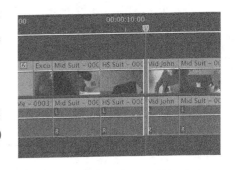

1. 继续处理序列 12 Trim View。

2. 按向下箭头两次以移动到下一个编辑点。将修剪类型设置为滚动。可以使用快捷键 Shift+T（Windows）或 Control+T（Mac OS）来切换修剪模式。

在编辑点之间切换时仍然会位于 Trim（修剪）模式下。相反，向上箭头键会切换到之前的编辑。

Pr 注意：要控制预滚动和后滚动次数，打开 Preferences（首选项）并选择 Playback（播放）类型。可以用秒设置持续时间。大多数编辑认为 2 ～ 5 秒的持续时间很有用。

3. 按空格键以循环播放。

开始播放序列。你会在播放前后看到几秒的循环。这有助于你了解编辑内容。

4. 尝试使用之前学到的方法调整修剪。

Trim（修剪）模式视图底部的 Trim Forward（向前修剪）和 Trim Backward（向后修剪）按钮工作得很好，并且可以在播放剪辑时调整编辑。还可以尝试使用键盘来获得更灵活的控制。控制播放所用的 J、K 和 L 键也同样可以用来控制修剪。

Pr 注意：要查看快捷键，按 J 键来激活 Shuttle Left（向左增加选择，移动到之前的修剪点）。按 L 键来激活 Shuttle Right（向右增加选择，移动到之后的修剪点）。要停止动态修剪，可以按 K 键来激活 Shuttle Stop（增加选择停止）。

5. 按 Stop（停止）来停止播放循环。

6. 按 L 键来向右增加选择修剪。

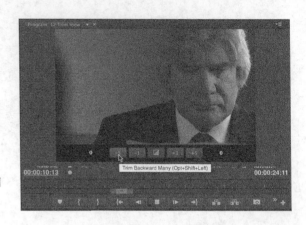

按一次会实时进行修剪。可以按 L 键多次来更快速地修剪。

7. 按 K 键来停止修剪。

请完善修剪并减少一些修剪。

8. 按住 K 键并按 J 键来缓慢地向左增加选择。

9. 释放两个键来停止修剪。

10. 要退出 Trim（修剪）模式，单击 Program Monitor（节目监视器）中传输控制区域的按钮（播放 / 倒带按钮）或在时间轴中滑动。

8.8.4　使用键盘进行修剪

下表显示了在修剪时可以使用的一些最有用的键盘快捷键。

在时间轴中修剪

Mac	Windows
向后修剪：Option+ 向左箭头键	向后修剪：Alt+ 向左箭头键
大幅向后修剪：Option+Shift+ 向左箭头键	大幅向后修剪：Alt +Shift+ 向左箭头键
向前修剪：Option+ 向右箭头键	向前修剪：Alt+ 向右箭头键
大幅向前修剪：Option+Shift+ 向右箭头键	大幅向前修剪：Alt +Shift+ 向右箭头键
将剪辑选择项向左内滑五帧：Option+Shift+ 逗号键	将剪辑选择项向左内滑五帧：Alt+Shift+ 逗号键
将剪辑选择项向左内滑一帧：Option+ 逗号键	将剪辑选择项向左内滑一帧：Alt + 逗号键
将剪辑选择项向右内滑五帧：Option+Shift+ 句号键	将剪辑选择项向右内滑五帧：Alt +Shift+ 句号键
将剪辑选择项向右内滑一帧：Option+ 句号键	将剪辑选择项向右内滑一帧：Alt + 句号键
将剪辑选择项向左外滑五帧：Command+Option+Shift+ 向左箭头键	将剪辑选择项向左外滑五帧：Control+Alt+Shift+ 向左箭头键
将剪辑选择项向左外滑一帧：Command+Option+ 向左箭头键	将剪辑选择项向左外滑一帧：Control+Alt+ 向左箭头键
将剪辑选择项向右外滑五帧：Command+Option+Shift+ 向右箭头键	将剪辑选择项向右外滑五帧：Control+Alt+Shift+ 向右箭头键
将剪辑选择项向右外滑一帧：Command+Option+ 向右箭头键	将剪辑选择项向右外滑一帧：Control+Alt+ 向右箭头键

8.9　复习

8.9.1　复习题

1. 将剪辑的 Speed（速度）参数更改为 50%，对剪辑的长度有何影响？

2. 哪种工具可用于延伸剪辑时间以填充间隙？

3. 可以在时间轴上直接进行时间重映射更改吗？

4. 如何创建从慢动作到正常速度的平滑渐变？

5. 滑动编辑和滑移编辑之间的基本区别是什么？

6. Replace Clip（替换剪辑）和 Replace Footage（替换素材）功能之间的区别是什么？

8.9.2　复习题答案

1. 降低剪辑的速度会让剪辑变长，除非在 Clip Speed/Duration（剪辑速度/持续时间）对话框中取消了 Speed（速度）和 Duration（持续时间）之间的链接，或者是剪辑受另一个剪辑的约束。

2. Rate Stretch（速率伸展）工具对需要填充少量时间的常见情形很有用。

3. 最好在时间轴上进行时间重映射，因为它会影响时间，并且在时间轴序列中最有用（并且使用起来也最简单）。

4. 添加速度关键帧，并通过拖离另一半关键帧来拆分关键帧，以在速度之间创建过渡。

5. 将剪辑滑动到相邻剪辑时，会保留所选剪辑的原始入点和出点。而在相邻剪辑之间滑移剪辑时，会更改所选剪辑的入点和出点。

6. Replace Clip（替换剪辑）会使用项目面板的新剪辑替换时间轴上的目标剪辑。Replace Footage（替换素材）会使用新的源剪辑替换项目面板中的剪辑。项目中任意序列的剪辑实例都会被替换。在这两种情况下，仍然会保留被替换剪辑的效果。

第9课 使剪辑动起来

课程概述

在本课中，你将学习以下内容：

- 调整剪辑的运动效果；

- 更改剪辑大小，添加旋转效果；

- 调整锚点以改善旋转效果；

- 使用关键帧插值；

- 使用阴影和斜边增强运动效果。

本课大约需要 50 分钟。

运动固定效果为整个剪辑添加运动。这对于使图形动起来或者在帧内
调整视频剪辑的大小和重新定位它很有用。还可以使用关键帧调整对
象的位置，并通过控制值之间的插值来改善动画效果。

9.1 开始

随着视频项目变得越来越倾向运动图形，经常会在屏幕上看到多个镜头组合在一起，并且它们通常都是运动的。可能你会看到多个视频剪辑流过浮动框，或者看到一个视频剪辑缩小了并且被放置在相机主文件旁边。在 Adobe Premiere Pro 中，还可以使用 Motion（运动）固定效果或 Motion（运动）设置的几种基于剪辑的效果来创建这些效果（和更多效果）。

使用 Motion（运动）效果可以在视频帧内定位、旋转或缩放剪辑。这些调整可以通过以下方法直接在 Program Monitor（节目监视器）中实现：拖动以更改其位置，或拖动和旋转其手柄，来改变其大小、形状或方向。

也可以在 Effect Controls（效果控制）面板中调整 Motion（运动）参数，使用关键帧和 Bezier（贝塞尔）控件对剪辑做动画处理。关键帧定义对象的特定时间点。如果使用两个（或更多）关键帧，那么可以在帧之间引入动画。

9.2 调整运动效果

每次在 Adobe Premiere Pro 的时间轴上添加剪辑时，Motion（运动）效果会自动应用为固定效果。要控制效果，将使用 Effect Controls（效果控制）面板。在此面板中，会看到 Motion（运动）效果属性（单击运动效果名称旁边的提示三角形）。

使用 Motion（运动）效果可以定位、旋转或缩放剪辑。这就提供了在屏幕上调整帧的几种可能性。下面介绍如何使用此效果重新定位剪辑。

1. 打开 Lesson 09 文件夹的 Lesson 09.prproj。

2. 选择 Window（窗口）>Workspace（工作区）>Effects（效果）来切换到 Effects（效果）工作区。然后选择 Window（窗口）>Workspace（工作区）>Reset Workspace（重置工作区），并单击 OK（确定）以保持默认布局。

3. 找到序列 01 Floating。应该已经加载了它，如果未加载它，则双击该序列以加载它。

确保调整了 Program Monitor（节目监视器）的大小以查看所有操作。

4. 在 Program Monitor（节目监视器）中选择 Zoom Level（缩放级别）菜单，并确保缩放级别设置为 Fit（适合）。

这有助于查看和使用 Motion（运动）效果的边界框。

5. 在时间轴中播放剪辑。

此剪辑已经修改了其 Position（位置）、Scale（缩放）和 Rotation（旋转）属性。还使用了关键帧和插值。

9.2.1　了解运动设置

尽管会自动应用 Motion（运动）效果，但默认情况下不会为剪辑应用动画。相反，它在 Program Monitor（节目监视器）的中央以 100% 的原始大小显示。但是，可以选择调整以下属性。

- Position（位置）。这将设置剪辑在 x 和 y 轴（基于其锚点）上的位置。根据距离左上角的像素位置来计算坐标。

- Scale（缩放）。Scale Height，缩放高度，当取消选择 Uniform Scale（锁定比例）时才可用。剪辑默认设置为全大小（100%）。要缩小剪辑，将数字减小到 0%。虽然可以将剪辑大小增加到原来大小的 600%，但这时图像会像素化且不清楚。

- Scale Width（缩放宽度）。需要取消选择 Uniform Scale（锁定比例），才能使用 Scale Width（缩放宽度）。这样可以独立地改变剪辑的宽度和高度。

- Rotation（旋转）。可以沿着 z 轴旋转图像。这会生成平旋（就像是从顶部查看转盘或旋转木马）。可以输入旋转的度数和数值。例如 450° 或 1×90。正数代表顺时针方向，负数代表逆时针方向。两个方向上允许旋转的最大数值都是 90，也就是说可以将剪辑旋转多达 180°，方法是使用最大负值和正值旋转之间的完整范围。

- Anchor Point（锚点）。默认情况下，这是剪辑的中心。但是，可以更改它，来定义设置为缩放或旋转的对象周围的任意点。可以将剪辑的旋转中心设置为屏幕上的任意点，包括剪辑的一角，或者是剪辑外的点，比如绳子末端的球。移动锚点时，可能需要重新定位剪辑以补偿偏移。

- Anti-flicker Filter（防闪烁滤镜）。这个功能对具有丰富高频细节（比如很细的线、锐利的边缘、平行线（波纹问题）或旋转）的图像特别有用。这些特征会导致在运动时出现闪烁现象。默认设置（0.00）不添加模糊，对闪烁没有任何影响。要添加一些模糊并消除闪烁，请将参数改为 1.00。

仔细看一下动画剪辑。

1. 继续使用序列 01 Floating。

2. 单击时间轴中唯一的剪辑以确保选中它。

3. 在 Source Monitor（源监视器）的同一帧中，查找 Effect Controls（效果控制）面板的选项卡并单击它使它可见。

4. 单击 Effect Controls（效果控制）面板中的 Motion（运动）提示三角形，以显示其参数。

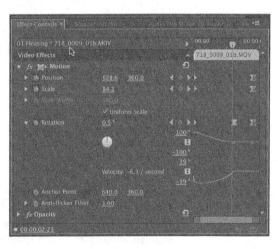

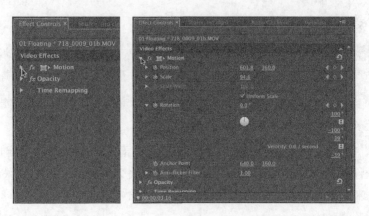

5. 单击 Show/Hide Timeline View（显示 / 隐藏时间轴视图）按钮以显示或隐藏正在使用的关键帧。

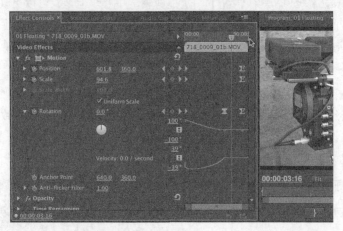

6. 单击 Go to Previous Keyframe（转到上一关键帧）或 Go to Next Keyframe（转到下一关键帧）箭头来在应用到剪辑的现有关键帧之间切换。

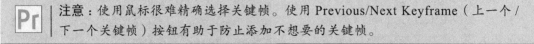

注意：使用鼠标很难精确选择关键帧。使用 Previous/Next Keyframe（上一个 / 下一个关键帧）按钮有助于防止添加不想要的关键帧。

现在，你明白了如何查看动画，请重置剪辑。本课稍后会从头开始应用动画。

7. 单击 Position（位置）属性的"切换动画"秒表以关闭其关键帧。

8. 如果应用了操作，当提示将删除所有关键帧时，请单击 OK（确定）。

9. 为 Scale（缩放）和 Rotation（旋转）属性重复步骤 7 和步骤 8。

10. 单击 Reset（重置）按钮（位于效果控制面板中运动的右侧）。

这些操作会将 Motion（运动）切换回其默认设置。

9.2.2　检查运动属性

Position（位置）、Scale（缩放）和 Rotation（旋转）属性本质上是空间的，这意味着进行的任意更改都可轻松可见，因为对象的大小和位置将改变。可以输入数值或可选的文本，或者是使用 Transform（变换）控件，来调整这些属性。

要检查 Motion 设置，请执行以下步骤。

1. 在 Project（项目）面板中双击序列 02 Motion 以加载它。

2. 在 Program Monitor（节目监视器）中打开 Select Zoom Level（选择缩放级别）菜单，确保缩放级别设置为 25% 或 50%（或者是能看到帧周围空间的其他缩放数量）。

这将使在拖动剪辑时查看边界框变得更简单。

 注意：Transform（变换）按钮在几种效果中都可用，并且可用于直接操作。一定要了解 Corner Pin（边角定位）、Crop（裁切）、Garbage Matte（无用信号遮罩）、Mirror（镜像）、Transform（变换）和 Twirl（旋转扭曲）。

3. 将播放指示器拖到剪辑内的任意位置，以便能够在 Program Monitor（节目监视器）中看到视频。

4. 单击时间轴中的剪辑，以便选中它并使它在 Effect Controls（效果控制）面板中可见。

如果需要，单击提示三角形以打开 Motion（运动）属性。

5. 在 Effect Controls（效果控制）面板中，单击 Transform（变换）按钮（在运动旁边）。

Program Monitor（节目监视器）中剪辑的周围会出现一个带十字准线和手柄的边界框。

6. 在 Program Monitor（节目监视器）的剪辑边界框的任意位置单击，并四处拖动此剪辑。

注意 Effect Controls（效果控制）面板中 Position（位置）值是如何变化的。

7. 拖动剪辑，使其中心刚好位于屏幕的左上角，注意，Effect Controls（效果控制）面板中 Position（位置）的值是 0,0（或接近该值，这取决于该剪辑中心点的放置位置）。

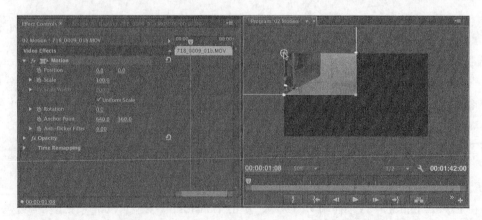

屏幕的右下角是 1280, 720，即本项目所用 720p 序列设置的帧大小。

8. 单击 Reset（重置）按钮将剪辑恢复到其默认位置。

9. 拖动 Rotation（旋转）属性的金色文本。向左或向右拖动以旋转对象。

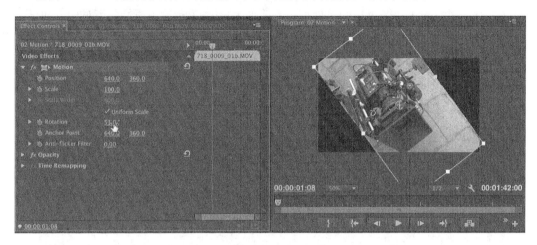

10. 单击 Reset（重置）按钮将剪辑恢复到其默认位置。

 注意： Adobe Premiere Pro 使用颠倒的 x、y 坐标系来确定屏幕位置。此坐标系基于 Windows 中使用的方法。屏幕的左上角是 0,0。此点左侧和上方的所有 x 和 y 值都是负值。此点右侧和下方的所有 x 和 y 值都是正值。

9.3 更改剪辑位置、大小和旋转

单纯滑动剪辑仅仅使用了 Motion（运动）效果的一小部分功能。Motion（运动）效果最有用的功能是缩放或扩展剪辑，以及旋转剪辑。在本例中，我们将为 DVD 的幕后特性构建一个简单的缓冲段。

1. 在 Project（项目）面板中双击序列 03 Montage 以加载它。

此序列包含几个轨道，一些轨道当前被禁用了，将在本课后面使用它们。

2. 将播放指示器移动到序列开头。

3. 在 Program Monitor（节目监视器）中打开 Select Zoom Level（选择缩放级别）菜单，确保缩放级别设置为 Fit（适合）。

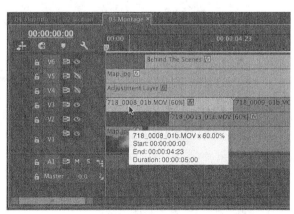

4. 选择轨道 Video 3 上的第一个视频剪辑。如果需要，可以调整 Timeline（时间轴）面板的高度以改进视图。

此剪辑的控件加载到了 Effect Controls（效果控制）面板中。

5. 在 Effect Controls（效果控制）面板中，确保 Motion（运动）属性是可见的。如果需要，单击 Motion（运动）旁边的提示三角形以查看其属性。然后，单击 Position（位置）的 Toggle animation（切换动画）按钮以激活 Position（位置）属性的关键帧。

6. 在 x 轴中输入值 −640 作为起始位置。

该剪辑将向左移动出屏幕。

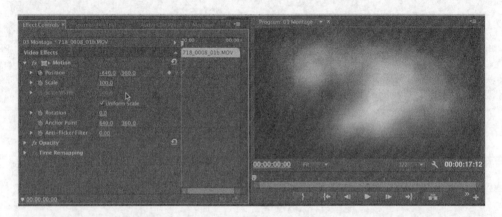

7. 将播放指示器拖动到剪辑的末尾（00:00:4:23）。可以在 Timeline（时间轴）或 Effect Controls（效果控制）面板中执行此操作。

8. 为 x 轴中输入一个新位置值。使用 1920 会将剪辑移出屏幕的右边缘。

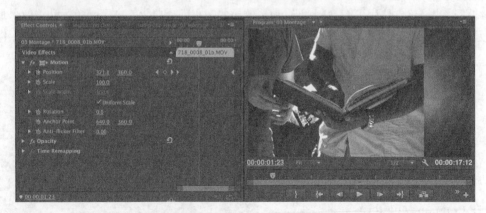

9. 播放序列以查看剪辑移动。

它应该从屏幕左侧浮动到屏幕右侧。你将看到一个剪辑突然出现在较低的轨道上。将首先对此图层应用动画，然后是其他图层。

9.3.1 重用运动设置

由于你已经对一个剪辑应用了关键帧和效果，因此可以通过对其他剪辑重用它们来节省时间。将一个剪辑的效果重用到一个或多个其他剪辑就像复制和粘贴那么简单。在本例中，可以对项目中的其他剪辑应用同样的从左到右浮动动画。

重用效果的方法有几种。下面将尝试其中一种方法。

1. 在 Timeline（时间轴）面板中，选择想要应用动画的剪辑。它应该是 Video 3 的第一个剪辑。

 注意：作为在 Timeline（时间轴）中选择一个剪辑的替代方法，可以始终在 Effect Controls（效果控制）面板中选择一个或多个效果。选择你想要复制的第一个效果，然后按住 Shift 键并单击以选择多个连续的效果。按住 Control（Windows）或 Command（Mac OS）并单击，可以选择多个不连续的效果。

2. 选择 Edit（编辑）>Copy（复制）。

现在该剪辑的属性就出现在计算机的剪贴板上。

3. 使用 Selection（选择）工具（V），从右向左拖动以激活位于 Video 2 和 Video 3 轨道上的其他 5 个剪辑。

4. 选择 Edit（编辑）>Paste Attributes（粘贴属性）以应用保存在计算机剪贴板上的效果和关键帧，这将打开一个新对话框。

5. 选择 Motion（运动）和 Scale Attributes Over Time（随时间缩放属性）复选框并单击 OK（确定）。

6. 播放序列以查看迄今为止所做的工作。

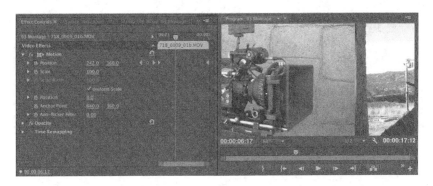

9.3.2　添加旋转并更改锚点

尽管在屏幕上四处移动项目很有用，但是通过控制两个不同的属性可以更好地对项目应用动画。Rotation（旋转）属性沿着 z 轴旋转项目。默认情况下，它将围绕对象的中心，即其锚点旋转。但是，可以移动此点以创建新效果。

我们现在将向剪辑添加旋转效果。

1. 打开 Video 6（包含标题 Behind the Scenes）的可见性图标以切换轨道输出。

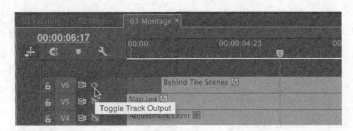

2. 将播放指示器移动到标题的开头（00:00:01:13）。

3. 在时间轴中选择标题。

它的控件应该出现在 Effect Controls（效果控制）面板中。

4. 单击 Motion（运动）属性旁边的三角形，如果其控件不可见的话。还可以单击 Transform（变换）按钮来查看锚点和边界框控件。

现在，调整 Rotation（旋转）属性以查看其效果。

5. 在 Rotation（旋转）字段中输入值 90.0°。

标题在屏幕中间旋转。

6. 选择 Edit（编辑）>Undo（撤销），这样可以完善动画。

7. 使用可擦除的文本，调整锚点，以便十字准线位于第一个词的字母 B 顶部。

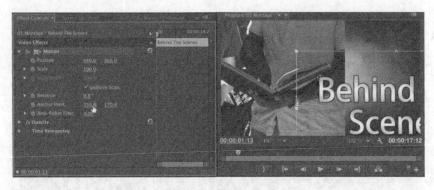

文本也将在屏幕上移动。值 155.0 和 170.0 可以工作得很好。

8. 在 Program Monitor（节目监视器）中，单击标题并将它拖动到屏幕的中央。可以使用边界框作为指南来帮助定位项目。

使用同样的值 155.0 和 170.0 可以将对象居中放置。

9. 单击 Rotation（旋转）属性的秒表按钮以切换动画。

10. 在剪辑开始处，添加一个 90.0° 的关键帧。

11. 将播放指示器向前移动到 6:00，并添加第二个关键帧。

12. 将旋转设置为 0.0°。

13. 播放序列以查看动画。

9.3.3 更改大小

有几种方法可以更改 Adobe Premiere Pro 序列中项的大小。默认情况下，添加到序列的所有项都为 100% 原始大小。但是，可以选择手动调整大小，或者是让 Adobe Premiere Pro 为你执行此操作。

下面是可供选择的三种方法。

• 在 Effect Controls（效果控制）面板中，选择 Motion（运动）效果的 Scale（缩放）属性。

• 右键单击（Windows）或按住 Control 并单击（Mac OS）一个项并选择 Scale To Frame Size（缩放为帧大小）（如果剪辑与序列的帧大小不同的话）。

- 使用全局首选项自动缩放。选择 Edit（编辑）>Preferences（首选项）>General（常规）（Windows）或 Premiere Pro>（首选项）>General（常规）（Mac OS）。然后，可以选择 Default Scale To Frame Size（默认缩放为帧大小）选项并单击 OK（确定）。

为了获得最大的灵活性，仅使用第一种方法，这样可以根据需要缩放，而不会影响图像品质。我们试一下吧。

1. 在时间轴中选择 Behind The Scenes 剪辑，并将播放指示器移动到该剪辑的开头。

2. 单击 Scale（缩放）属性的秒表按钮以切换动画。

3. 输入值 0%，这样项目开始时会非常小。

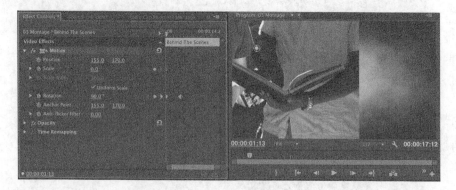

4. 单击 Rotation（旋转）属性的 Go to Next Keyframe（转到下一关键帧）箭头。这将准确移动播放指示器，以便同步动画。

5. 为 Scale（缩放）属性输入值 100%。

Adobe Premiere Pro 会自动添加一个新关键帧，因为启用了 Toggle animation（切换动画）属性。

6. 打开 Video 4 轨道。

这是一个调整图层，可以为所有素材应用全局效果。在这种情况下，会应用 Black and White（黑白）效果，以删除每个剪辑的饱和度。第 13 课将介绍有关调整图层的更多信息。

7. 打开 Video 5 轨道。

这是一个着色的纹理图层，它设置为 Overlay（叠加）混合模式。混合模式允许你将多个图层的内容混合在一起。第 15 课将介绍有关模式的更多信息。

8. 播放序列以查看动画。

9.4 使用关键帧插值

本课介绍了使用关键帧定义动画。术语"关键帧"来自传统动画，艺术总监会绘制关键帧（或主要动作），然后助理动画师会在之间的帧中应用动画（这一过程通常称为补间动画）。在 Adobe Premiere Pro 中应用动画时，你是主动画师，而计算机为你完成剩下的工作，因为它会在你设置的关键帧之间插入值。

时间插值和空间插值

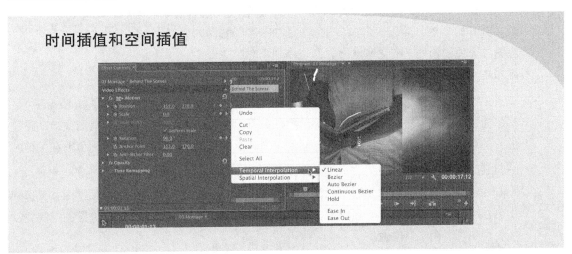

一些属性和效果为在关键帧之间应用过渡提供了大量时间插值和空间插值方法。你将发现所有属性都有时间控件（与时间相关）。一些属性还提供空间插值（与空间或运动相关）。下面是每种方法的要点。

- 时间插值。时间插值处理时间变更。它是一种确定对象在运动路径移动时速度的有效方式。例如，可以使用 Ease（缓和）或 Bezier（贝塞尔）关键帧为运动路径加速或减速。

- 空间插值。空间方法通常处理对象形状的变更。它是一种控制运动路径形状的有效方式。例如，对象在关键帧之间移动时是否会创建硬角弹跳？或者具有圆角对象在移动时斜率是否更大？

9.4.1　关键帧插值方法

已经使用关键帧制作了动画，但是只触及了其基本功能。关键帧的一个最有用但却最少使用的功能是其插值方法。这只是一种如何从点 A 移动到点 B 的奇特方式。可将它视为跑步者从起点快速加速和在越过终点线时逐渐变慢的过程。

Adobe Premiere Pro 有 5 种控制插值过程的插值方法。更改使用的方法可以创建完全不同的动画。右键单击关键帧即可轻松访问可用的插值方法。然后，可以查看所列的 5 种选项（一些效果提供了空间和时间类别）。

- Linear（线性）插值。关键帧插值的默认方法是线性。此方法创建关键帧之间的匀速变化。它通常看起来有点机械，因为软件会计算每个关键帧对的中间值，而忽略时间轴中使用的其他关键帧。使用线性关键帧时，会从第一个关键帧立刻开始变更，并以恒定速度继续处理下一个关键帧。在第二个关键帧处，变化速度会立即切换到它和第三个关键帧之间的速度。

可以通过形状识别关键帧（从左到右）：线性、贝塞尔曲线、自动贝塞尔曲线、连续贝塞尔曲线和定格插值

- Bezier（贝塞尔曲线）插值。如果你想对关键帧插值拥有最强的控制，请选择 Bezier（贝塞尔曲线）插值方法。此选项提供手动控件，可以调整关键帧任意一侧的值图或运动路径部分的形状。如果对图层的所有关键帧使用 Bezier（贝塞尔曲线）插值，则可以在关键帧之间创建非常平滑的变化。

- Auto Bezier（自动贝塞尔曲线）插值。Auto Bezier（自动贝塞尔曲线）选项试图在关键帧中创建平滑的速率变化，并在更改值时自动进行更新。此选项最适合定义位置的空间关键帧，但也可以用于其他值。

- Continuous Bezier（连续贝塞尔曲线）插值。此选项与 Auto Bezier（自动贝塞尔曲线）选项类似，但提供一些手动控件。运动或值图将拥有平滑过渡，但是可以使用控制手柄在关键帧的两侧调整 Bezier（贝塞尔曲线）的形状。

- Hold（定格）插值。它是仅可供时间（基于时间的）属性使用的一种插值方法。此方法允许关键帧保留其值，而不应用渐变过渡。如果想创建不连贯的运动或使对象突然消失，则这种方法非常有用。使用 Hold（定格）插值时，将保留第一个关键帧的值，直到遇到下一个冻结关键帧，然后会立刻改变值。

9.4.2　添加缓和运动

为剪辑运动添加惯性感觉的一种快速方式是使用一种 Ease（缓和）预设。例如，可以为速度创建一种加速效果。Ease In（缓入）用于接近关键帧，而 Ease Out（缓出）用于远离关键帧。

1. 继续处理前面的序列，或者双击以在 Project（项目）面板中加载 04 Montage Complete。

2. 选择轨道 Video 6 上的剪辑 Behind The Scenes。

3. 在 Effect Controls（效果控制）面板中，找到 Rotation（旋转）和 Scale（缩放）属性。

4. 单击 Rotation（旋转）和 Scale（缩放）属性旁边的提示三角形以显示控制手柄和速度图。

根据需要调整 Timeline（时间轴）面板的高度以为 Effect Controls（效果控制）面板腾出更多空间。

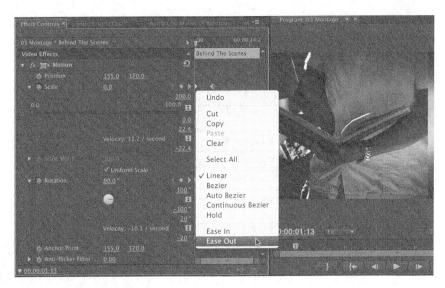

这些属性使查看关键帧插值的效果变得更简单。直线表示实际上没有任何速度或加速变化。

5. 右键单击第一个 Scale 关键帧，并选择 Ease Out（缓出），因为将关键帧作为动画的开头。

6. 为 Rotation（旋转）属性的第一个关键帧重复上一操作。使用 Ease Out（缓出）方法。

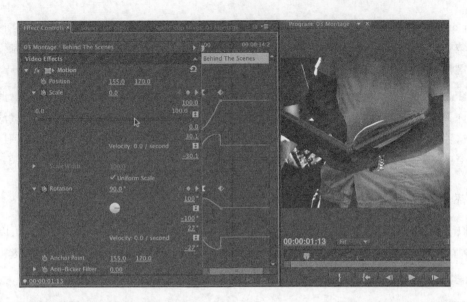

7. 仔细查看速度图以了解加速的变化。

8. 对于下两个关键帧,右键单击并为 Scale(缩放)和 Rotation(旋转)选择 Ease In(缓入)方法。

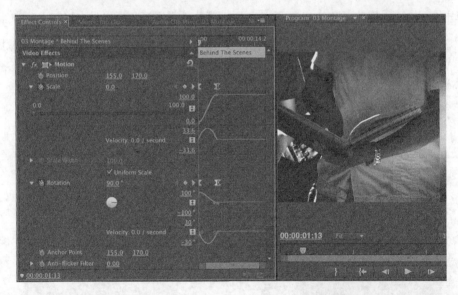

9. 播放序列以查看动画。

10.尝试在 Effect Controls(效果控制)面板中拖动 Bezier(贝塞尔曲线)手柄以查看它们对速度和加速的影响。

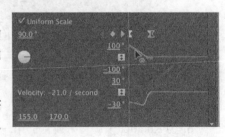

　　创建的曲线越陡,动画的移动或速度增加得越多。完成尝试后,如果不喜欢变化,可以选择 Edit(编辑)>Undo(撤销)。

> 注意：如果想创建惯性（比如火箭起飞），请尝试使用 Ease（缓和）。右键单击关键帧，选择 Ease In（缓入）或 Ease Out（缓出），它们分别表示接近和远离关键帧。

9.5　使用其他运动相关的效果

Adobe Premiere Pro 提供了很多控制运动的其他效果。尽管 Motion（运动）效果是最直观的，但是你可能发现自己想要改善效果。在这种情况下，使用斜边或投影可能就非常方便。此外，Transform（变换）和 Basic 3D（基本 3D）效果可以更好地控制对象（包括 3D 旋转）。

9.5.1　添加投影

投影通过在对象后面添加小阴影来创建透视图。这通常有助于在元素之间创建分离感。要添加投影，请执行以下步骤。

1. 继续处理之前的序列，或者双击 05 Enhance 以在 Project（项目）面板中加载它。

2. 如果需要，打开 Program Monitor（节目监视器）中的 Select Zoom Level（选择缩放级别）菜单，并将缩放级别更改为 Fit（适合）。

3. 选择轨道 Video 6 上的 Behind The Scenes 剪辑。

4. 在 Effects（效果）面板中，选择 Video Effects（视频效果）>Perspective（透视），并将 Drop Shadow（投影）效果拖动到顶部的剪辑上。

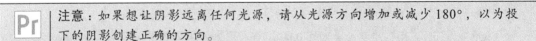

5. 如果需要，在 Effect Controls（效果控制）面板中单击 Motion（运动）效果旁边的三角形，以使查看 Drop Shadow（投影）选项变得更简单。

> 注意：如果想让阴影远离任何光源，请从光源方向增加或减少 180°，以为投下的阴影创建正确的方向。

6. 在 Effect Controls（效果控制）面板中对 Drop Shadow（投影）参数做如下修改。

- 将 Distance（距离）值增加到 15，以便能够看到投影。

- 将 Direction（方向）值改为 320°，以查看阴影的角度变化。

- 将 Opacity（不透明度）更改为 85%，使阴影变暗。

- 将 Softness（柔和度）设置为 25，使投影边缘变柔和。通常，Distance（距离）参数越大，应用的 Softness（柔和度）值也应该越大。

7. 播放序列以查看动画。

9.5.2 添加斜边

另一种改进剪辑边缘的方法是添加斜边。这种效果对画中画效果或文本很有用。Adobe Premiere Pro 提供了两种斜边可供选择。在对象是标准视频剪辑时，Bevel Edges（斜角边）效果很有用。Bevel Alpha（斜面 Alpha）效果更适合文本或徽标，因为它将在应用斜角边之前检测复杂的透明区域。

让我们进一步改善文本。

1. 继续处理之前的序列或使用 05 Enhance。

2. 选择轨道 Video 6 上的 Behind The Scenes 剪辑。

3. 选择 Video Effects（视频效果）>Perspective（透视），并将 Bevel Alpha（斜面 Alpha）效果拖动到顶部的剪辑上。

文本的边缘应该看起来略有斜面。

4. 将 Edge Thickness（边缘厚度）增加到 10 以使边缘更明显。

5. 将 Light Intensity（光线强度）增加到 0.80 以查看更亮的边缘效果。

此效果看起来非常有用，目前将它应用到了文本和投影上。这是因为此效果在 Effect Controls（效果控制）面板（堆叠顺序很重要）中位于投影的下方。

 注意：与 Bevel Alpha（斜面 Alpha）效果相比，Bevel Edges（斜角边）效果会生成更生硬的边缘。这两种效果都适用于矩形剪辑，但是 Bevel Alpha（斜面 Alpha）效果更适合用于文本或徽标。

6. 将此效果拖动到 Drop Shadow（投影）效果以更改渲染顺序。

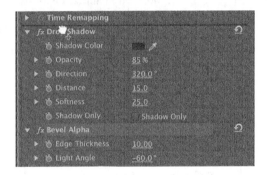

7. 将 Edge Thickness（边缘厚度）减少到 8。

8. 检查斜边的细微差别。

9. 播放序列以查看动画。

> **Pr** 注意：为剪辑应用多种效果时，如果得到的不是自己想要的效果，则可四处拖动顺序，并查看是否生成了所需的结果。

9.5.3　变换

Motion（运动）操作的另一种效果是 Transform（变换）。这两种效果提供相似的控件。Transform（变换）和 Motion（运动）效果之间主要有三个差别。在渲染其他标准效果之前，Transform（变换）效果将处理对剪辑的 Anchor Point（锚点）、Position（位置）、Scale（缩放）或 Opacity（不透明度）设置所做的任何更改。这意味着投影和斜边等效果的行为将完全不同。Transform（变换）效果还会添加 Skew（倾斜）和 Skew Axis（倾斜轴）属性来为剪辑创建一种视觉角度变换。最后，Transform（变换）效果不是水银引擎加速效果，因此处理时间会更长一些，并且不会提供太多实时性能。

下面通过检查预构建序列来比较两种效果。

1. 在 Project（项目）面板中，找到序列 06 Motion and Transform，双击以加载它。

2. 播放序列并观看它几次。

在这两种情况下，画中画（PIP）从左向右移动时，都会在背景剪辑上旋转两周。请仔细观察阴影与每对剪辑的关系。

- 在左侧的剪辑中，阴影跟随 PIP 的底边，因此在旋转时阴影出现在剪辑的所有四个侧面，这显然不真实，因为光源产生阴影，而光源没有移动。

- 在右侧的剪辑中，阴影保持在 PIP 的右下角，这显得很逼真。

3. 单击左侧那组剪辑中位于顶部的剪辑，查看 Effect Controls（效果控制）面板中应用的效果：Motion（运动）固定效果和 Drop Shadow（投影）效果。

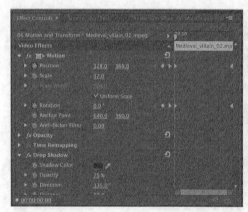 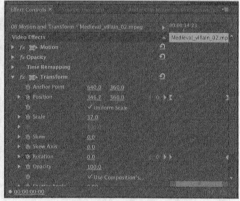

4. 现在对右侧那对剪辑进行同样的操作，你将看到 Transform（变换）效果产生运动效果，Drop Shadow（投影）效果又产生出阴影。

在此处的屏幕比较中可以看出，Transform（变换）效果具有许多和 Motion（运动）固定效果功能相同的参数，但同时增加了 Skew（倾斜）、Skew Axis（倾斜轴）和 Shutter Angle（快门角度）

参数。正如刚才所看到的，Transform（变换）效果与 Drop Shadow（投影）效果的配合将比采用 Motion（运动）固定效果的效果更逼真。

5. 请观察两组剪辑上方的渲染条，如果你的系统具有与水银引擎兼容的图形卡，则会发现左侧的渲染条是黄色的，而右侧的渲染条是红的。

这表明 Motion（运动）效果支持 GPU 加速功能，这将使预览和渲染更加高效，而 Transform（变换）效果不支持该功能。

9.5.4 基本 3D

另一种创建运动的选项是 Basic 3D（基本 3D）效果，它在 3D 空间中操控剪辑。一般可以围绕水平和垂直轴旋转图像，以及朝靠近或远离你的方向移动它。采用基本 3D，还可以创建镜面高光来表现由旋转表面反射的光感。

下面介绍使用预构建序列的效果。

1. 在 Project（项目）面板中，找到序列 07 Basic 3D，并双击以加载它。

2. 将播放指示器拖到序列上以快速查看内容。

光线随剪辑的移动而移动，这就是所谓的镜面高光，镜面高光的光源总是在观看者的上方、后方或左侧。由于光来自上方，因此必须向后倾斜图像以便看见此反射。镜面高光可以增强 3D 外观的真实感。

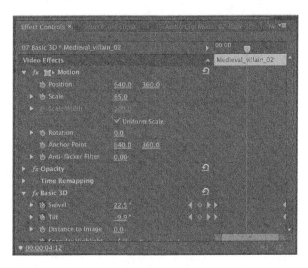

有 4 个主要属性可以改善 Basic 3D（基本 3D）效果。

注意：Basic 3D（基本 3D）效果不仅可以利用 GPU 加速，它还可以在两个方向旋转和倾斜。

- Swivel（旋转）。控制围绕垂直 y 轴的旋转。如果旋转 90°，则会渲染图像的背面，这是前方的镜像图像。

- Tilt（倾斜）。控制围绕水平 x 轴的旋转。如果旋转超过 90°，则将显示图像的背面。

- Distance to Image（与图像的距离）。沿着 z 轴移动图像并且可以模拟深度。距离值越大，图像的距离就越远。

- Specular Highlight（镜面高光）。添加闪光来反射所旋转图像的表面，就像在表面上方有一盏灯照亮一样。可以打开或关闭此选项。

3. 尝试可用的效果选项，并修改任意关键帧以查看更改的影响。

9.6 复习

9.6.1 复习题

1. 哪个参数将移动帧中的剪辑?

2. 你想让剪辑满屏显示几秒钟后旋转消失。如何让 Motion（运动）效果的 Rotation（旋转）功能从剪辑内启动，而不是在开始处启动?

3. 如何让对象开始慢慢旋转，再慢慢停止旋转?

4. 如果想要为一个剪辑添加投影，除了使用 Motion（运动）固定效果外，为什么还需要使用其他运动相关的效果?

9.6.2 复习题答案

1. Motion（运动）参数允许你为剪辑设置新位置。如果使用关键帧，则可以对效果应用动画。

2. 将播放指示器定位到想要旋转开始的地方，单击 Add/Remove Keyframe（添加 / 删除关键帧）按钮。然后移动到想要旋转结束的地方，并更改 Rotation（旋转）参数，此时就会出现另一个关键帧。

3. 使用 Ease Out（缓出）和 Ease In（缓入）参数更改关键帧插值，让它们慢慢地而不是突然地加入。

4. Motion（运动）固定效果是应用到剪辑的最后一个效果。Motion（运动）使在它之前应用的所有效果（包括投影）生效,将它们和剪辑作为一个整体进行旋转。要在旋转的对象上创建逼真的投影效果，请使用 Transform（变换）或 Basic 3D（基本 3D）效果,然后在 Effect Controls（效果控制）面板中将 Drop Shadow（投影）放置在其中一种效果的下方。

第10课 多机位编辑

课程概述

在本课中，你将学习以下内容：

- 基于音频同步剪辑；

- 为序列添加剪辑；

- 创建多机位目标序列；

- 在多个摄像机之间切换；

- 录制多机位编辑；

- 完成多机位编辑项目。

 本课大约需要 45 分钟。

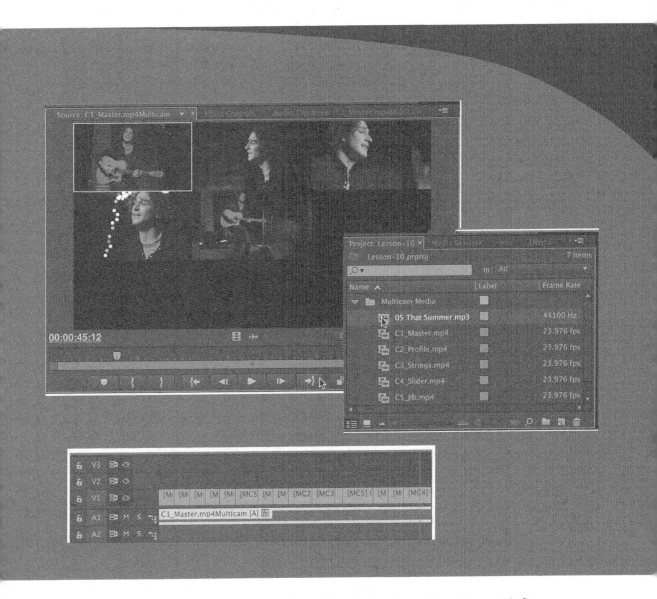

多机位编辑的过程从同步多个摄像机角度开始。可以使用时间码或常见的同步点（比如合上场记板或常见的音频轨道）执行此操作。同步了剪辑之后，在 Adobe Premiere Pro CC 中可以在多个角度之间进行无缝剪接。

10.1 开始

在本课中，你将学习如何将同时拍摄的多个素材角度编辑在一起。由于剪辑是同时拍摄的，因此 Adobe Premiere Pro CC 可以无缝地从一个角度剪接到另一个角度。在编辑拍摄到的素材或者是使用多个摄像机捕捉的素材时，Adobe Premiere Pro 多机位编辑功能可以节省大量时间。

对于本课，将使用一个已经启动的新项目。

1. 启动 Adobe Premiere Pro，打开项目 Lesson 10.prproj。如果 Adobe Premiere Pro 找不到此课程文件，请参见本书开头"前言"中的"重新链接课程文件"，查找搜索和重新链接文件的方式。

本项目从 5 个角度拍摄了音乐演奏会，并且同步了音频轨道。

2. 选择 Window（窗口）>Workspace（工作区）>Editing（编辑）。

3. 选择（窗口）>Workspace（工作区）> Reset Current Workspace（重置当前工作区）以确保用户界面配置为默认设置。单击 Yes（是）以应用更改。

使用多机位编辑的人员

由于高品质摄像机的价格持续下降，因此使用多机位编辑变得非常受欢迎。多机位拍摄和编辑有许多潜在用途。

- 视觉和特效。由于许多特效镜头的价格很高，因此常见的做法是使用多个角度进行拍摄。这意味着拍摄时成本较低，并且在编辑时拥有很大的灵活性。

- 动作场面。对于涉及大量动作的场景，制作方通常会使用多个摄像机。这样做可以减少需要执行的惊人表演或危险动作的次数。

- 一生一次的事件。婚礼和体育比赛等事件严重依赖多角度的报道，以确保拍摄者捕捉事件的所有关键元素。

- 音乐和戏剧表演。如果你看到音乐剧，就会习惯使用多个摄像机镜头来拍摄表演。同样的编辑风格也可以改进戏剧表演的节奏。

- 脱口秀节目形式。采访节目通常会在采访记者和采访对象之间剪接，并使用广角镜头来同时呈现采访记者和采访对象。这样做不仅可以保持视觉趣味，并且可以更轻松地将采访编辑为较短的时间。

10.2 多机位编辑过程

多机位编辑过程有一个标准化的工作流程。遵循步骤很重要，因为此过程非常复杂。将素材加载到 Adobe Premiere Pro 后，还有 6 个阶段才能完成。

1. **加载素材**。要编辑素材，需要将它加载到 Adobe Premiere Pro 中。理想情况下，摄像机与帧速率和帧大小高度匹配，但是你可以根据需要进行混合和匹配。

2. **确定同步点**。目的是让多个角度保持同步，以便可以在它们之间无缝切换。你需要识别所有角度的时间点以进行同步或使用匹配时间码。或者，如果所有轨道有相同的音频，则可以进行同步。

3. **创建多机位源序列**。必须将角度添加到名为多相机源序列的特殊序列类型中。这实际上是包含多个视频角度的一个专业剪辑。

4. **创建多机位目标序列**。会为新序列添加多机位源序列以进行编辑。此新序列就是多机位目标序列。

5. **录制多机位编辑**。Program Monitor（节目监视器）中的一个特殊视图（多机位视图），允许在摄像机角度之间切换。

6. **调整并完善编辑**。粗略进行编辑后，可以使用标准的编辑和修剪命令完善序列。

10.3 创建多机位序列

使用 Adobe Premiere Pro CC，可以使用多个角度；唯一的限制因素是播放所选剪辑所需的计算能力。如果计算机和硬盘速度足够快，那么你应该能够实时播放几个数据流。

10.3.1 确定同步点

要同步多个素材角度，则需要确定如何构建多机位序列。可以从 5 种方法中选择同步参考的方法。所选择的方法取决于你自己以及拍摄素材的方式。

- 入点。如果起点相同，则可以在想要使用的所有剪辑上设置入点。在关键动作开始之前，只要开启所有摄像机，这种方法就有效。

- 出点。此方法与使用入点同步类似，但是使用相同的出点。当所有摄像机捕捉关键动作（比如跨越终点线）的结尾，并且在不同时间开始时，最适合使用出点同步。

> **Pr** **提示**：如果视频中没有好的视觉线索来同步多个剪辑，则在音频轨道中寻找鼓掌声或嘈杂的声音。通过在音频波形中寻找常见高峰，通常可以更轻松地同步视频。在每个点处添加标记，然后使用标记进行同步。

- 时间码。许多专业摄像机允许跨多个摄像机同步时间码。通过将多个摄像机连接到一个常见的同步源，或者仔细配置摄像机并同步录制过程，可以同步多个摄像机。在许多情况下，小时数是确定摄像机编号的偏移。例如，摄像机 1 将从 1:00:00:00 开始，而摄像机 2 将从 2:00:00:00 开始。当使用时间码同步时，可以选择忽略小时数。

- 剪辑标记。剪辑上的入点和出点可能会被意外删除掉。如果想要以一种更可靠的方法标记剪辑，则可以使用标记来确定常见同步点。很难意外从剪辑删除标记。

- 音频。如果每台摄像机都在录制音频（即使只是来自定向麦克风的参考音频），则音频可以作为同步点。这是 Adobe Premiere Pro CC 中的一种新方法，并且也是同步内容最简单的一种方式。

使用标记同步

例如，假若从4个不同的角度拍摄同一场自行车赛的4段剪辑，但这4架摄像机的开始拍摄时间不同。你的第一个任务是在4段剪辑中找到相同的时间点，使它们同步。

可以使用常见的事件（比如发令员的发令枪响）完成此任务。只需将每个剪辑加载到 Source Monitor（源监视器）中，并为每个事件的实例添加一个标记（M）。然后，可以使用这些标记来同步视频。

10.3.2　为多机位源序列添加剪辑

确定了想要使用的剪辑（和常见同步点）后，就可以创建多机位源序列了。这是一种为多机位编辑设计的特殊序列类型。

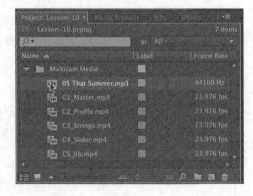

1. 在 Multicam Media 素材箱中，选择名为 05 That Summer.mp3 的音频文件。

你需要选择一个轨道，它包含想要用作序列基础的音频。

2. 按住 Shift 键并在 Multicam Media 素材箱中选择其他 5 个剪辑。

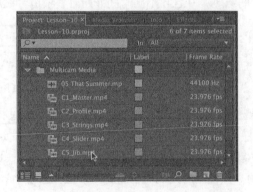

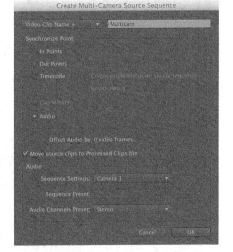

提示：当选择角度时，在素材箱中首先单击的剪辑将成为音频轨道，（甚至当更改角度时）它将用作多机位源序列。另一种方法是将一个专门的音频录制放到另一个轨道上并同步它。第三个选择是 Audio Follows Video（音频跟随视频），可以从 Multi-Camera Monitor（多机位监视器）视图（面板的右上角）中选择它，以将音频更改同步到视频。

3. 右键单击其中一个剪辑以打开上下文菜单，并选择 Create Multi-Camera Source Sequence（创建多机位源序列）。还可以选择 Clip（剪辑）> Create Multi-Camera Source Sequence（创建多机位源序列）。

这将打开一个新对话框，询问你想要如何创建多机位源序列。

4. 选择 Audio（音频）方法。

5. 在 Audio Sequence Settings（音频序列设置）菜单中，选择 Camera 1（摄像机 1）来将首先选择的轨道作为恒定音频选择。

6. 单击 OK（确定）。

Adobe Premiere Pro 会分析剪辑并为素材箱添加新的多机位源序列。

7. 双击多机位源序列以将它加载到 Source Monitor（源监视器）面板中。

8. 在剪辑中拖动播放指示器以查看多个角度。

注意：Adobe Premiere Pro 会自动调整多机位网格以适应使用的角度数。例如，如果有 4 个剪辑，将会看到网格为 2×2；如果在第 5 个和第 9 个剪辑之间使用，将看到网格为 3×3；如果使用 16 个角度，则网格将为 4×4，以此类推。

一些角度开始时是黑色的，因为摄像机是从不同时间开始录制的。一般会在网格中显示剪辑以同时展示所有角度。

10.3.3　创建多机位目标序列

制作了多机位源序列后，则需要将它放置到另一个序列中。实际上，它就像序列中的剪辑一样。但是，此剪辑具有多个素材角度，可供你在编辑时进行选择。

1. 找到名为 C1_Master.mp4Multicam 的多机位源序列。

2. 右键单击此多机位源序列，并从 Clip（剪辑）中选择 New Sequence（新建序列）。

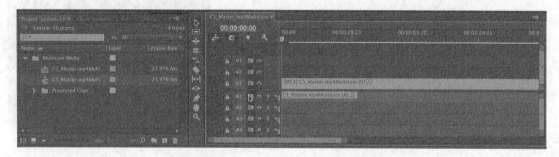

现在，你拥有了可供使用的多机位目标序列。

3. 播放一次序列以熟悉它。按空格键以实时查看播放的 4 个角度。

10.4　多摄像机切换

恰当地构建了多机位源序列并将它添加到多机位目标序列后，就可以进行编辑了。使用 Program Monitor（节目监视器）中的 Multi-Camera（多机位）视图可以实时处理此任务。通过单击或使用键盘快捷键，可以在不同的角度之间切换。

10.4.1　启用录制

编辑多个摄像机角度实际上指录制。在 Multi-Camera（多机位）视图中，可以实时播放素材。选择所需的编辑时，Adobe Premiere Pro 会在计算机内存中录制结果。停止播放时，会将编辑应用到打开的序列。

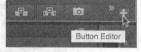

1. 单击 + 按钮（节目监视器的右下角）以打开 Button Editor（按钮

编辑器）来自定义传送控件。

2. 将 Toggle Multi-Camera View（切换多机位视图）和 Multi-Camera On/Off Toggle（多机位开 / 关切换）按钮拖放到传送控件区域。

3. 单击 OK（确定）以关闭编辑器。

4. 单击 Toggle Multi-Camera View（切换多机位视图）按钮。

精选轨道，得到试用许可：Jason Masi 录制的 That Summer（www.jasonmasi.com）

5. 将鼠标悬停在 Program Monitor（节目监视器）上并按 ` 键以最大化面板。

6. 让自己熟悉可用的键盘快捷键。

按 1 键以选择 Camera 1（摄像机 1），按 2 键以选择 Camera 2（摄像机 2），以此类推。默认情况下，前 9 个角度被分配给 1 ~ 9 键。

7. 准备好录制时，单击红色的 Record（录制）按钮以启动录制。还可以按 0 键作为一种快捷方式。

8. 按空格键以播放剪辑。

剪辑的前几秒是无声的，直到单击轨道开始。你会听到一系列短的蜂鸣声，然后是专业录制的轨道。

9. 根据个人喜好在多个摄像机角度之间切换。使用键盘快捷键 1 ~ 5 来对应在录制时想要切换到的摄像机角度。

10. 到达结束录音时，灯会自动关闭。

或者，可以随时单击 Stop（停止）并按 0 键来关闭录制。停止录制时，Adobe Premiere Pro 会将录制的编辑应用到多机位目标序列。现在，此序列具有多个剪接编辑。每个剪辑的标签以 [MC#] 开始。数字表示用于编辑的视频轨道数量。

11. 按 ` 键以将 Program Monitor（节目监视器）面板最小化到常规大小。

移动 Program Monitor（节目监视器），以便可以看到 Timeline（时间轴）。

> **Pr** 注意：编辑完成后，始终可以在 Program Monitor（节目监视器）的 Multi-Camera（多机位）视图中或在 Timeline（时间轴）上更改它们。

12. 播放序列并检查编辑。

音频声音有点大。

13. 右键单击音频轨道并选择 Audio Gain（音频增益）。

14. 这将打开一个新对话框。

15. 在 Adjust Gain By（调整增益值）字段中，输入 -8dB 并单击 OK（确定）以降低音频声音。

10.4.2 重新录制多机位编辑

第一次录制多机位编辑时，很可能会丢失一些编辑。这可能是对一个角度剪接得太迟（或太早）了。你也可能会发现自己更喜欢另一个角度。

1. 将播放指示器移动到 Timeline（时间轴）面板的开始处。

2. 在 Multi-Camera（多机位）视图中按 Play（播放）按钮以开始播放。

这样做会切换 Multi-Camera（多机位）视图中的角度以匹配时间轴中的现有编辑。

3. 当播放指示器到达想要更改的位置时，切换到活动的摄像机。

Jason Masi录制的That Summer（www.jasonmasi.com）

可以按其中一个键盘快捷键（在本例中是 1 ~ 5），或者可以在 Program Monitor（节目监视器）的 Multi-Camera（多机位）视图中单击想要的摄像机预览。

4. 完成编辑后，按空格键停止播放。

Program Monitor（节目监视器）的 Multi-Camera（多机位）视图会自动停止录制。

10.5　完成多机位编辑

在 Multi-Camera（多机位）视图中执行了多机位编辑后，可以完善并完成它。生成的序列与构建的其他序列一样，因此可以使用迄今为止所学的任意编辑或修剪方法。但是，还有其他一些可用的专业选项。

10.5.1　切换角度

如果满意编辑的节奏，但不满意所选的角度，总是可以切换到另一个角度。有几种方式可以做到这一点。

- 右键单击，选择 Multi-Camera（多机位），并指定角度。
- 使用 Program Monitor（节目监视器）的 Multi-Camera（多机位）视图（如本课前面所述）。
- 使用键盘快捷键 1 ~ 9 来将活动剪辑切换到播放指示器下面。

10.5.2　合并多机位编辑

锁定了多机位编辑后，可以简化它，以降低所需的处理能力并简化序列。可轻松调用此过程。

1. 在 Timeline（时间轴）面板中单击以激活它。

2. 选择 Select（选择）>All（全部）以选择时间轴中的所有剪辑。

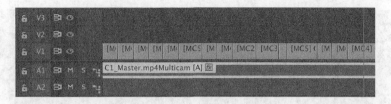

3. 右键单击任意剪辑并选择 Multi-Camera（多机位）>Flatten（合并）。

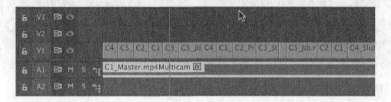

　　选择之后，合并过程不能逆转。但是，可以选择 Edit（编辑）>Undo（撤销）来恢复多机位源序列。

10.6 复习

10.6.1 复习题

1. 描述 5 种为多机位剪辑设置同步点的方式。

2. 描述两种让多机位源序列和多机位目标序列设置相匹配的方式。

3. 说出在 Multi-Camera（多机位）视图中在角度之间切换的两种方式。

4. 关闭了 Multi-Camera（多机位）视图后，如何修改角度？

10.6.2 复习题答案

1. 5 种方式是入点、出点、时间码、音频和标记。

2. 可以右键单击多机位源序列并从 Clip（剪辑）中选择 New Sequence（新建序列），或者是将多机位源序列拖放到一个空白序列中，并让它自动适应设置。

3. 要切换角度，可以在监视器中单击预览角度，或者为每个角度使用相应的快捷键（1 ~ 9）。

4. 可以使用 Timeline（时间轴）中的任意标准修剪工具来调整角度的编辑点。如果想要替换角度，在时间轴中右键单击它，并从上下文菜单中选择 Multi-Camera（多机位），然后选择想要使用的摄像机角度。

第 11 课 编辑和混合音频

课程概述

在本课中，你将学习以下内容：

- 在音频工作区中工作；

- 了解音频特征；

- 调整剪辑音频音量；

- 在序列中调整音频电平；

- 使用音频剪辑混合器和音频轨道混合器。

本课大约需要 60 分钟。

在本课中，你将学习一些音频混合的基础知识，使用 Adobe Premiere Pro CC 提供的强大工具。不管你相不相信，好的声音有时可以让图像看起来更好。

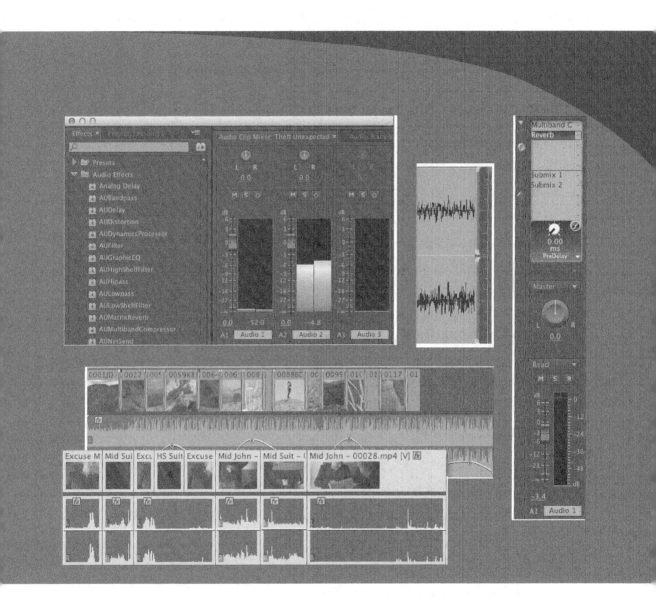

到目前为止，我们主要关注的是使用视觉效果。毋庸置疑，图像很有价值，但是专业编辑人员通常认为声音至少和屏幕上的图像一样重要，有时甚至更加重要！

11.1　开始

摄像机录制的音频很少可以完美地进行最终输出。在 Adobe Premiere Pro 中，你可能想对声音做几件事情。

- 告诉 Adobe Premiere Pro 如何以与摄像机录制不同的方式解释录制的音频通道。例如，可以将录制为立体声的音频解释为单独的单声轨道。

- 清除背景声音。无论是系统嗡嗡声还是空调装置的声音，Adobe Premiere Pro 都有调整和优化音频的工具。

- 使用 EQ 效果在剪辑（不同的音调）中调整不同音频的音量。

- 调整素材箱中的剪辑和序列中剪辑的音量级别。在时间轴上进行的调整可能会随时间变化，创建复杂的声音混合。

- 添加音乐。

- 添加音频点效果，比如爆炸、关门声或大气环境声音。

如果在观看恐怖片时关掉声音，就可以体会到有无声音的差别。没有不祥的音乐，刚才还很可怕的场景，现在看起来可能像喜剧一样。

许多智能关键设施都能播放音乐，并且音乐直接影响我们的情绪。实际上，身体会无意识地对声音做出反应。例如，倾听音乐时，心跳经常会受到音乐节奏的影响。快节奏的音乐会让心跳加快，而慢节奏的音乐会让心跳变慢。音乐非常强大！

在本课中，首先会介绍如何使用 Adobe Premiere Pro 中的音频工具，然后介绍如何对剪辑和序列进行调整。在播放序列时，还可以使用 Audio Mixer（音频混合器）随时更改音量。

11.2　设置界面以处理音频

Adobe Premiere Pro 通过 Window 菜单提供对大部分界面的访问。访问 Window 菜单并选择各个菜单项可以打开处理音频的各种工具。但是，还有一种更加快速的方式。

1. 打开 Lesson 11.prproj。如果 Adobe Premiere Pro 无法找到课程文件，请参见本书开头"前言"中的"重新链接课程文件"，了解搜索并重新链接文件的两种方式。

2. 选择 Window（窗口）>Workspace>Audio。

3. 选择 Window>Workspace>Reset Current Workspace。

4. 单击 Reset Workspace 对话框中的 Yes。

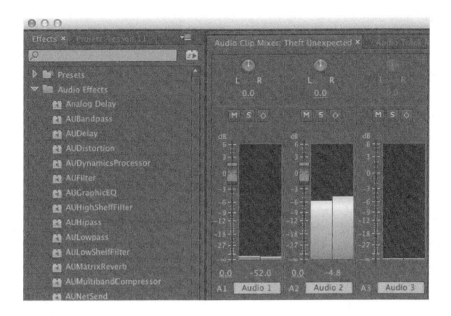

11.2.1　音频工作区

你将了解 Audio 工作区中的大部分组件。Adobe Premiere Pro CC 的一个明显不同之处是 Audio Clip Mixer 替代了 Source Monitor。Source Monitor 仍然位于框架中，但隐藏了，并且与 Audio Clip Mixer 和 Audio Tracker Mixer 分在一组。

你会注意到还删除了音频电平。这是因为 Audio Mixer 具有自己的音频电平。

了解 Audio Clip Mixer 和 Audio Tracker Mixer 之间的差别很重要。

- **Audio Clip Mixer**。提供了调整音频电平和在轨道上平移剪辑的控件。在播放序列时，可以进行调整，并且可以为轨道上的剪辑添加关键帧。
- **Audio Tracker Mixer**。工作方式与 Audio Clip Mixer 类似，但是它调整的是轨道。剪辑和轨道调整组合生成了最终输出。

Audio Tracker Mixer 包含基于轨道的音频效果和子混合，允许你组合多个轨道的输出。

可以添加基于剪辑的音频效果并在 Effect Controls 面板中修改这些效果的设置。通过 Effect Controls 面板应用的音频调整会和 Audio Tracker Mixer（音频轨道混合器）结合起来。

Audio 工作区的另一个主要差别是重新定位面板以让你关注声音。

11.2.2　主轨道输出

创建序列时，通过选择音频主设置来定义它生成的声道数量。如果序列是媒体文件，下面是它可能具有的声道数量。

- **Stereo（立体声）**。输出有两个声道：Left（左）和 Right（右）。

- **5.1**。输出有 6 种声道：Middle（中间）、Front-Left（前左）、Front-Right（前右）、Rear-Left（后左）、Rear-Right（后右）和 Low Frequency Effects（低频效果，LFE）。

- **Multichannel（多声道）**。输出为从一个声道到 32 个声道，你可以选择。

- **Mono（单声道）**。输出一个声道。

创建了序列后，就无法更改音频主设置。这意味着，除了多声道序列外，无法更改序列将输出的声道数。

可以随时添加或删除音频轨道，但是音频主设置是固定的。如果需要更改音频主设置，则可以轻松地将具有一种设置的序列复制并粘贴到具有不同设置的新序列中。

什么是声道

如果你认为Left（左）和Right（右）声道在某种程度上是不同的，那你就错了。实际上，它们都是单声道。录制声音时，标准配置是Audio Channel 1是Left（左），而Audio Channel 2是Right（右）。

我们知道Audio Channel 1是Left，这是由下列原因造成的。

- 它是从指向左侧的麦克风录制的。
- 它在 Adobe Premiere Pro 中被解释为 Left。
- 它输出到位于左侧的扬声器。

所有这些因素都不会改变它是单声道的事实。

如果对从指向右侧的麦克风录制的声音（Audio Channel 2）执行相同的操作，则将具有立体声。它实际上只是两个单声道。

11.2.3 音量指示器

要使用音量指示器，请执行以下操作。

1. 选择 Window>Audio Meters。

2. 在默认的 Audio 工作区，音量指示器非常小。你需要让它们变大以便使用它们。

拖动面板左侧以让它们变得更宽，以便可以看到面板底部的按钮。在学习本课时，需要将它们保持在屏幕上。

音量指示器的主要功能是提供序列的总体混合输出音量。播放序列时，会看到电平表会动态变化以反映音量。

关于音频电平

音频电平的单位是分贝，用dB表示。分贝刻度有点反常的地方是，最高的音量被指定为0。较低的音量会变为越来越大的负数，直到变为负无穷大。

如果录制的声音很小，则可能会淹没在背景噪声中。背景噪声可能是环境噪声，比如空调系统的嗡嗡声，也可能是系统噪声，比如没有播放声音时从音响中听到的安静的嘶嘶声。

在Adobe Premiere Pro中增加音频的总体音量时，背景噪声也会变大。当降低总体音量时，背景噪声也会变小。这意味着，最好以比所需声音更大的音量录制音频，然后稍后降低音量以删除（或删除大部分）背景噪声。

根据音频硬件，你可能具有不同的信噪比；也就是说，你想听到的声音（信号）与不想听到的声音（系统噪声）之间有较大或较小的差别。信噪比通常显示为SNR，单位为dB。

如果右键单击音量指示器，可以选择不同的显示比例。默认范围是 0dB ~ −60dB。

也可以在静态峰值和动态峰值之间进行选择：如果音量指示器中出现峰值，但是当你查看指示器时声音已经过去了。这种情况下可以在静态峰值和动态峰值之间进行选择。对于静态峰值，会在指示器中标记并保持最高峰值，这样，在播放序列时就可以看到最大的音量。可以单击音量指示器来重置峰值。对于动态峰值，会不断更新峰值水平。

11.2.4 查看采样

让我们看一个采样。

1. 浏览到 Music 素材箱，并双击剪辑 11 Rue The Whirl.aif 以在 Source Monitor 中打开它。

Adobe Premiere Pro 会立刻显示此音乐文件中两个声道的波形。

在 Source Monitor 和 Program Monitor 底部，有一个时间标尺显示剪辑的总持续时间。

2. 单击 Source Monitor Settings 菜单，并选择 Time Ruler Numbers 以启用它们。

现在，时间标尺在其上方显示时间码指示器。尝试使用滚动条放大时间标尺。最大缩放显示了一个帧。

```
2:09:00          00:02:09:05              00:02:09:10              00:02:09:15              00:02:09:20
```

3. 再次单击 Source Monitor Settings 菜单，并选择 Show Audio Time Units（显示音频时间单位）。

这一次，会在时间标尺上看到各个采样。尝试放大一点，现在，可以放大到一个单独的音频采样；在本例中是一秒的 44 100 之一。

4. Timeline（时间轴）面板的面板菜单中有查看音频采样的相同选项。现在，在 Source Monitor 中使用 Settings 菜单关闭 Time Ruler Numbers（时间标尺数字）选项和 Show Audio Time Units（显示音频时间单位）选项。

> **Pr** **注意**：音频采样率是录音设备在一秒钟内对声音信号的采样次数。专业音频技术的采样率通常是每秒 48 000 次。

11.2.5 显示音频波形

在 Source Monitor 中打开仅有音频（没有视频）的剪辑时，Adobe Premiere Pro 会自动切换显示以显示音频波形。

在 Source Monitor 或 Program Monitor 中使用波形显示选项时，你将看到每个声道有一个额外的导航缩放控件。这些控件与面板底部的导航缩放控件的工作方式很类似。可以重新调整垂直导航条的大小以查看更大或更小的波形，如果音频安静，那么这种方法很有用。

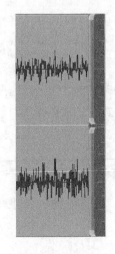

可以使用 Settings 菜单选择显示具有音频的任何剪辑的音频波形。同样的选项也存在于 Source Monitor 和 Program Monitor 中。

1. 在 Source（源）面板中，打开 Theft Unexpected 素材箱中的剪辑 HS John。

2. 单击 Settings 菜单按钮，并选择 Audio Waveform（音频波形）。

3. 再次单击 Settings 菜单按钮并选择 Composite Video（合成视频），切换回去以查看视觉效果。

也可以在 Timeline（时间轴）上打开和关闭剪辑波形的显示。

Pr **注意**：如果正在查找一些具体的对话，但不是很关心视觉效果，则此选项非常好。

4. 如果序列还未打开，在 Master Sequence 素材箱中双击 Theft Unexpected 序列。然后，在 Timeline 中，调整 A1 轨道的大小，直到音频电平可见。注意，在此序列的一个音频轨道上显示了两个声道。

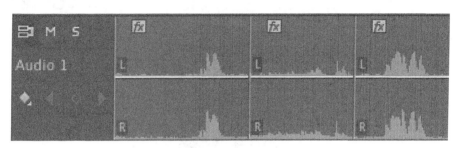

11.2.6 标准音频轨道

标准音频轨道类型可以包含单声道音频剪辑和立体声剪辑。Effect Controls 面板、Audio Clip Mixer 和 Audio Track Mixer 中的控件都可以处理这两种类型的媒体。

如果处理的是单声道剪辑和立体声剪辑的混合，你会发现使用标准轨道类型比使用传统单独的单声道或立体声轨道类型更方便。

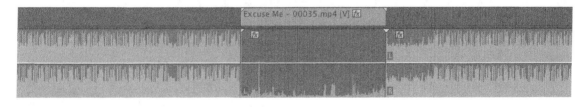

此标准音频轨道显示音乐剪辑的立体声波形和同一对话的单声道波形

11.2.7 监控音频

在 Source 面板中或序列中监控音频时，可以选择聆听哪个声道。

首先，了解一下在 Source Monitor 中如何监控不同的声道。

1. 在 Source Monitor 中打开音乐剪辑 11 Rue The Whirl.aif。

2. 播放剪辑并在播放时单击音量计底部的 Solo（独奏）按钮。

每个 Solo 按钮仅允许你聆听所选的声道。如果正在处理的音频其声音来自不同的麦克风并录制在不同轨道上，则这种方法特别有用。这在专业录制的现场录音中是最常见的。

音量计 Solo 按钮也适用于序列。声道的数量和相关的 Solo（独奏）按钮取决于当前的序列音频主设置。

还可以将 Mute（静音）按钮或 Solo 按钮用于单个音频轨道。

尝试对 Theft Unexpected 和 Desert Montage 序列使用这些控件。

什么是音频特征

假设扬声器的表面在拍打空气时是移动的。在它移动时，会创建在空中移动的高压波和低压波，直到它到达你的耳朵，就像是涟漪在池塘表面移动一样。

当气压波到达耳朵时，这仅是移动的一小部分，并且该移动会转换为电子能量传递给大脑并解读为声音。这具有极高的精度，并且由于人有两只耳朵，大脑会不可思议地平衡这两组声音信息，以生成可以聆听到的总体感觉。

我们的聆听是主动而不是被动的。也就是说，大脑会不断过滤掉它认为不相关的声音，这样你就可以关注重要的事情。例如，你可能有过参加聚会的体验，嘈杂的谈话听起来像是一堵噪声墙，直到房间里的某个人提到你的名字。你可能没有意识到大脑一直在聆听对话，因为你正在集中精力听旁边的人讲话。

有一个研究机构正在研究此课题，这基本上属于心理声学。对于这些练习，我们将关注声音的结构而不是心理学，尽管心理学是一个值得研究的有趣主题。

电子记录设备没有这种判断力，这也是用耳机聆听现场录音并尽可能获得最佳录制声音很重要的部分原因。尝试在没有任何背景噪声的情况下录制现场录音的做法很常见。在后期制作中会精确地在合适的级别添加背景噪声，以为场景添加气氛，但又不会淹没对话。

11.3 检查音频特征

在 Source Monitor 中打开剪辑并查看波形时，可以看到显示的每个声道。波形越高，声道的音频就越大。

有 3 个因素可以更改耳朵聆听音频的方式。从电视扬声器的方面考虑它们。

- **Frequency**（频率）。扬声器的移动速度。每秒扬声器的表面拍打空气的次数用赫兹（Hz）测量。人类听觉范围是 20Hz ~ 20 000 Hz。许多因素（包括年龄）会改变可以听到的频率范围。

- **Amplitude**（振幅）。扬声器的移动距离。移动越大，声音越大，因为这会生成高压波，将更多能量传递到耳朵。

- **Phase**（相位）。扬声器的表面向外或向内移动的精确时间。如果两个扬声器同时向外或向内移动，则可以将它们视为"同相位"。如果它们的移动不同步，则就变为"异相位"，这在重现声音时会产生问题。一个扬声器在另一个扬声器试图增加空气压力的同时减少空气压力。结果是你可能听不到某一部分声音。

我们将扬声器表面作为产生声音方式的一个简单示例，当然，同样的规则适用于所有声源。

11.4 调整音量

在 Adobe Premiere Pro 中有几种调整剪辑音量的方式，并且它们都是非破坏性的，也就是说，原始媒体文件不会改变。

11.4.1 在效果控制面板中调整音频

前面已经使用 Effect Controls 面板调整了序列中剪辑的比例和大小。还可以使用 Effect Controls（效果控制）面板调整音量。

1. 从 Master Sequences 素材箱打开 Excuse Me 序列。

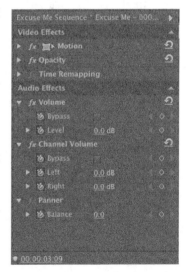

这是一个非常简单的序列，只有一个剪辑。但是，已经将剪辑添加到了序列两次。一个版本（在素材箱中）被设置为立体声，而另一个版本被设置为单声道。

2. 单击第一个剪辑以选择它，并访问 Effect Controls 面板（你必须选择一个剪辑以在效果控制面板中查看其控件）。

3. 在 Effect Controls 面板中，扩展 Volume（音量）、Channel Volume（声道音量）和 Panner（声像器）控件。

这些控件的功能如下所示。

- **Volume**（音量）。调整所选剪辑中所有声道的组合音量。

- **Channel Volume**（声道音量）。允许你调整所选剪辑中各个声道的音频电平。

- **Panner**（声像器）。提供所选剪辑的总体立体声左 / 右均衡控制。

> **Pr** | 注意：各个声道的音量调整与总体音量级调整是累积在一起的。这意味着可以通过组合它们提升音量或产生无心的视频失真。

注意，所有控件的秒表图标是自动开启的。这意味着所做的每次更改都将添加关键帧。

但是，如果仅想添加一个关键帧并使用它设置音频电平，它会调整剪辑的总体音量。

4. 将时间轴的播放指示器放置在想要添加关键帧的剪辑上（如果仅想进行一次调整，则不会产生太大差别）。

5. 在 Effect Controls 面板中，将设置音量级别的橙色数字向左拖动。

Adobe Premiere Pro 会添加关键帧，而橡皮带会向下移动以显示降低的音量。

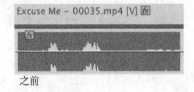
之前

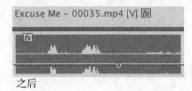
之后

6. 现在，在序列中选择 Double Identity 剪辑的第二个版本。

你会注意到，在 Effect Controls 面板中有类似的控件可用，但是现在没有 Channel Volume 选项。这是因为每个声道都是其自己剪辑的一部分，因此每个声道的 Volume 控件是单独的。

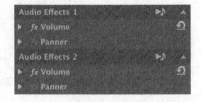

7. 尝试调整这两个独立剪辑的音量。

11.4.2　调整音频增益

大部分音乐在制作时都具有可能的最大信号以最大化信号和背景噪声之间的差别。在大部分视频序列中，声音可能太大了。要解决此问题，则需要调整剪辑的音频增益。

1. 在 Source Monitor 中，打开 Music 素材箱的剪辑 11 Rue The Whirl.aif。

2. 在素材箱中右键单击此剪辑，并选择 Audio Gain（音频增益）。

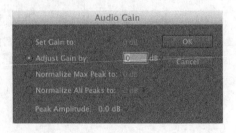

目前我们对 Audio Gain 面板中的两个选项感兴趣。

注意：对剪辑音量的任何更改都不会更改原始媒体文件。可以在这里更改总体增益，在素材箱中，或在时间轴中，除了使用 Effect Controls 面板进行的更改外，你的原始媒体文件仍然保持不变。

- **Set Gain to**（将增益设置为）。使用此选项指定剪辑的具体调整。

- **Adjust Gain by**（调整增益值）。使用此选项指定剪辑的增量调整。例如，如果应用 −3 dB，这会将 Set Gain to 量调整为 −3 dB。如果第二次访问此菜单并应用另一个 −3 dB 调整，那么 Set Gain to（将增益设置为）数量将更改为 −6 dB，以此类推。

3. 将增益设置为 −20 dB，并单击 OK。

你会在 Source Monitor 中立刻看到波形变化。

类似在素材箱的什么位置调整音频增益的此类变化不会追溯更新序列中的已有剪辑。但是，可以右键单击序列中的一个或多个剪辑，并在那里进行同样的调整。

Speed/Duration...
Remove Effects...
Audio Gain...
Audio Channels...

增益和音量之间的差别

有时不同的应用程序以不同的方式使用这些术语。下面是使用Adobe Premiere Pro时如何思考它们。

增益。增益是对音频电平的早期调整。这应该在优化或对随时间改变的音频调整应用关键帧之前操作。增益是对数刻度，以一种类似调整亮度的"色阶"视觉效果调整音频。音频的大声部分与安静部分的调整方式是不同的。

音量。音量调整同样适用于大声部分和安静部分。它更像是为了获得视觉效果而进行的亮度调整。

11.4.3 标准化音频

标准化音频与调整增益非常类似。实际上，标准化的结果是调整剪辑增益。差别是标准化基于自动分析过程，而不是主观判断。

标准化剪辑时，Adobe Premiere Pro 会分析音频以确定一个最高峰值，即音频最洪亮的部分。然后，会自动调整剪辑的增益，以便最高峰值与指定的级别相匹配。

使用标准化可以让 Adobe Premiere Pro 调整多个剪辑的音量，以便它们与你喜欢的音量相匹配。

假设正在处理过去几天录制的画外音的多个剪辑。也许是由于录制设置不同或使用不同的麦克风，因此几个剪辑具有不同的音量。你可以用一个步骤选择所有剪辑，让 Adobe Premiere Pro 自动设置匹配的音量。这节省了手动浏览每个剪辑以进行调整所花费的大量时间。

将音频发送到Adobe Audition CC

尽管Adobe Premiere Pro有高级工具可帮助实现大部分音频编辑任务，但是它无法与Adobe Audition相比，后者是专用的音频后期制作应用程序。

Audition是Adobe Creative Cloud的一个组件。与Adobe Premiere Pro一起编辑时，它可以巧妙地集成到工作流中。

可以自动将当前序列发送到Adobe Audition，使用所有剪辑和一个基于序列的视频文件来制作音频混合。

要将序列发送到Adobe Audition，请执行以下步骤。

1. 打开想要发送到 Adobe Audition 的序列。

2. 转到 Edit（编辑）菜单，并选择 Edit（编辑）>Edit in Adobe Audition（在 Adobe Audition 中编辑）>Sequence（序列）。

3. 你将要创建在 Adobe Audition 中使用的新文件，以保持原始媒体不变，请选择名称并浏览位置，然后根据喜好选择其他选项，最后单击 OK。

Adobe Audition具有处理声音的出色工具。它具有一个特殊的光谱显示（可帮助你删除不想要的噪声）、一个高性能多轨道编辑器，以及高级音频效果和控件。有关Adobe Audition的更多信息，请访问www.adobe.com/products/audition.html。

现在尝试此操作。

1. 打开 Theft Unexpected 序列。

2. 播放一点序列，观察音量指示器上的级别。

声音很好，但是导演想让 John 坐下的声音和他的衣服沙沙作响的声音一样响亮。

3. 使用套索工具选择序列的所有剪辑。

4. 右键单击任意所选剪辑并选择 Audio Gain 或按 G 键。

5. 将 Normalize All Peaks to（标准化所有峰值为）设置为 −8 dB，单击 OK，并再听一次。

Adobe Premiere Pro 会调整每个剪辑，以便最响亮的峰值是 −8 dB。

Pr 注意：还可以对素材箱应用标准化。只需选择想要自动调整的所有剪辑，转到 Clip（剪辑）菜单，并选择 Audio Options（音频选项）>Audio Gain（音频增益）。

如果选择 Normalize Max Peak to（标准化最大峰值为）而不是 Normalize All Peaks to（标准化

所有峰值为），则 Adobe Premiere Pro 将基于所有剪辑相结合的最响亮时刻进行调整，就像它们是一个剪辑一样。

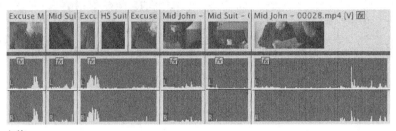

之前

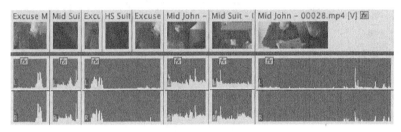

之后

11.5 创建拆分编辑

拆分编辑是简单经典的效果，可以平移视频和音频的拆分点。在播放时，一个剪辑的音频会具有另一个剪辑的视觉效果，将一个场景的感觉带到了另一个场景中。

对 Theft Unexpected 序列尝试这一功能。

11.5.1 添加 J 切换

J 切换的名称来自其编辑形状。编辑字母 J，会看到下半部分（音频剪接）位于上半部分（视频剪接）左侧。

1. 播放序列的最后一个剪接。最后两个剪辑之间的音频连接非常突兀。我们将通过调整音频剪接的时间来改善效果。

2. 选择 Rolling Edit（滚动编辑）工具（ ⯈⯇ ）。

3. 按住 Alt（Windows）或 Option（Mac OS）键，单击音频片段编辑（而不是音频）并向左拖动一点。恭喜你！你已经创建了 J 切换！

> **Pr** 提示：如果按住 Alt（Windows）或 Option（Mac OS）键，则可以使用 Selection（选择）工具应用滚动编辑。

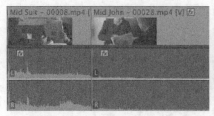 

4. 播放编辑。

你可能想要使用定时以使切换看起来更自然，但从实际目的来看，J 切换可以工作。可以消除它并使用音频交叉淡化进一步改善它。

记住切换回 Selection 工具。

11.5.2　添加 L 切换

L 切换与 J 切换的工作方式类似，但过程相反。重复上一个练习中的步骤，但是在将音频片段编辑向右拖动时按住 Alt（Windows）或 Option（Mac OS）键。播放编辑并看看感觉如何。

11.6　调整剪辑的音频电平

与调整剪辑增益一样，可以使用橡皮带控件来更改序列中剪辑的音量。还可以更改轨道的音量，并且两次音量调整将组合生成总体输出电平。

如果说有什么区别的话，就是使用橡皮带调整音量比调整增益更简单，因为可以随时进行增量调整，并且会实时显示视觉反馈。

在剪辑上调整橡皮带和使用 Effect Controls 面板调整音量的结果一样。

11.6.1　调整总体剪辑电平

要调整总体剪辑电平，请执行以下操作。

1. 打开 Master Sequences 素材箱中的 Desert Montage 序列。

已经在音乐音量的开头和结尾应用了渐强和渐弱。我们将调整它们之间的音量。

2. 使用 Selection 工具在 Audio 1 轨道标题的底部向下拖动以让轨道变得更高。这将使为音量应用细微调整变得更简单。

3. 音乐有点太大了。单击序列中音乐剪辑上橡皮带的中间部分，并向下拖动一点。

拖动时会出现小的工具提示，显示正在进行的调整量。

由于是针对关键帧拖动"橡皮带"部分，因此你是在调整两个现有关键帧之间的片段的总体电平。如果剪辑的开头没有关键帧，那么会调整整个剪辑的总体电平。

11.6.2 对音量更改应用关键帧

如果使用 Selection 工具拖动现有关键帧，则会调整它。这与使用关键帧调整视觉效果一样。

Pen（钢笔）工具（ ✏ ）为橡皮带添加关键帧。还可以使用它调整现有关键帧，或者使用套索工具选择大量关键帧以一起调整它们。

但是，无须使用 Pen 工具。如果想要添加关键帧，可以在单击橡皮带的同时按住 Control（Windows）或 Command（Mac OS）键。

添加关键帧和在音频剪辑片段上向上或向下调整关键帧位置的结果是，重塑了橡皮带。与以前一样，橡皮带越高，声音越大。

> **Pr** **提示**：如果调整音频增益，会将效果与关键帧调整动态地组合在一起。可以随时进行更改。

现在为音乐添加一些关键帧并聆听结果。

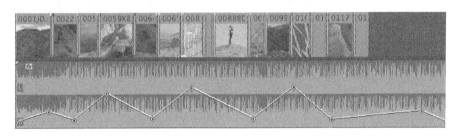

11.6.3 消除关键帧之间的音量

这些调整相当引人注目。你可能想要逐渐消除调整，这很容易做到。

右键单击任意关键帧。

将看到一系列标准选项，包括 Ease In（缓入）、Ease Out（缓出）和 Delete（删除）。如果使用 Pen 工具，则可以使用套索工具选择多个关键帧，然后右键单击任意一个来对它们应用更改。

了解各种关键帧的最佳方式是选择每种关键帧，进行调整，并查看结果。在下面的示例中，所有关键帧已经被设置为 Continuous Bezier（连续贝塞尔

```
✓ Linear
  Bezier
  Auto Bezier
  Continuous Bezier
  Hold

  Ease In
  Ease Out

  Delete
```

曲线），它为关键帧保持相同的曲线。

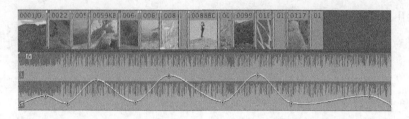

11.6.4 轨道和剪辑关键帧

到目前为止，已经对序列剪辑片段应用了所有关键帧调整。Adobe Premiere Pro 为放置这些剪辑的音频轨道提供了类似的控件。基于轨道的关键帧与基于剪辑的关键帧工作方式类似。区别是它们不会随剪辑一起移动。

> **Pr** | 提示：对剪辑进行的调整会在对轨道进行调整之前应用。

这意味着可以使用轨道控件设置音频轨道的关键帧，并尝试不同的音乐剪辑。每次将新音乐放入序列中时，将通过对轨道应用的调整聆听音乐。

尝试对 Desert Montage 序列使用轨道关键帧。

1. 在 Sequences 素材箱中选择 Desert Montage 序列，右键单击它并选择 Duplicate（复制）。在序列副本上尝试新效果是个好主意，这样可以避免对原始序列进行不必要的更改。

2. 将序列副本重新命名为 Music Experiment，并双击以打开它。

3. 使用 Selection 工具，选择音乐剪辑并删除它。

4. 使用 Audio 1 Show Keyframes（音频 1 显示关键帧）按钮菜单来选择 Show Track Keyframes（显示轨道关键帧）。默认情况下，会显示音轨音量的橡皮带。轨道上的菜单允许你选择平衡器关键帧。如果已经应用了基于轨道的效果，则它们也会显示在此菜单中。

5. 降低轨道的总体音量，方法是将轨道的橡皮带向下拖动，然后添加一系列明显不同的关键帧，以便在添加音乐时可以清楚地听到结果。实际上，你将设置关键帧，以便音乐剪辑比画外音或现场说话声的声音低一些。

> ✓ Clip Keyframes
> Track Keyframes

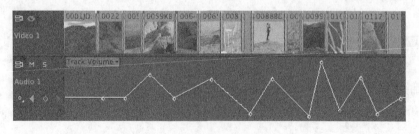

6. 将 11 Rue The Whirl.aif 剪辑直接从 Music 素材箱拖动到 Audio 1 轨道上。将此剪辑放在序列的开头。播放序列。你将听到音乐的结果和轨道关键帧。撤销操作以从序列中删除音乐剪辑。

7. 从 Lesson 11 文件夹导入新的音乐文件 Departure From Cairo.aif。将此文件放到 Music 素材箱中。

8. 将此新音乐添加到 Audio 1 轨道的序列中。播放序列并再次聆听关键帧的结果。

> **Pr** | 提示：一定要切换回剪辑关键帧以继续处理序列。当查看轨道关键帧时，无法选择剪辑。

在 Timeline（时间轴）上使用关键帧可能需要稍做计划才能充分利用这一强大方法，但所付出的努力是值得的。它允许你尝试大量不同的音乐轨道，然后确定自己想要的轨道。

注意，在设置为显示轨道关键帧的轨道上，无法对剪辑进行调整。如果你想要更改新音乐剪辑的位置，则需要切换回剪辑关键帧。

11.6.5 使用音频剪辑混合器

新的 Audio Clip Mixer 提供了直观的控件来调整音量和平衡器关键帧。

每个序列音频剪辑都由一组控件表示。可以对轨道执行静音或独奏操作，在播放期间也可以通过拖动音量控制器控件来启用编写关键帧的选项。

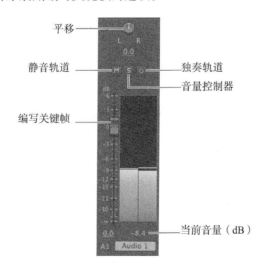

尝试下列操作。

1. 使用之前创建的 Music Experiment 序列。确保将 Audio 1 轨道设置为显示剪辑关键帧。

2. 将 Timeline 播放指示器放在序列开头。

3. 在 Audio Clip Mixer 中，为 Audio 1 启用 Write Keyframes（编写关键帧）按钮。

4. 播放序列，在播放序列时，对 Audio 1 音量控制器进行调整。停止播放时，将看到添加的新关键帧。

5. 如果重复此过程，将看到音量控制器跟随现有关键帧，直到你进行手动调整。

与调整使用Selection工具或Pen工具创建的关键帧一样，也可以调整以这种方式创建的关键帧。

现在已经介绍了在 Adobe Premiere Pro 中添加和调整关键帧的几种方式。处理关键帧的方法无所谓对错，只是个人喜好问题。

11.6.6 音频剪辑混合器概述

尽管 Effect Controls 面板和 Audio Clip Mixer 提供了控制序列中剪辑片段的方法，但 Audio Track Mixer 提供了对轨道的控制。之前为 Audio 1 轨道添加的关键帧是 Audio Track Mixer 可以添加并处理的关键帧。

Audio Track Mixer 大致分为三部分。

- **效果和发送**。可以使用此处的下拉菜单为整个轨道添加特效，或者是将音频从轨道发送到子混合。

- **平移**。这与 Effect Controls 中的 Pan 控件一样。但是，此处进行的调整应用于整个轨道。

- **音量控制器**。这些是行业标准控件，基于实际调音台。可以向上移动音量控制器以增加音量，并向下移动音量控制器以降低音量。在播放序列时，还可以使用音量控制器来将关键帧添加到音频轨道橡皮带（参见 11.6.7 小节）。

什么是子混合

子混合充当音频轨道的导管。音频轨道通常直接将其音频发送到主输出。

可以配置多个音频轨道以将其音频发送到子混合。这允许你使用一组控件（子混合）来调整音量和平移等内容，或者是为多个轨道应用一个特效。

子混合会将其音频发送到主输出，与常规轨道一样。主要区别是不能将音频剪辑放到子混合轨道中，它们存在就是为了混合多个轨道的输出。

例如，假设你在黑暗的房间里录制5个人的音频，你想让声音听起来像在洞穴中录制的，具有响亮的混响效果。每个原始音频源都在序列中其各自的轨道上。

一个选项会为每个轨道应用混响特效。这可以工作，但系统播放会更有用，并且如果想要更改效果，将需要大量鼠标单击，每个调整可能需要单击鼠标5次。

相反，如果将每个轨道（5个轨道）的输出发送到一个子混合，则可以为此子混合应用混响效果。通过子混合可以听到5个音轨，因此你仅需要调整一个效果，并且系统仅需要计算一个而不是5个效果。

11.6.7 了解自动模式

使用 Audio Track Mixer，可以在播放序列时为音频轨道添加新关键帧。这样，可以创建直播音频混合。只需播放序列，并使用 Audio Track Mixer 调整轨道的音量。

Adobe Premiere Pro 需要了解你想要 Audio Track Mixer 的音量控制器控件与现有关键帧如何互动。你只需要在开始之前选择正确的自动模式即可。

下面是每种模式的含义。

- **Off**（关闭）。在此模式下，音量控制器将忽略所有关键帧并保持其位置。可以随意更改音量控制器，它将影响整个轨道的播放音量。

    Off
    • Read
    Latch
    Touch
    Write

- **Read**（读取）。在此模式下，音量控制器调整现有关键帧，动态更改轨道的播放音量。在此模式下，无法使用音量控制器添加关键帧。

- **Latch**（闭锁）。在此模式下，音量控制器调整现有关键帧，但是如果抓住音量控制器并进行调整，则会为轨道应用新关键帧来替换旧关键帧。释放音量控制器时，会停留在放置的位置，因此，如果序列仍在播放，则会为轨道应用新的"平"电平调整，继续替换现有关键帧，直到你停止播放。这是 Audio Clip Mixer 在添加关键帧时使用的模式。

- **Touch**（触动）。在此模式下，音量控制器调整现有关键帧，但是如果你抓住音量控制器并进行调整，则会为轨道应用新关键帧来替换旧关键帧。释放音量控制器时，则会返回到现有关键帧。

- **Write**（写入）。在此模式下，音量控制器不会调整现有关键帧，在播放序列时，将根据音量控制器的位置创建新关键帧来替换旧关键帧。释放音量控制器时，与在 Latch（闭锁）模式下一样，会停留在离开的位置，添加"平"电平调整，直到你停止播放。

使用Adobe Audition制作5.1混合音频

Adobe Premiere Pro中的高级音频功能包含对5.1音频的支持，甚至可以处理5.1音频剪辑和5.1音频的母带。但是，Adobe Audition有专用的环绕立体声混合器，使5.1混合变得非常简单且快速。

如果你打算在序列中使用环绕立体声，可考虑在Adobe Premiere Pro中完成视频编辑，并切换到Adobe Audition进行混合。

11.7 复习

11.7.1 复习题

1. 在 Source Monitor 中播放剪辑时，如何对单个声道进行独奏操作，以只聆听该声道？

2. 单声道音频和立体声音频之间的区别是什么？

3. 在 Source Monitor 中，如何查看具有音频的任意剪辑的波形？

4. 标准化和增益之间的区别是什么？

5. J 切换和 L 切换之间的区别是什么？

6. Audio Track Mixer 会在哪里添加关键帧？

11.7.2 复习题答案

1. 在 Source Monitor 中，使用音量指示器底部的 Solo 按钮来选择性地聆听剪辑的某个声道。

2. 立体声音频有两个声道，而单声道音频只有一个声道。在录制立体声时，通用标准是将左侧麦克风的音频录制为 Channel 1，而将右侧麦克风的音频录制为 Channel 2。

3. 使用 Source Monitor 上的 Settings 按钮菜单来选择 Audio Waveform（音频波形）。可以使用 Program Monitor 执行同样的操作，但是可能不需要这样做，在 Timeline 上可以显示剪辑的波形。

4. 标准化根据原始音量自动调整剪辑的 Gain 设置。可以使用 Gain 设置进行手动调整。

5. 使用 J 切换时，下一个剪辑的声音从视觉效果开始。使用 L 切换时，在视觉效果开始之前，会保留上一个剪辑的声音。

6. Audio Track Mixer 只处理序列轨道而不是剪辑。使用 Audio Track Mixer 添加关键帧时，将无法看到它们（尽管它们仍是有效的），除非你将音频轨道设置为显示轨道关键帧。

第12课 美化声音

课程概述

在本课中，你将学习以下内容：

- 使用音频效果美化声音；

- 调整均衡；

- 在音频轨道混合器中应用效果；

- 清除噪声。

本课大约需要 60 分钟。

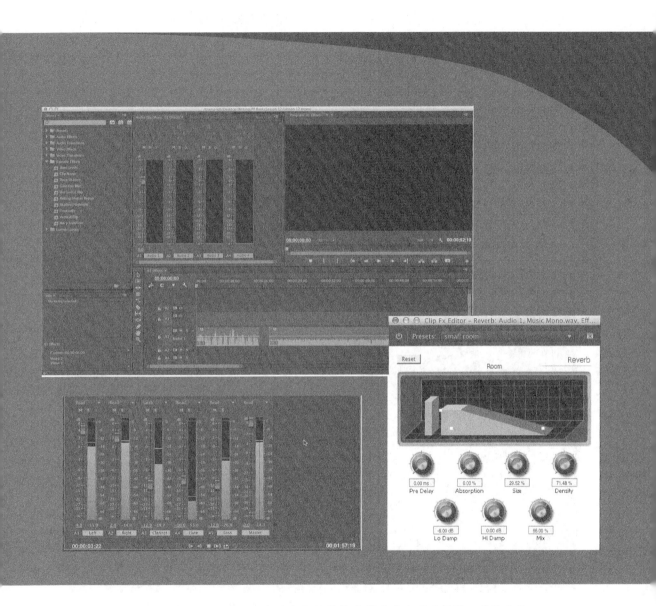

Adobe Premiere Pro CC 中的音频效果能显著地改变项目效果。要使你的
音频达到更高的水平，请利用集成和 Adobe Audition CC 的能力。

12.1 开始

Adobe Premiere Pro CC 提供了 30 多种音频效果，可以改变音调、制造回声、添加混响和删除磁带的嘶嘶声。我们也可以设置关键帧音频效果参数，使效果随着时间变化而调整。

此外，Audio Track Mixer（音频轨道混合器）可以混合和调整项目中所有音频轨道上的声音。使用 Audio Track Mixer（音频轨道混合器）还可以将多个音频轨道组合成单个子混合，并对这些分组以及各个轨道应用效果、平移或音量更改。

对于本课，将使用新项目文件。

1. 启动 Adobe Premiere Pro，打开项目 Lesson 12.prproj。

序列 01 Effects 应该已经打开。

2. 选择 Window（窗口）>Workspace（工作区）>Audio（音频）。

这会将工作区更改为 Adobe Premiere Pro 开发团队创建的预设，使处理音频编辑变得更简单。

3. 选择 Window（窗口）>Workspace（工作区）>Reset Current Workspace（重置当前工作区），并在打开的对话框中单击 Yes（是）。

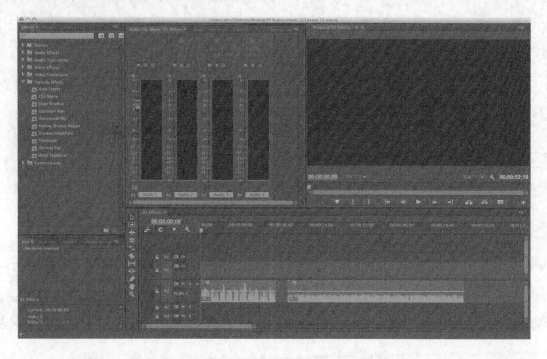

12.2 使用音频效果美化声音

理想情况下，你的音频是完美的。不幸的是，视频制作很少是一个理想的过程。有时，你需要求助于音频效果来解决问题。在本课中，将尝试 Adobe Premiere Pro 中几个最有用的效果。

它们可用来执行各种各样的任务，包括下列任务。

- DeNoiser（降噪器）。此音频效果可以自动检测嘶嘶声或噪声并将其消除。
- Reverb（混响）。它可以增加具有混响的录制的"临场效果"。可使用它模拟大房间中的声音。
- Delay（延迟）。此效果可以为音频轨道添加轻微（或明显）的回声。
- Bass（低音）。此效果可以增加音频剪辑的低频。它适用于叙事剪辑，尤其是男人的声音。
- Treble（高音）。这可调整音频剪辑中高频。

 注意：一定要尝试 Adobe Premiere Pro 中的各种音频效果，以增加自己这一方面的知识。由于这些效果是非破坏性的，因此这意味着它们不会更改原始音频剪辑，你可以为单个剪辑添加任意数量的效果，更改参数，然后删除这些效果并重新开始。

12.2.1 调整低音

调整低频的振幅可以改善男性声音的总体声音。在本例中，让我们修改播音员的声音。

1. 播放 01 Effects 序列中的第一个剪辑以熟悉其声音。

如果剪辑名称不可见，请单击 Timeline（时间轴）面板中的 Settings（设置）按钮（扳手图标），并确保选中了 Show Audio Names（显示音频名称）。

2. 单击 Effects（效果）面板以激活它。

3. 在 Effects（效果）面板中打开 Audio Effects 文件夹。

4. 将 Bass（低音）效果拖动到 Ad Cliches Mono.wav 剪辑上。

5. 打开 Effect Controls（效果控制）面板。

 提示：需要仔细查看音频电平？可以为剪辑应用新的 Loudness Radar（响度雷达）并选择新的预设来匹配提交格式。此详细插件可以轻松地查看音频是否出现在目标位置。

6. 增加 Boost（提升）属性以增加更多低音。

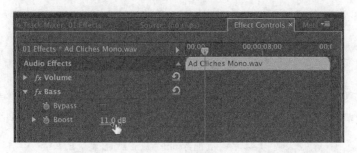

使用不同的值尝试以增加或减少低音效果，直到听到自己喜欢的声音为止。一定要注意总体音频电平，因为调整可以改变剪辑的音量。你可能需要使用 Audio Clip Mixer（音频剪辑混合器）面板来保持恰当的音频电平。

12.2.2　添加延迟

延迟是一种风格化的效果。可以对播音员的声音使用此效果以增加魅力，或者可用于创建具有风格化回声的空间感。

1. 在 Effects（效果）面板的 Audio Effects 文件夹中，找到 Delay 效果。

2. 将它拖动到 Ad Cliches Mono.wav 剪辑上。

3. 播放剪辑以聆听 Delay（延迟）效果。目前，还有一个偏移为 1 秒的回声。

4. 尝试调整以下 3 个参数。

- Delay（延迟）：这指播放回声之前的时间（0 ~ 2 秒）。

- Feedback（反馈）：添加到音频的回声百分比，用于创建回声的回声。

- Mix（混合）：这是回声的相对强度。

5. 播放剪辑，以聆听每次调整的影响。

6. 输入下列值以获得经典的体育场播音员效果。

- Delay（延迟）：250 秒。

- Feedback（反馈）：20%。

- Mix（混合）：10%。

7. 播放剪辑，移动滑块以尝试各种效果。

较低的值产生的效果更好，对这段音频剪辑也是这样。记住，少即是多。一般来说，细微的效果会让聆听者更加愉快。

12.2.3 调整音高

可以进行的另一种调整是音高。这是一种更改声音总体音调的有用方式。通过修改音高，可以更改精力程度、外观年龄，甚至是说话人的种族。

1. 在 Effects（效果）面板的 Audio Effects 文件夹中，找到 PitchShifter（变调）效果。

2. 将 PitchShifter（变调）效果拖动到 Ad Cliches Mono.wav 剪辑上。

3. 在 Effect Controls（效果控制）面板中，单击 Custom Setup（自定义设置）属性旁边的 Edit（编辑）按钮以显示效果的参数。

这将打开一个浮动面板。

4. 调整旋钮以尝试不同的值。

使用 Individual Parameters（各个参数）滑块来微调声音。使用从 −12 ~ +12 半音程间截然不同的音高设置，并切换 Formant Preserve（共振保护）的开关状态。

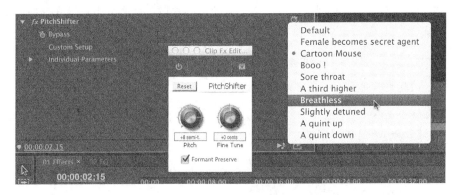

5. 效果名称的右侧是一个表示预设的图标。单击此按钮以查看可用的选项。

6. 尝试一些预设，并注意 Effect Controls（效果控制）面板中旋钮底部的值。完成操作后，关闭浮动面板。

12.2.4 调整高音

之前应用并调整了 Bass（低音）效果以修改音频轨道的低频。如果你想修改高频，则可以使用 Treble（高音）效果。Treble（高音）不仅仅是 Bass（低音）效果的相反效果。Treble（高音）可以增加或减少高频（4000Hz 及更高），而 Bass（低音）效果更改低频（200Hz 及更低）。人耳可听见的频率范围大概是 20Hz ~ 20 000Hz。

1. 将播放指示器拖动到 Timeline（时间轴）面板中的第二个剪辑（Music Mono）上。

2. 播放第二个剪辑以熟悉其声音。

3. 在 Effects（效果）面板的 Audio Effects 文件夹中，找到 Treble 效果。

4. 将 Treble 效果拖动到 Music Mono 剪辑上。

5. 增加 Boost（提升）属性以添加更多高音。

尝试使用不同的值增加或减少高音，直到听到自己喜欢的声音为止。

12.2.5　添加混响

Reverb（混响）与 Delay（延迟）效果类似，但是更适合音乐曲目，并且它可以模拟在不同类型的房间中如何感知声音。它特别适合具有强劲吉他声的片段，但实际上可以在任何剪辑上使用。它是一种功能强大的效果，可以为在具有少量反射面的录音室中录制的音频添加真实感。

1. 在 Effects（效果）面板的 Audio Effects 文件夹中，找到 Reverb 效果。

2. 将 Reverb 效果拖动到 Music Mono 剪辑上。

3. 在 Effect Controls（效果控制）面板中，单击 Reverb（混响）效果的 Custom Setup（自定义设置）部分旁边的 Edit（编辑）按钮。

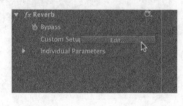

4. 单击 Presets（预设）按钮，并尝试一些预设。

注意 Effect Controls（效果控制）面板中旋钮下方的值。

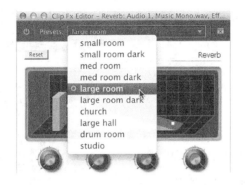

 提示：Reverb（混响）效果是一个 Virtual Studio Technology（VST）插件。这些是根据 Steinberg 音频设定的标准自定义设计的音频效果。创建 VST 视频效果插件的人希望它们拥有独特的外观并提供一些非常专业的音频效果。许多 VST 插件可以在网络上找到。

5. 尝试使用 7 个控制旋钮。

- **Pre Delay**（预延迟）。这是声音传输到反射墙后返回到听者的距离。

- **Absorption**（吸收）。这评估声音被吸收（而不是反射）的百分比。

- **Size**（大小）。这指房间的相对大小。

- **Density**（密度）。这是混响"尾音"的密度。Size（大小）值越大，Density（密度）范围就越大（从 0% ～ 100%）。

- **Lo Damp**（低频衰减）。这抑制低频以防止混响发出隆隆声或声音浑浊。

- **Hi Damp**（高频衰减）。这抑制高频。低设置使混响听起来更柔和。

- **Mix**（混合）。这是混响的量。

12.3 调整均衡

如果你有好的扩音器或汽车音响，则它可能有一个图形均衡器。EQ 控件不只包含简单的 Bass（低音）和 Treble（高音）旋钮，它还增加了多个滑块（通常称为频段控制）来更好地控制声音。Adobe Premiere Pro 中有两种均衡效果：EQ（均衡）效果（具有 5 个频段控制）和 Parametric EQ（参数均衡）效果，后者提供一个频段控制（但是可以组合多次）。

Pr 注意：在下一个练习中，使用建议的数字作为指导。但是，可自由尝试任意值，因为你的品味和讲话者可能不同。

12.3.1 标准均衡效果

Adobe Premiere Pro 中的 EQ（均衡）效果与
传统的三相均衡（控制低、中、高）类似。但是，
此效果提供了三个中频控件，可以获得更大的准
确性。这是一种消除声音并强调（或削弱）部分
轨道的有用效果。

1. 在 Project（项目）面板中，找到序列 02
   EQ 并打开它。此序列包含一个音乐轨道。

2. 在 Effects（效果）面板中找到 EQ（均衡）
   效果（尝试使用窗口顶部的搜索字段），并
   将它拖动到剪辑上。

3. 在 Effect Controls（效果控制）面板中，单
   击 EQ（均衡）效果 Custom Setup（自定义
   设置）部分旁边的 Edit（编辑）按钮。

4. 播放此剪辑以熟悉其声音。

5. 选择复选框以激活低频滤波器。

6. 将低频设置为 70 Hz 以更改影响的区域，
   并将增益降低到 –10.0 dB。这会降低 Bass
   （低音）区域的密度。

7. 播放序列以聆听变化。

我们来完善一下人声。

8. 选择复选框以激活 Mid1 频率滤波器。

9. 将其增益设置为 –20.0 dB，并将 Q 因数调
   整到 1.0 以在 EQ 调整上获得更多过渡。

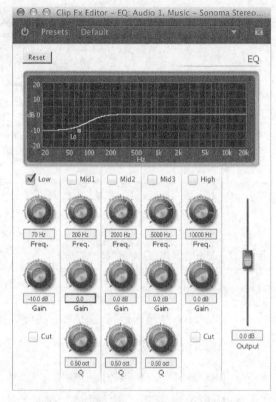

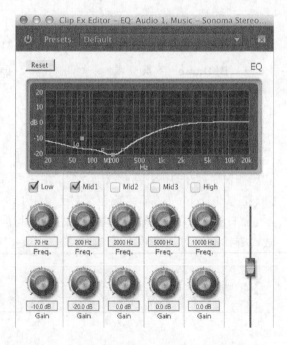

10. 播放序列以聆听变化。

11. 选择复选框以激活 Mid2 频率滤波器。

12. 将其频率设置为 1500Hz，并将其增益调整到 6.0dB。将 Q 因数调整到 3.0 以在 EQ 调整上获得更多过渡。

13. 播放序列以聆听变化。

14. 选择复选框以激活高频滤波器，并将其增益设置为 -8.0 dB 以降低最高频率。

总体音量太高，并且音频计显示了文件的音量太大。

15. 将 Output（输出）滑块降低到大约 -3.0dB，以获得效果。

16. 播放序列以聆听变化。

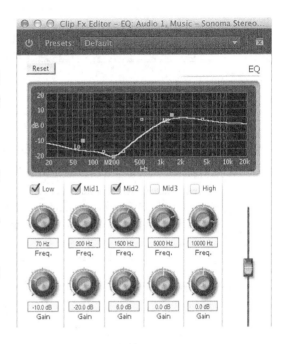

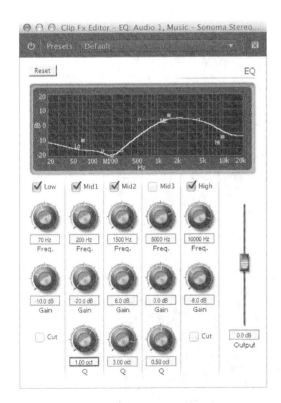

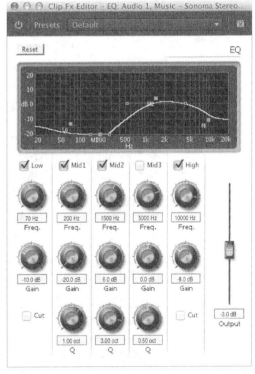

注意：避免将音量设置得太高（音量电平线将变为红色）。这样会导致失真。

12.3.2 参数均衡效果

如果你想超越 5 个频率范围，那么 Parametric EQ（参数均衡）效果可以满足你的需求。尽管使用 Parametric EQ（参数均衡）仅可以选择一个频率范围，但是可以使用它几次并选择多个频率。这使你能在 Effect Controls（效果控制）面板中根据需要构建复杂的均衡器。

注意：使用 Parametric EQ（参数均衡）效果的另一种方式是针对特定频率并提升或削减它。可以使用此效果削减特定频率，比如高频噪声或低沉的嗡嗡声。

1. 在 Project（项目）面板中，找到序列 03 Parametric EQ 并打开它。

此序列包含一个音乐轨道并且已经应用了 7 次 Parametric EQ（参数均衡）效果。目前，通过使用 Bypass（旁路）复选框禁用了每种效果。

2. 播放剪辑以熟悉其声音。

应用了 7 种效果来影响音频。它们按照从低频（列表顶部）到高频（列表底部）的顺序排列。

3. 在序列中选择剪辑，然后取消选中第一个 Bypass（旁路）复选框。

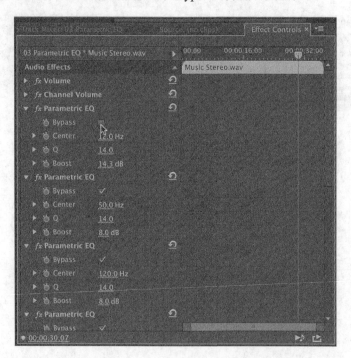

注意：为剪辑应用效果时，Adobe Premiere Pro 将自动调整效果，因为它会根据源应用正确的效果类型。

4. 播放序列以聆听变化。

5. 继续每次取消选中一个 Bypass（旁路）复选框，并在每次取消选中后聆听音频轨道的变化。

12.4 在音频轨道混合器中应用效果

使用音频轨道时，你会变得不知所措。会同时播放每个轨道上的每个剪辑。在上一课中，你学习了如何使用 Audio Clip Mixer（音频剪辑混合器）面板来开始混合剪辑的音量，以及如何使用 Audio Track Mixer（音频轨道混合器）调整轨道的音量，以便以一种统一且可理解的方式播放音频。你也可以回忆有关子混合的知识。

 注意：列出所有音频效果的所有属性超出了本书的讨论范围。要了解有关音频效果参数的更多信息，请搜索 Adobe Premiere Pro 帮助。

12.4.1 创建初始混合

子混合可以让你同时控制多个音频轨道的音量和其他特征。尽管可以使用 Timeline（时间轴）中每个剪辑的音量表或者 Effect Controls（效果控制）面板中的 Volume（音量）效果调整音量级别，但是使用 Audio Tracker Mixer（音频轨道混合器）调整音量级别和初始混合的其他特征更简单一些。

使用一个看起来很像制作工作室中混合硬件的面板，可以通过移动轨道滑块来改变音量，转动旋钮以设置左 / 右平移，向整个轨道添加效果，并创建子混合。子混合可以将多个音频轨道集中到单个轨道，这样就可以对一组轨道应用同样的效果、音量和平移，而不必逐个改变每个轨道。

在这个练习中，将对唱诗班在演播室录制的歌曲进行混合。

1. 双击 Music - Sonoma Stereo Mix.wav 文件（在 Media 素材箱中），在 Source Monitor（源监视器）中播放它。这就是混合后所应该达到的最终效果。

2. 在 Project（项目）面板中，找到序列 04 Submixes，并双击以加载它。

3. 播放 04 Submixes 序列，注意，相对于唱诗班的声音来说，乐器的音量太大了。

4. 选择并调整 Audio Track Mixer（音频轨道混合器）面板，以便能够看到所有 5 个轨道，以及主轨道。你想为另外两个轨道保留更多空间。可以通过拖动面板之间的栏或角手柄来调整面板的大小。

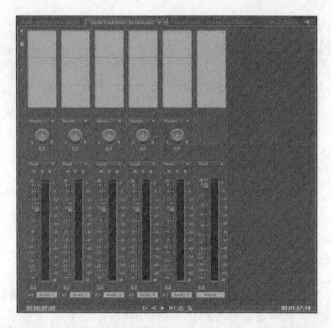

5. 依次选择 Audio Track Mixer（音频轨道混合器）底部一行显示的各个轨道名称，再输入新名称，将这些轨道的名称分别修改为 Left、Right、Clarinet、Flute 和 Bass，如下图所示。音频轨道标题中的名称也会随之修改。

6. 播放该序列，调整 Audio Track Mixer（音频轨道混合器）中的滑块以创建想要的混音效果。

一个好的起点是将 Left 设置为 +4，将 Right 设置为 +2，把 Clarinet、Flute 和 Bass 分别降低为 -12、-10 和 -12。

7. 调整时请观察主轨道的 VU（volume unit，音量单位）表。

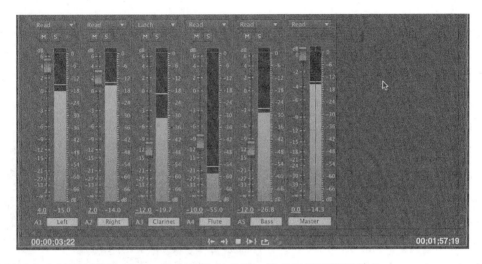

音量计上方的码标线表示这一段中的最高音量。将音量指示器设置为 Dynamic Peaks（动态峰值）时，它们会保持一两秒钟，然后再随着音量的改变而移动。这些码标线提供观察左、右通道平衡程度的好办法。应该让它们在大部分时间里基本保持对齐。如果想要更改为 Static Peaks（静态峰值），则右键单击音量指示器并选择此选项。现在，将在整个播放持续时间保持峰值。

8. 用各个轨道顶部的旋钮调整它们的 Left/Right Pan。你的参数应该与下列内容匹配。

- Left。最左侧（-100）。
- Right。最右侧（+100）。
- Clarinet。左中（-20）。
- Flute。右中（+20）。
- Bass。居中（0）。

12.4.2 创建子混合

将音频剪辑放到 Timeline（时间轴）上的音频轨道上，我们可以逐个剪辑应用效果、设置音量和平移。可以在 Effect Controls（效果控制）面板或 Audio Clip Mixer（音频剪辑混合器）中完成此操作。与之前所做的一样，也可以使用 Audio Track Mixer（音频轨道混合器）对整个轨道应用音量、平移和效果。无论使用哪种方法，默认情况下，Adobe Premiere Pro 会将音频从原来的剪辑和轨道发送到主轨道中。

但有时在将音频发送到主轨道之前，可能想将它们发送到子混合轨道。子混合轨道的目的是减少操作，并保证应用效果、音量和平移方式的一致性。在 Sonoma 录制示例中，在应用 Reverb（混响）时可以对唱诗班的两条轨道使用同一组参数，对其他三种乐器使用不同的 Reverb（混响）参数。之后，子混合可以将处理过的信号送到主轨道，或者将信号送到另一个子混合。

1. 继续处理上一个练习的序列 04 Submixes。

2. 选择 Sequence（序列）▷Add Tracks（添加轨道）。

3. 将 Video Tracks（视频轨道）和 Audio Tracks（音频轨道）的 Add（添加）值设置为 0，将 Audio Submix Tracks（音频子混合音轨）的 Add（添加）值设置为 2，并将 Audio Submix Tracks（音频子混合音轨）的 Track Type（轨道类型）设置为 Stereo（立体声），然后单击 OK（确定）。

这将向 Timeline（时间轴）添加两个子混合轨道，向 Audio Track Mixer（音频轨道混合器）添加两条轨道（它们的色调较暗），并将这些子混合音轨的名称（Submix 1 和 Submix 2）添加到 Audio Track Mixer（音频轨道混合器）底部的弹出菜单中。

4. 调整 Audio Track Mixer（音频轨道混合器）面板的大小以查看其所有控件（如果需要的话）。

5. 单击 Left 轨道的 Track Output Assignment（轨道输出分配）弹出菜单（位于 Audio Track Mixer（音频轨道混合器）的底部），并选择 Submix 1。

6. 对 Right 轨道执行同样的操作。

现在 Left、Right 轨道都被发送到 Submix 1。它们各自的特征（平移和音量）不会改变。

7. 将 3 个乐器轨道发送到 Submix 2。

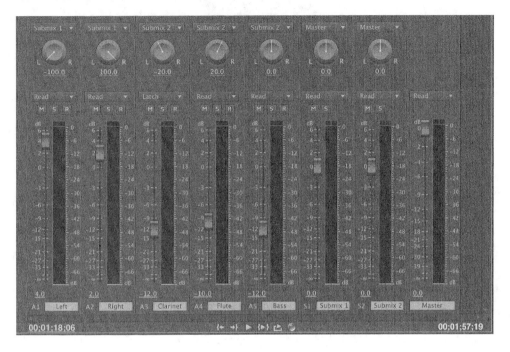

12.4.3 为子混合应用效果

现在已经正确修补了轨道，可以使用两个子混合调整它们。我们将使用本课前面介绍的 Reverb（混响）效果。

1. 如果需要，单击 Audio Track Mixer（音频轨道混合器）面板顶部的 Show/Hide Effects（显示/隐藏效果）和 Sends（发送）提示三角形。

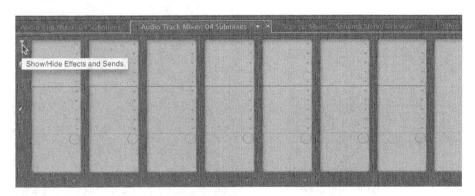

2. 单击 Submix 1 Track 的 Solo（独奏）按钮。

3. 单击 Submix 1 轨道的 Effect Selection（效果选择）按钮（面板右侧的小下拉列表），并从弹出菜单中选择 Reverb（混响）>Reverb（混响）。

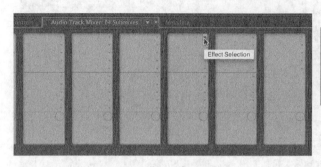 

4. 调整 Reverb（混响）参数，使唱诗班的声音听起来就像在大礼堂里演唱的一样。单击底部的菜单（目前名为 PreDelay）。切换到 Size（大小）并将它设置为 60 左右。这是一个很好的起点。

5. 单击 Submix 2 轨道的 Solo Track（独奏轨道）按钮，并关闭 Submix 1 的 Solo（独奏）按钮。

6. 为 Submix 2 轨道应用 Reverb（混响）效果，并根据自己的喜好进行调整。尝试设置其参数，使它的效果比歌声低一些。

注意：在 Audio Track Mixer（音频轨道混合器）中工作一会儿之后，返回到 Timeline（时间轴），可能听不到任何内容。Audio Track Mixer（音频轨道混合器）的 Mute（静音）和 Solo（独奏）设置不会显示在 Timeline（时间轴）中，但在时间轴中播放剪辑时它们仍存在于效果中，即使关闭了 Audio Track Mixer（音频轨道混合器）也是这样。因此，在关闭 Audio Track Mixer（音频轨道混合器）之前，选中 Mute（静音）和 Solo（独奏）设置。

7. 单击 Submix 2 的 Solo（独奏）按钮以禁用它。

8. 播放轨道，这两个子混合作为一个单独的混音，听听它们的效果。

9. 你可以随意调整 Volume（音量）和 Reverb（混响）的设置。

10. 播放你的序列以检查总体混合。

音频插件管理器

如果想安装第三方插件，在 Adobe Premiere Pro CC 中很简单。只需选择 Edit（编辑）>Preferences（首选项）>Audio（音频）（Windows）或 Premiere Pro>Preferences（首选项）>Audio（音频）（Mac OS），然后单击 Audio Plug-in Manager（音频插件管理器）按钮。

1. 单击 Add（添加）按钮以添加包含 AU 或 VST 插件的任意目录。AU 插件仅供 Mac 试用。

2. 如果需要，单击 Scan for Plug-ins（扫描插件）按钮以查找可用的插件。

3. 使用 Enable All（全部启用）按钮或各个启用复选框来激活插件。

4. 单击 OK（确定）以提交更改。

12.5 清除噪声

当然，一开始就录制完美的音频是最好的。但是，有时我们无法控制音源，而且又无法重新录制它，因此我们需要修复糟糕的音频剪辑。在 Adobe Premiere Pro 中可以找到修复常见音频问题的各种工具。

12.5.1 高通和低通效果

Highpass（高通）和 Lowpass（低通）效果通常用于改善剪辑，可以组合使用，也可以单独使用。Highpass（高通）效果消除低于指定频率（将它视为高于通过阈值的所有频率）的频率。Lowpass（低通）效果执行相反的操作，消除高于指定 Cutoff（屏蔽度）频率的频率。Highpass（高通）和 Lowpass（低通）效果适用于 5.1、立体声或单声道剪辑。

1. 在 Project（项目）面板中，找到序列 05 Noisy Reduction，并双击以加载它。

2. 播放此序列以熟悉其声音质量。

如果仔细听，会听到电子照明和设备的背景嗡嗡声。

3. 在 Effects（效果）面板中，找到 Highpass（高通）效果，并将它拖动到剪辑上。

4. 播放序列。

由于阈值设置得太高了，因此序列听起来处理过度了。

5. 在 Effect Controls（效果控制）面板中，调整 Cutoff（屏蔽度）滑块以降低值。

可以在播放剪辑的同时进行调整，并实时聆听所应用的调整。调整值以最大程度地降低背景中的噪声。值为 250.0 Hz 左右就很好。

6. 在 Effects（效果）面板中，找到 Lowpass（低通）效果，并将它拖动到剪辑上。

7. 调整 Lowpass（低通）效果的 Cutoff（屏蔽度）滑块。

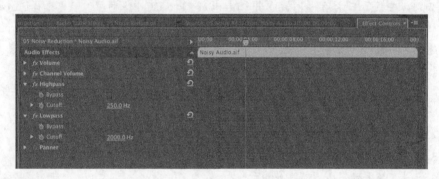

尝试不同的值，以熟悉两种效果如何相互影响。将两种效果设置为重叠值可以删除所有噪声。调低让录制声音变得细弱无力的一些高频值。

12.5.2 多频段压缩器

Multiband Compressor（多频段压缩器）效果提供对四种频段的单独控制。每个频段通常包含独特的音频内容，这使它称为声音控制的一种有用工具。此外，可以完善频段之间的交叉频率。这些允许你单独调整每个频段。

1. 继续处理序列 05 Noisy Reduction。

删除效果，这样我们才可以尝试新效果。

2. 右键单击音频轨道并选择 Remove Effects（删除效果），会打开一个新对话框。选择默认值就可以，因此单击 OK（确定）。

3. 在 Effects（效果）面板中，找到 Multiband Compressor（多频段压缩器）效果并将它拖动到剪辑上。

4. 在 Effect Controls（效果控制）面板中，单击 Multiband Compressor（多频段压缩器）效果 Custom Setup（自定义设置）部分旁边的 Edit（编辑）按钮。

这将打开一个新窗口。Multiband Compressor（多频段压缩器）效果提供了几个预设。

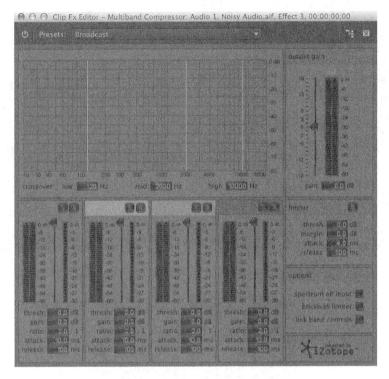

5. 单击 Multiband Compressor（多频段压缩器）窗口顶部的 Presets（预设）列表，尝试其中一些预设以了解此窗口是如何工作的。

6. 从 Presets（预设）列表，选择 De-Esser（消除齿音）。这将自动调低一些高频。

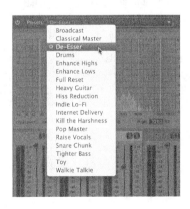

7. 聆听音频以聆听结果。

效果更好一些了，但是可以通过完善它改进效果。

8. 单击 Band 4（紫色的）的 Solo（独奏）按钮。

9. 开始音频播放以便聆听结果。

10. 调整 Crossover（交叉）标记以完善高频段。

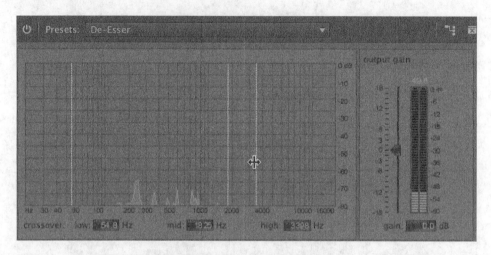

11. 降低 Band 4 的增益以减少低频噪声。

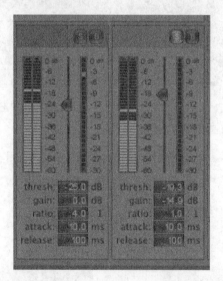

12. 禁用 Band 4 的 Solo（独奏）开关。

13. 完善交叉标记、阈值和增益，以进行尝试。关闭面板。

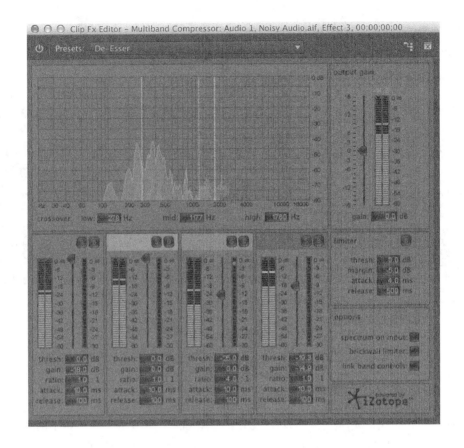

12.5.3 带通效果

Notch（带通）效果可用于删除指定值附近的所有频率。此效果实际上是定位频率范围，然后消除这些声音。此效果适用于消除电线嗡嗡声和其他电子干扰。在此剪辑中，可以聆听头顶上荧光灯泡的嗡嗡声。

 注意：60Hz 或 50Hz 的嗡嗡声可能是由许多电子问题、电缆问题或设备噪声造成的。由于世界各地使用的电力系统不同，因此频率也不同。

1. 继续处理序列 05 Noisy Reduction。

删除效果，这样我们才可以尝试新效果。

2. 右键单击音频轨道并选择 Remove Effects（删除效果），会打开一个新对话框。选择默认值就可以，因此单击 OK（确定）。

3. 播放序列并聆听电力嗡嗡声。你可能需要调大扬声器。

4. 在 Effects（效果）面板中，找到 Notch（带通）效果并将它应用到剪辑上。

5. 调整 Center（居中）滑块以定位到要删除的频率。

电线嗡嗡声通常是 50Hz 或 60Hz。

6. 调整 Q 滑块以影响效果想要处理的范围。

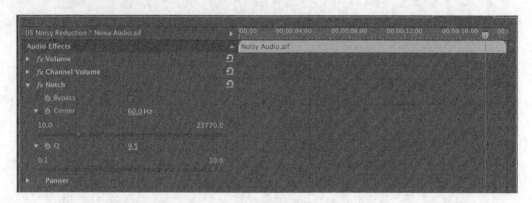

低设置可以创建窄频段；高设置可以创建宽频段。

虽然这有所帮助，但是我们将尝试更激进的修复方法。

12.5.4 动力学

Dynamics（动力学）是另一个易用的音频效果，提供多个属性的一组可靠控件，可以组合使用或单独使用来调整音频。你很可能会发现，Custom Setup（自定义设置）视图中的图形控件是最容易使用的，但是还可以调整 Individual Parameters（各个参数）视图中的值。

还可以使用下列属性调整使用 Dynamics（动力学）效果的音频。

- AutoGate（自动门）。在电平降到低于指定阈值时切断信号。这是一种删除不想要的声音（比如采访或解说员背后的背景噪声）的有用方式。

- Compressor（压限器）。此选项用于平衡动态范围，在剪辑的整个持续时间内创建一致的音频电平。

- Expander（扩展器）。此选项用于减少低于指定阈值的所有信号。它与使用 AutoGate（自动门）空间一样，但其调整更精细。在播放剪辑时，一定要调整阈值和比例，以寻找让声音听起来自然的设置，同时删除不想要的噪声。

- Limiter（限幅器）。使用 Limiter（限幅器）选项在包含信号波峰的音频剪辑中减少限幅。可以将阈值设置为 -60dB ~ 0dB 的值。Adobe Premiere Pro 会将超出此阈值的所有信号降低到与阈值相同的水平。

1. 继续处理序列 05 Noisy Reduction。

2. 从 Effect Controls（效果控制）面板中删除所选剪辑的所有其他效果。

3. 在 Effects（效果）面板中，找到 Dynamics（动力学）效果并将它应用到剪辑上。

4. 在 Effect Controls（效果控制）面板中，单击此效果的 Custom Setup（自定义设置）区域旁边的 Edit（编辑）按钮。

5. 仅启用 AutoGate（自动门）选项，并聆听剪辑。

这会明显减少背景噪声。调整 Threshold（阈值）拨盘以进行尝试。

6. 确保 Compressor（压限器）选项是激活的，并调整其设置以尝试让声音更饱满一些。播放剪辑并根据需要进行调整。

7. 禁用 AutoGate（自动门）选项，并启用 Expander（扩展器）以尝试用不同的方式删除背景噪声。

8. 播放剪辑，并调整 Expander（扩展器）选项的 Threshold（阈值）和 Ratio（比例）设置以进行尝试。

9. 启用 Limiter（限幅器）选项并将它设置为 −12.00 dB，这是音频控制中常用的音频电平。

10. 播放剪辑，查看音量指示器（如果它们不可见，则可以在 Window 菜单中启用它们）。

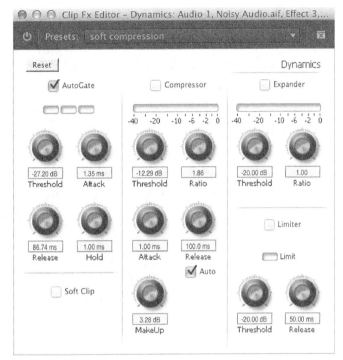

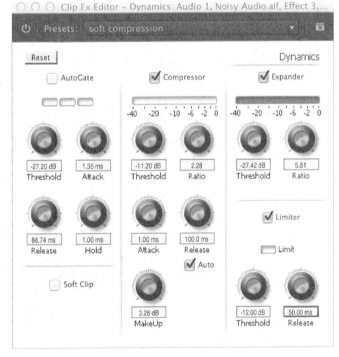

使用Adobe Audition删除背景噪声

Adobe Audition是Adobe Premiere Pro的一个同伴应用程序，并且可以在Creative Suite和Creative Cloud针对Adobe Premiere Pro的系列中找到它。此专用音频应用程序提供了高级混合和效果来改进总体声音。如果安装了Adobe Audition，则可以尝试下列操作。

1. 在 Adobe Premiere Pro 中，从 Project（项目）面板打开序列 06 Send to Audition。

2. 在 Timeline（时间轴）中选择剪辑 Noisy Audio.aif。

3. 右键单击此剪辑并选择 Edit Clip in Adobe Audition（在 Adobe Audition 中编辑剪辑）。会提取新的音频剪辑版本并将它添加到你的项目中。

这会打开Adobe Audition和新的剪辑。

4. 切换到 Adobe Audition。

5. 此立体声轨道应该出现在 Editor（编辑器）面板中。

Adobe Audition提供了剪辑的一个大波形。现在，你需要选择具有噪声的剪辑部分，然后减少整个剪辑的噪声。

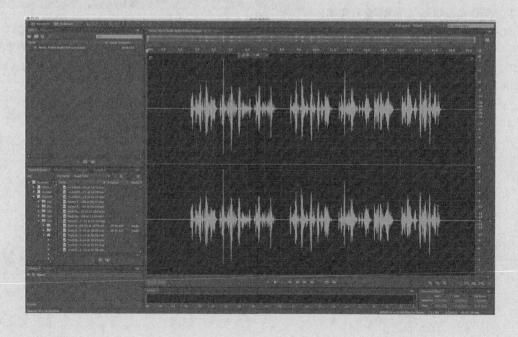

6. 播放剪辑。注意，开头包含几秒钟的噪声。

7. 使用 Time Selection（时间选择）工具（工具栏中的 I 形工具），拖动以突出显示刚才标识的噪声部分。

8. 保持选择激活，选择 Effects（效果）>Noise Reduction/Restoration（降噪/恢复）> Capture Noise Print（捕捉噪声片段）。还可以按 Shift+P 组合键。

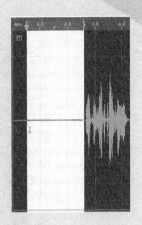

如果出现一个对话框，提示你将捕捉噪声片段，单击 OK（确定）以确认消息。

9. 选择 Edit（编辑）>Select（选择）>Select All（选择所有）以选择整个剪辑。

10. 选择 Effects（效果）>Noise Reduction/Restoration（降噪/恢复）>Noise Reduction(process)（降噪（过程））。还可以按 Shift+Control+P（Windows）或 Shift+Command+P（Mac）组合键。这将打开一个对话框，以便你可以处理噪声。

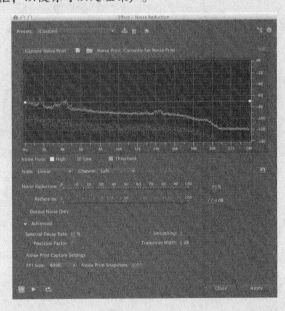

11. 选择 Output Noise Only（仅输出噪声）复选框。此选项允许你仅聆听想要删除的噪声，这有助于避免意外删除想要保留的大部分音频。

12. 单击此窗口底部的 Play（播放）按钮，调整 Noise Reduction（降噪）和 Reduce By（减少）滑块来从剪辑删除噪声。不要降低太多或删除任何声音。

13. 取消选中 Output Noise Only（仅输出噪声）复选框，聆听清理后的音频。

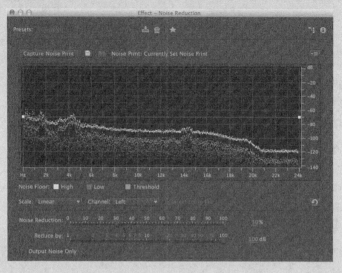

14. 在 Advanced（高级）部分，可以进一步完善降噪。如果音频声音听起来很像在海底听电话的声音，那么一定要尝试 Spectral Decay Rate（光谱衰减率）选项。

15. 感到满意后，单击 Apply（应用）按钮以应用清除。

16. 选择 File（文件）>Close（关闭），并保存更改。

17. 切换回 Adobe Premiere Pro，在这里可以聆听整理后的音频轨道。

12.6 复习

12.6.1 复习题

1. 要更改音频剪辑的速度，而不更改其持续时间，可以使用哪种效果？

2. Delay（延迟）和 Reverb（混响）效果之间的区别是什么？

3. 如何将具有相同参数的同一音频效果应用到三个音频轨道？

4. 至少说出三种从剪辑中删除背景噪声的方式。

12.6.2 复习题答案

1. PitchShifter（变调）效果可以修改剪辑的音调或能量级别，同时仍与视频剪辑保持同步。

2. Delay（延迟）效果创建一种可以重复且逐渐淡出的独特回声。Reverb（混响）效果创建混合回声来模拟房间录制情况。它具有多个参数，可以删除在 Delay（延迟）效果中听到的生硬回声。

3. 创建子混合轨道的最简单方式是将这三个轨道分配给子混合轨道，并为子混合轨道应用效果。

4. 可以使用 Adobe Premiere Pro 中的 Highpass（高通）、Lowpass（低通）、Multiband Compressor（多频段压缩器）、Notch（带通）或 Dynamics（动力学）效果，或者可以将剪辑发送到 Adobe Audition 以使用其高级降噪控件。

第13课 添加视频效果

课程概述

在本课中，你将学习以下内容：

- 使用固定效果；

- 使用效果浏览器浏览效果；

- 应用和删除效果；

- 使用效果预设；

- 使用关键帧效果；

- 了解常用的效果。

- 本课大约需要 75 分钟。

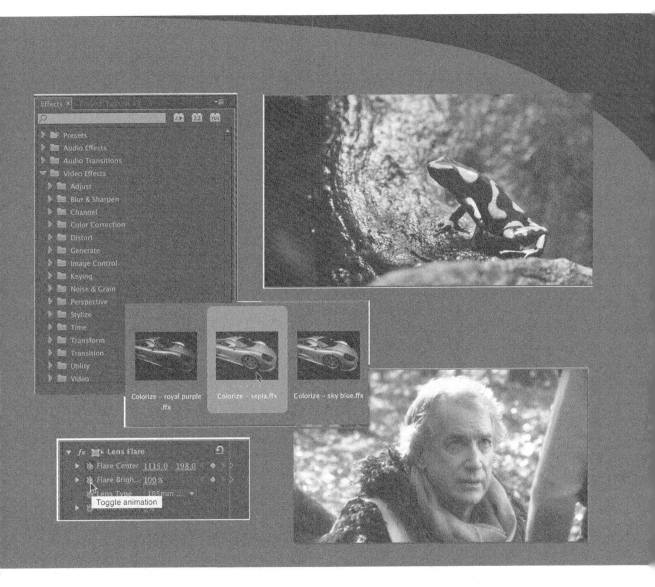

Adobe Premiere Pro CC 提供 100 多种视频效果。大多数效果都带有一组参数，这些参数都可以使用精确的关键帧控件进行动画处理，使它们随时间而变化。

13.1　开始

　　使用视频效果的原因有很多。它们可以解决图像质量问题（比如曝光或色彩平衡）。可以通过组合使用色度抠像等方法来创建复杂的视觉效果。也可以使用视频效果来解决各种制作问题，比如摄像机抖动和果冻效应。

　　还可以出于风格目的使用效果。可以改变色彩或扭曲素材，并且可以在帧内调整剪辑的大小和位置。难点是判断何时使用效果。

13.2　使用效果

　　Adobe Premiere Pro 让使用效果变得很简单。可以将效果拖放到剪辑上，或者选择一个剪辑并在 Effects Browser（效果浏览器）中双击效果。可以在一段剪辑中组合多种效果，这能创建出令人惊叹的效果。也可以使用调整图层为一组剪辑添加相同的效果。

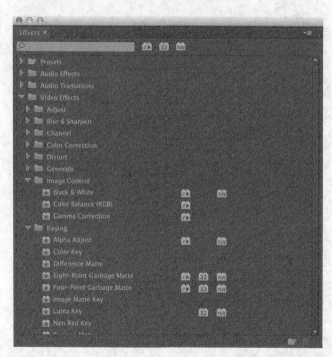

　　选择使用哪种视频效果时，Adobe Premiere Pro 中的选项可能会让你感到无所适从。Adobe Premiere Pro 有 100 多种内置效果。有几种效果还可以从第三方制造商购买或免费下载。了解 Adobe Premiere Pro 对待效果的方式很重要。

13.2.1　固定效果

　　为序列添加剪辑时，将自动应用几种效果。这些效果就称为固定效果，可以将它们视为每个剪辑都有的标准几何、不透明度和音频属性的控件。所有固定效果都可以使用 Effect Controls（效果控制）面板进行修改。

1. 启动 Adobe Premiere Pro，并打开 Lesson 13.prproj。

2. 双击以打开序列 01 Fixed Effects。

3. 在 Timeline（时间轴）中单击以选择第一个剪辑。

4. 选择 Window（窗口）>Workspace（工作区）>Effects（效果），切换到 Effects（效果）工作区。

5. 选择 Effect Controls（效果控制）面板（它应该与 Source Monitor（源监视器）面板停靠在一起）。

如果你的工作区与你在这里看到的不同，请选择 Window（窗口）>Workspace（工作区）>Reset Current Workspace（重置当前工作区）。

6. 检查应用的固定效果。

默认情况下，会自动为序列中的每个剪辑应用固定效果，但在你操作之前它们不会改变剪辑。

7. 单击每种效果旁边的提示三角形以显示其属性。

- Motion（运动）。Motion（运动）效果可以动画化、旋转和缩放剪辑。还可以使用高级的防闪烁控件来减少动画对象闪闪发光的边缘。当你缩放高分辨率源并且 Adobe Premiere Pro 必须重新采样数码图像时，这非常方便。

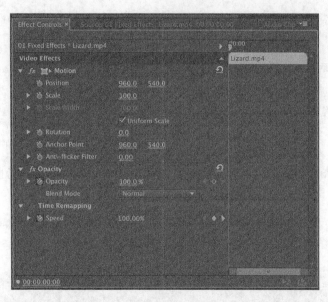

- Opacity（不透明度）。Opacity（不透明度）效果支持你控制剪辑的不透明或透明程度。此外，可以访问多种混合模式以创建效果和实时混合。第 15 课将详细介绍此方法。

- Time Remapping（时间重映射）。此属性允许减速、加速、倒放或者将帧冻结。第 8 课介绍了其用法。

- Volume（音量）。如果编辑的剪辑有音频，则会自动应用 Volume（音量）效果。可以使用此效果控制各个剪辑的音频音量。

8. 在 Timeline（时间轴）中单击以选择第二个剪辑。仔细查看 Effect Controls（效果控制）面板。

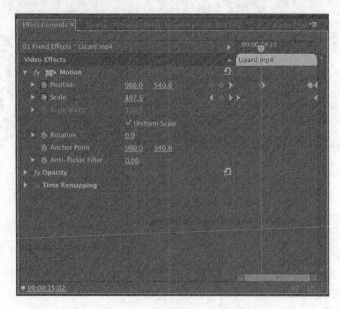

这些效果拥有关键帧，这意味着它们的值会随时间改变。在本例中，为剪辑应用了细微的缩放和平移，以创建数码变焦并重新构图拍摄。本课稍后将介绍关键帧。

9. 按 Play（播放）以观看几次当前序列并比较两张照片。

13.2.2 效果浏览器

除了已经介绍的固定效果，Adobe Premiere Pro 还有标准效果。可以使用标准视频效果更改剪辑的图像质量和外观。由于有 100 多种效果可供选择，因此 Adobe Premiere Pro 试图通过组织它们来简化过程。你将发现 16 种标准类别（第三方效果可能添加更多选择）。这些类别将效果分组为逻辑任务，比如 Distort（扭曲）、Keying（抠像）和 Time（时间）。这使选择想要应用的正确效果变得更简单。可将效果组织为素材箱以便轻松地找到它们。

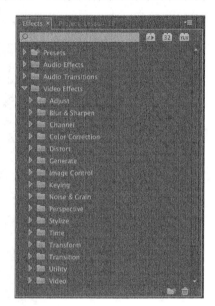

1. 单击 Project（项目）面板。

2. 双击以打开序列 02 Browse。

3. 在 Timeline（时间轴）中单击以选择剪辑。

4. 单击 Effects（效果）选项卡以选择 Effects Browser（效果浏览器）。还可以按键盘快捷键 Shift+7 来选择它。

5. 双击 Video Effects 文件夹以打开它。

6. 单击面板底部的 New Custom Bin（新建自定义素材箱）图标。

新的自定义素材箱 / 文件夹将出现在 Effects（效果）面板中 Lumetri Looks 的下面。重新命名素材箱。

7. 单击一次以选择素材箱。

8. 再次单击素材箱的名称（Custom Bin 01）以突出显示并更改它。

9. 将其名称更改为类似 Favorite Effects 的内容。

10. 打开 Video Effects 文件夹，并将几种效果拖动到自定义素材箱中。现在，只需选择你感兴趣的声音。可以随时在 Favorite Effects 素材箱中添加或删除效果。

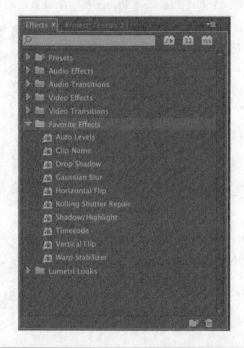

Pr **注意**：效果仍然位于其原始文件夹中，并同时显示在你的文件夹中。可以使用自定义文件夹来构建与你的工作风格匹配的效果类别。

在浏览许多效果时，你将注意到许多效果名称旁边有几个图标。了解这些图标的意义有助于在项目中选择使用的效果。

加速效果

32 位颜色　　　　　YUV 效果

Pr **注意**：有这么多的 Video Effects 子文件夹，有时很难找到想要的效果。如果知道部分或完整的效果名称，则可以在 Effects（效果）选项卡顶部的搜索框中开始键入。Adobe Premiere Pro 会立即显示包含此字母组合的所有效果和过渡，以缩小搜索范围。

1. 加速效果

第一个图标（具有一个加速播放三角形）表示可以使用图形处理单元（GPU）加速效果。记住，GPU（通常称为视频卡）可以明显改善 Adobe Premiere Pro 的性能。如果可能的话，尝试使用支持水银播放引擎的视频卡；安装了支持的卡后，这些效果通常提供加速或甚至实时性能，并仅需要在最终导出时进行渲染。在 Adobe Premiere Pro 产品页面可以找到支持的卡列表。

2. 32 位颜色（高位深）效果

你会发现一些效果在数字 32 旁边有一个图标。这表示效果支持在每声道 32 位模式中处理，也称为高位深或浮点处理。

 注意：使用 32 位效果时，尝试仅使用 32 位效果以获得最佳质量。如果混合并匹配效果，则 32 位效果将切换回 8 位空间进行处理，这将降低图像的总体精确度和准确度。

当以下其中一项是真的时，应该仅使用高位深效果。

- 使用每声道 10 或 12 位编解码器（比如 RED、ARRIRAW、AVC-Intra 100 或 10 bit DNxHD 和 ProRes）处理视频镜头。

- 在对任意素材应用多种效果时，想要保持更大的图像保真度。

此外，在每声道 16 或 32 位色彩空间中渲染的 16 位照片或 Adobe After Effects 文件可以利用高位深效果。

要利用高位深效果，确保你的序列选中了 Render at Maximum Bit Depth（以最大位深渲染）的视频渲染选项。可以在 Export Settings（导出设置）对话框的 Video（视频）选项卡中找到此选项。

 注意：你将看到许多 Video Effects（视频效果）类别。一些效果很难分类，并且可以位于多个类别中，或者是自己就是一个类别，但是这一分类工作得非常好。

3. YUV 效果

如果你需要使用处理图像颜色的效果，则很可能已经优化了它们以便在 YUV 中工作。在计算机的本机 RGB 空间中，如果在 Adobe Premiere Pro 中处理时效果没有 YUV 标签，则会让调整曝光和色彩变得不是很准确。

YUV 效果将视频分为 Y 通道（或明度通道）和两个颜色信息通道（没有亮度）。这是大多数视频素材的本地构建方式。这些滤镜使调整对比度和曝光变得更简单，并且不会改变颜色。

> **Pr** 注意：要了解有关 YUV 效果的更多信息，请阅读 http://bit.ly/yuvexplained。

13.2.3 应用效果

实际上，所有视频效果参数都可以在 Effect Controls（效果控制）面板中找到，这使得设置效果的行为和强度变得更简单。可以对 Effect Controls（效果控制）面板中列出的所有属性单独添加关键帧，让其行为随时间改变（只需查看具有秒表的属性）。此外，可以使用 Bezier（贝塞尔）曲线来调整这些更改的速度和加速。

> **Pr** 注意：可以在列表中上下拖动标准效果来进行重新排序，但是无法对固定效果进行重新排序。这可能会导致问题发生，因为在应用了另一种效果后可能会缩放效果。

1. 继续处理序列 02 Browse。

2. 如果需要，单击 Project（项目）面板旁边的 Effects（效果）选项卡以使它可见。

3. 在 Effects Browser（效果浏览器）搜索字段中键入 black 以减少搜索结果。找到 Black & White（黑白）视频效果。

4. 将 Black & White（黑白）视频效果拖动到 Timeline（时间轴）中的剪辑 Leaping 上。

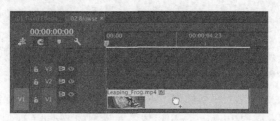

应用此效果会立刻将全彩色的素材转换为黑白，或者更准确地说是灰度图像。还会将此效果放置到 Effect Controls（效果控制）面板中。

5. 确保选中了 Timeline（时间轴）中的剪辑 Leaping。

6. 如果需要，单击 Effect Controls（效果控制）选项卡以打开它。

7. 在 Effect Controls（效果控制）面板中，单击 Black & White（黑白）效果旁边的 fx 按钮，切换 Black & White（黑白）效果的开关。确定播放指示器位于此素材剪辑上以查看效果。

切换效果的开关是查看它与其他效果如何协同工作的一种好方式。此切换开关是 Black & White（黑白）效果的唯一参数。此效果是开或关的。

8. 确保选中了剪辑，这样它的参数才会显示在 Effect Controls（效果控制）面板中，单击 Black & White（黑白）以选择它，然后按 Delete 键。

9. 在 Effects Browser（效果浏览器）搜索字段中键入 direction 以减少搜索结果。找到 Directional Blur（方向模糊）视频效果。

10. 在 Effects Browser（效果浏览器）中，双击效果以应用它。

11. 在 Effect Controls（效果控制）面板中，展开 Directional Blur（方向模糊）效果的滤镜，注意，它拥有 Black & White（黑白）效果没有的一些选项：Direction（方向）、Blur Length（模糊程度）和每个选项旁边的秒表（秒表图标可用于激活关键帧，本课稍后将介绍这一点）。

12. 将 Direction（方向）设置为 90.0 度，并将 Blur Length（模糊长度）设置为 4，以模拟使用较慢的快门速度拍摄的场景。

> **Pr** 提示：Adobe Premiere Pro 中的固定效果必须以一定的顺序处理，这可能导致出现不想要的缩放或调整大小。尽管不可以对固定效果进行重新排序，但是可以跳过它们，使用与其类似的其他效果。例如，可以使用 Transform（变换）效果而不是 Motion（运动）效果，或者是使用 Alpha Adjust（Alpha 调整）效果而不是 Opacity（不透明度）效果。尽管这些效果并不相同，但是它们非常相似并且行为也类似。当需要对执行这些动作的效果重新排序时，可以选择使用它们。

13. 展开 Blur Length（模糊程度）选项，在 Effect Controls（效果控制）面板中移动滑块。

在更改此设置时，会在 Program Monitor（节目监视器）中实时反映更改。

14. 打开 Effect Controls（效果控制）面板菜单，并选择 Remove Effects（删除效果）（单击此面板右上角的三角形）。

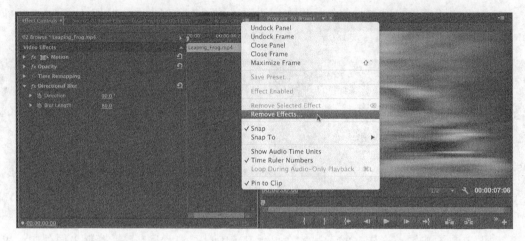

15. 在询问想要删除哪种效果的对话框中，单击 OK（确定）。你想删除所有效果。

这是一种从头开始的简单方式。

应用效果的其他方式

要让使用效果变得更灵活，可以三种方式重用效果。

- 从 Effect Controls（效果控制）面板中选择一种效果，方法是选择 Edit（编辑）>Copy（复制），选择目标剪辑的 Effect Controls（效果控制）面板，并选择 Edit（编辑）>Paste（粘贴）。
- 要复制一个剪辑的所有效果，以便将它们粘贴到另一个剪辑，请在 Timeline（时间轴）中选择此剪辑，并选择 Edit（编辑）>Copy（复制），选择目标剪辑，并选择 Edit（编辑）>Paste Attributes（粘贴属性）。
- 可以创建一种效果预设以保存带有设置的具体效果，以便未来使用。本课稍后将介绍此方法。

13.2.4　使用调整图层

有时你想将一种效果应用于多个剪辑。Adobe Premiere Pro CC 提供了一种执行此操作的简单方式，即调整图层。概念非常简单：创建一个包含效果且位于其他视频轨道上方的新图层。效果会处理此调整图层下面的所有内容。可以调整修剪手柄和调整图层的不透明度以进一步控制效果。这还使调整单个效果变得更简单，而不是为几个剪辑应用多个实例。

下面将为已经编辑的序列创建一个全局效果。

1. 单击 Project（项目）面板。

2. 双击以打开序列 03 Multiple Effects。

3. 在 Project（项目）面板底部，单击 New Item（新建项）
按钮并选择 Adjustment Layer（调整图层）。单击 OK
（确定）以创建匹配当前序列大小的调整图层。

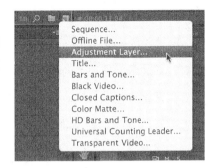

 注意：已简化了此序列以减少其在磁盘上的占
用空间。此序列最初使用了多个音频轨道。

Adobe Premiere Pro CC 会为 Project（项目）面板添加一个新调整图层。

4. 在当前时间轴中，将调整图层拖动到轨道 Video 2 上。

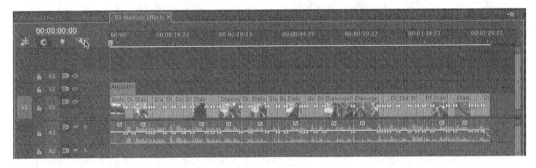

5. 拖动调整图层的右边缘，使它扩展到序列结尾处。

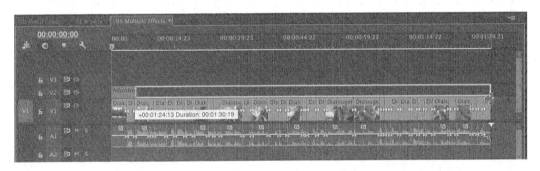

调整图层应如下所示。

让我们使用滤镜并修改调整图层的不透明度，以创建一种电影效果。

6. 在 Effects Browser（效果浏览器）中，搜索并查找 Gaussian Blur（高斯模糊）效果。

7. 将此效果拖动到调整图层上。

8. 将播放指示器移动到 27:00 处，以在设计效果时有一个好的特写镜头可用。

9. 在 Effect Controls（效果控制）面板中，将 Blurriness（模糊强度）设置为较大的值，比如 25.0 像素。一定要选择 Repeat Edge Pixels（重复边缘像素）复选框以均匀地应用效果。

让我们使用一种混合模式来混合效果以创建一种电影感觉。混合模式允许你根据其亮度和颜色值将两个图层混合在一起。第 15 课将详细介绍混合模式。

10. 在 Effect Controls（效果控制）面板中，单击 Opacity（不透明度）属性旁边的提示三角形。

11. 将混合模式更改为 Soft Light（柔光）以创建柔和的混合效果。

12. 将 Opacity（不透明度）设置为 75% 以渐隐效果。

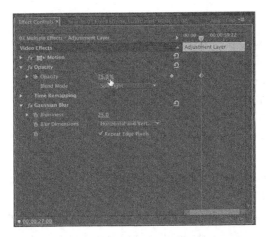

在 Timeline（时间轴）面板中，可以单击调整图层的可见性图标（Video 2 旁边的眼球）以查看应用效果之前和之后的效果。

应用调整图层之前的效果

应用调整图层和混合模式之后的效果

将剪辑发送到Adobe After Effects

如果你在安装了Adobe After Effects的计算机上工作，则可以轻松地在Adobe Premiere Pro和After Effects之间来回发送剪辑。由于Adobe Premiere Pro和After Effects之间的关系紧密，因此与其他编辑平台相比，可以无缝地集成这两种工具。这是一种可明显扩展编辑工作流的效果功能的有用方式。

通常将用来移动剪辑的过程称为Dynamic Link（动态链接）。Dynamic Link（动态链接）是革命性的，将完全改变在后期制作流程中处理媒体的方式。使用Dynamic Link（动态链接），可以无缝地交换剪辑，无需不必要的渲染。

1. 在打开的序列中，选择 After Effects 合成想要使用的剪辑。对于本练习，可以使用序列 04 Dynamic Link。

2. 右键单击所选的剪辑。

3. 选择 Replace With After Effects Composition（使用 After Effects 合成替换）。

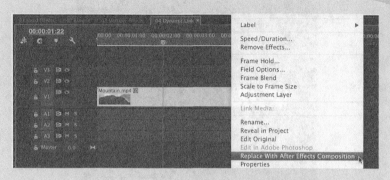

4. 如果 After Effects 还未运行，请启动它。如果 After Effects 出现 Save As（另存为）对话框，则为 After Effects 项目输入名称和位置。将项目命名为 Lesson 13-01.aep 并将它保存到 Lessons 文件夹。这会创建一个新合成，并且此合成继承 Adobe Premiere Pro 的序列设置。根据 Adobe Premiere Pro 项目名称命名新合成，后面再加上 Linked Comp。

5. 如果此合成还未打开，在 After Effects 项目面板中查找它，并双击以加载 Lesson 13-01 Linked Comp 01。

　　使用 After Effects 应用效果的方式很多。为简单起见，我们将使用动画预设。有关效果工作流的更多信息，请参见《Adobe After Effects CC 经典教程》。

6. 找到 Effects & Presets（效果与预设）面板，单击其右上角的子菜单，并选择 Browse Presets（浏览预设）。

7. 这会启动 Adobe Bridge 以便可视地浏览预设。

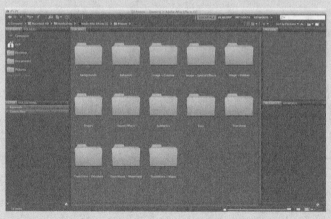

　　可以浏览文件夹以查看每个预设的图标。单击图标以预览此效果。

8. 双击 Image-Creative 文件夹以浏览预设。

9. 单击预设以查看动画预览。

10. 双击 Colorize - sepia.ffx 预设；当切换回 After Effects 时，会为所选的图层应用预设。

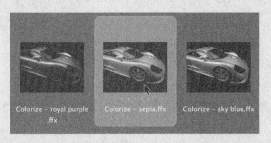

11. 切换回 After Effects 以查看应用的效果。

12. 在 Timeline（时间轴）中选择剪辑，并按 E 键来查看应用的效果。

13. 如果需要，单击 Tint（色调）和 Fill（填充）效果旁边的提示三角形以查看其控件。

14. 单击每种颜色的色片以调整 Tint（色调）和 Fill（填充）效果所用的颜色。移动棕褐色调以让其略偏冷色调。

15. 单击 RAM Preview（内存预览）按钮以预览效果。缓存了帧之后，将实时播放文件。

16. 选择 File（文件）>Save（保存）以捕捉更改。

17. 切换回 Adobe Premiere Pro。将在后台处理帧，并将帧从 Adobe After Effects 发送到 Adobe Premiere Pro。还可以在 Timeline（时间轴）中选择剪辑，并选择 Sequence（序列）>Render Effects in Work Area（在工作区中渲染效果）。

可以从 Adobe 网站 www.adobe.com/go/learn_ae_cs3additionalanimationpresets 浏览和下载几种预设。大多数已发布的预设都是免费的。这也是了解大型 After Effects 团体的一种绝佳方式。

13.3 关键帧效果

关键帧的概念可以追溯到传统动画。首席动画师会绘制关键帧（或主要动作），然后助理动画师会对之间的帧应用动画（这一过程通常称为补间动画）。现在，你是设置主要关键帧的大师，而计算机为你执行其他工作，它会在你设置的关键帧之间内插值。

13.3.1　添加关键帧

几乎所有视频效果的所有参数都可以设置关键帧。也就是说，我们可以用无数种方法使效果的动作随时间而改变。例如，可以让效果逐渐虚焦，改变颜色，或者拉长其阴影。

注意： 应用效果时，一定要将播放指示器移动到正在处理的剪辑上，以便在工作时查看更改。仅选择剪辑，那么在 Program Monitor（节目监视器）中将看不到它。

1. 单击 Project（项目）面板。

2. 双击以打开序列 05 Keyframes。

3. 观看此剪辑几次以熟悉其素材。

4. 在 Effects Browser（效果浏览器）中，找到 Lens Flare（镜头光晕）效果，并将它应用到视频图层。

5. 单击 Lens Flare（镜头光晕）效果旁边的提示三角形，并调整 Lens Flare（镜头光晕）效果，以便它的位置如下图所示。

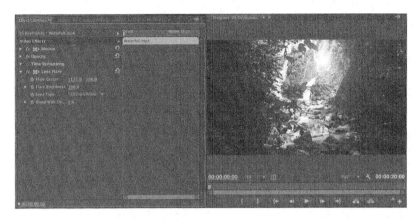

6. 扩展 Effect Controls（效果控制）面板的显示宽度，直到其视图足够宽。可以在面板之间拖动来调整面板大小。如果需要，单击 Show/Hide Timeline View（显示 / 隐藏时间轴视图）按钮。

7. 将播放指示器放在序列的开头。

8. 单击秒表图标以切换 Flare Center（光晕中心）和 Flare Brightness（光晕亮度）属性的动画。

9. 将播放指示器移动到剪辑末尾。

可以直接在 Effect Controls（效果控制）面板中拖动播放指示器。
确保没有将视频的最后一帧设置为黑色。

10. 调整 Flare Center（光晕中心）和 Flare Brightness（光晕亮度），以便在摄像机平移时光晕在屏幕上飘过并变得更亮。使用下图作为指导。

 提示：一定要使用 Next Keyframe（下一个关键帧）和 Previous Keyframe（上一个关键帧）按钮来高效地在关键帧之间移动。这将避免添加不必要的关键帧。

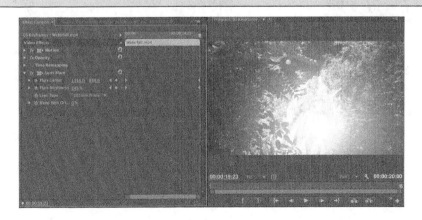

11. 播放序列以观看效果动画。

13.3.2　添加关键帧插值和速度

当效果移近或移离关键帧时，关键帧插值会改变效果参数的变化方式。目前看到的默认变化方式都是线性的，换句话说，也就是两个关键帧之间的速度是不变的。通常较好的变化方式是让它符合你的生活体验，或者更夸张一些，比如逐渐加速或减速。

Adobe Premiere Pro 提供了两种控制变化的方法：关键帧插值和 Velocity（速度）曲线。关键帧插值最简单（只需单击两次），而调整 Velocity（速度）曲线则更专业。掌握这种功能需要花时间做一些练习。

对于本课，可以使用之前的序列或者打开 06 Interpolation。

1. 确保可以看到 Effect Controls（效果控制）面板的 Timeline（时间轴），方法是单击此面板顶部的 Show/Hide Timeline View（显示 / 隐藏时间轴视图）按钮。

2. 将播放指示器放在剪辑的开头。

在摄像机移动之前，Lens Flare（镜头光晕）效果目前是动画的，因此可以调整它以获得更自然的运动。

3. 右键单击（Windows）或按住 Control 并单击（Mac OS）Flare Center（光晕中心）属性的第一个关键帧。

4. 选择 Temporal Interpolation（时间插值）> Ease Out（缓出）方法来创建从关键帧移动的柔和过渡。

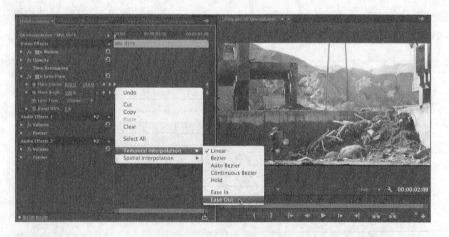

注意：当使用与位置相关的参数时，关键帧的上下文菜单将提供两种插值选项：空间插值（与位置相关）和时间插值（与时间相关）。可以在 Program Monitor（节目监视器）和 Effect Controls（效果控制）面板中进行空间调整。可以在 Timeline（时间轴）和 Effect Controls（效果控制）面板中进行时间调整。第 9 课介绍了这些与运动相关的主题。

5. 右键单击 Flare Center（光晕中心）属性的第二个关键帧。选择 Temporal Interpolation（时间插值）> Ease In（缓入）方法来创建从上一个关键帧的静止位置开始的柔和过渡。

下面将修改 Flare Brightness（光晕亮度）属性。

6. 单击 Flare Brightness（光晕亮度）的第一个关键帧，然后按住 Shift 键并单击第二个关键帧，这样两个关键帧都是活动的。

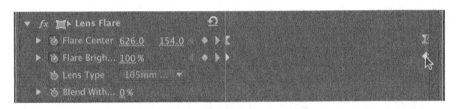

7. 右键单击任意一个 Flare Brightness（光晕亮度）关键帧，并选择 Auto Bezier（自动贝塞尔）曲线来在两个属性之间创建柔和的动画效果。

8. 播放动画以观看所做的更改。

让我们使用 Velocity（速度）曲线进一步改善关键帧。

9. 将鼠标放在 Effect Controls（效果控制）面板上，然后按 ` 键以将面板最大化为全屏显示，这将允许你更好地查看关键帧控件。

10. 如果需要，单击 Flare Center（光晕中心）和 Flare Brightness（光晕亮度）属性旁边的提示三角形以显示可调整的属性。

Velocity（速度）曲线显示关键帧之间的速度。突然下降或升起表示加速度的突然改变，在物理学中，将其称为加速度变化率。点或线距离中心的位置越远，速度越大。

11. 调整关键帧的手柄以更改速度曲线的陡峭或平缓程度。

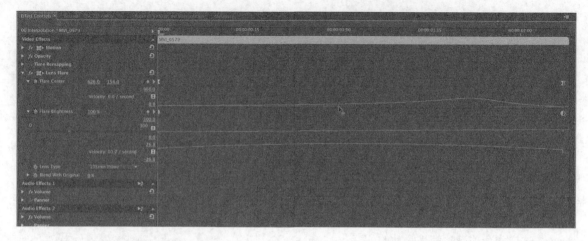

12. 按 ` 键以恢复默认窗口布局。

13. 播放序列以查看所做更改的影响。继续尝试，直到你掌握了关键帧和插值的用法。

了解插值方法

下面总结了Adobe Premiere Pro的关键帧插值方法。

- Linear（线性）。此方法是默认方法，创建关键帧之间的匀速变化。
- Bezier（贝塞尔曲线）。此方法允许你手动调整关键帧任一侧曲线的形状。Bezier（贝塞尔曲线）允许在进、出关键帧时突然加速变化。
- Continuous Bezier（连续贝塞尔曲线）。此方法创建通过关键帧的平滑速率变化。与Bezier（贝塞尔曲线）不同，如果调节一侧手柄，关键帧另一侧的手柄会以相反的方式移动，确保通过关键帧时平滑过渡。
- Auto Bezier（自动贝塞尔曲线）。即使改变关键帧参数值，这种方法也能在关键帧中创建平滑的速率变化。如果选择手动调节其手柄，它变为Continuous Bezier（连续贝塞尔曲线）点，保持通过关键帧的平滑过渡。Auto Bezier（自动贝塞尔曲线）选项偶尔可能生成不想要的运动，因此首先尝试其他选项。
- Hold（定格）。此方法改变属性值，而没有渐变过渡（效果突变）。应用了Hold（定格）插值后，关键帧的曲线显示为水平直线。
- Ease In（缓入）。此方法减缓进入关键帧的数值变化。
- Ease Out（缓出）。此方法逐渐增加离开关键帧的数值变化。

13.4 效果预设

为了在执行重复任务时节省时间，Adobe Premiere Pro 支持几种预设。其中包含了几种针对特定任务的预设，但是，你还可以创建自己的预设来解决重复任务。创建效果预设时，甚至可以为动画保存关键帧。

Pr | **注意**：效果是制作动画或在视频剪辑上移动图形或一些文本的好方式。

13.4.1　使用内置预设

可以使用 Adobe Premiere Pro 包含的其中一种效果预设。它们对于执行下列任务很有用，比如斜边、画中画效果和风格化过渡。

1. 单击 Project（项目）面板。

2. 双击以打开序列 07 Presets。

此序列有两个剪辑：一个视频镜头和一个叠加的徽标。我们将使用动画预设以动画方式显示徽标。

3. 在 Effects（效果）面板中，展开 Presets 素材箱和 Mosaics 素材箱。如果看不到它，请先清除搜索字段。

4. 将 Mosaic In 预设拖动到 Video 2 的 paladin-logo.psd 剪辑上。

5. 播放序列以观看徽标进入屏幕的方式。

6. 单击 Video 2 上的 paladin-logo.psd 剪辑，并在 Effect Controls（效果控制）面板中查看其控件。

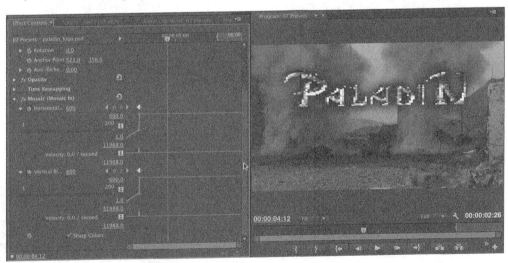

7. 在 Effect Controls（效果控制）面板中，尝试调整关键帧的位置以自定义效果。

13.4.2　保存效果预设

尽管有几种效果预设可供选择，但创建自己的预设是个好主意。此过程非常简单，并且可以创建可轻松地在计算机之间移动的预设文件。此过程实际上是选择自己想要的内容。

1. 单击 Project（项目）面板。

2. 双击以打开序列 08 Creating Presets。

此时间轴有两个剪辑和一个展示徽标的两个实例。

3. 播放序列以观看初始动画。

4. 选择 paladin_logo.psd 的第一个实例。

5. 选择 Effect Controls（效果控制）面板，并选择 Edit（编辑）>Select All（选择全部）来选择应用到剪辑的所有效果。

如果仅想保存部分效果，还可以选择各个属性。按住 Control（Windows）或 Command（Mac OS）并在 Effect Controls（效果控制）面板中单击多种效果。但是，在本例中，会使用所有效果。

6. 在 Effect Controls（效果控制）面板中，单击子菜单并选择 Save Preset（保存预设）。

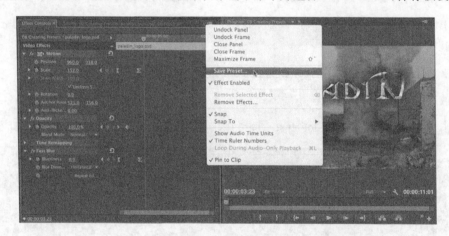

7. 在 Save Preset（保存预设）对话框中，将效果命名为 Logo Animation。

8. 选择下列其中一种预设来指定 Adobe Premiere Pro 在预设中处理关键帧的方式。

- **Scale**（缩放）。按比例将源关键帧缩放为目标剪辑的长度。此操作会删除原始剪辑上的任何现有关键帧。

- **Anchor to In Point**（定位到入点）。保持第一个关键帧的位置及其与剪辑中其他关键帧的关系。会根据第一个关键帧的入点位置为剪辑添加其他关键帧。本练习使用此选项。

- **Anchor to Out Point**（定位到出点）。保持最后一个关键帧的位置及其与剪辑中其他关键帧的关系。会根据最后一个关键帧的出点位置为剪辑添加其他关键帧。

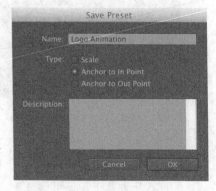

9. 单击 OK（确定）以将影响的剪辑和关键帧保存为新预设。

10. 在 Effects（效果）面板中，找到 Presets 文件夹。

11. 找到新创建的 Logo Animation 预设。

12. 在 Timeline（时间轴）中，将 Logo Animation 预设拖动到 paladin_logo.psd 文件的第二个实例上。

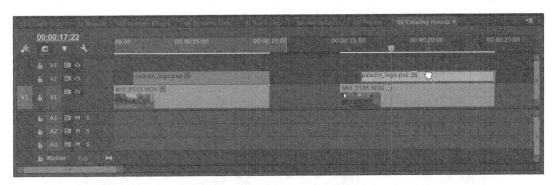

13. 观看序列播放以查看新应用的标题动画。

使用多个GPU

如果你想加速效果渲染或导出剪辑，可考虑再添加一个GPU卡。如果你正在使用放电脑的立体柜或工作站，则可能有一个额外的插槽来支持第二个显卡。现在，Adobe Premiere Pro可以充分利用具有多个GPU卡的计算机，来明显缩短导出时间。可以在Adobe网站上找到有关支持卡的更多信息。

13.5 常用的效果

本课已经介绍了几种效果。尽管介绍所有效果超出了本书的范围，但是我们将介绍在许多编辑情形下非常有用的三种附加效果。通过了解其可能性，你可以更好地了解前面的效果选项。

13.5.1 图像稳定和减少果冻效应

Warp Stabilizer（变形稳定器）效果可以删除摄像机移动造成的抖动，对于今天轻量级的摄像机来说，这种现象越来越普遍。此效果非常有用，因为它可以删除不稳定的视差类型移动（图像在屏幕上看起来移位了）。此外，此效果可以修复 CMOS 类型传感器（比如 DSLR 摄像机上的传感器）常见的视觉瑕疵，并具有补偿果冻效应的能力。在平移或对象在画面中水平移动时，这会让图像看起来像是拥有强烈的垂直线的材质的光学弯曲。

下面将介绍效果。

1. 单击 Project（项目）面板。

2. 双击以打开序列 09 Warp Stabilizer。

3. 播放序列以评估不稳定的拍摄。

4. 在 Timeline（时间轴）面板中选择剪辑。

5. 在 Effects Browser（效果浏览器）中，找到 Warp Stabilize（变形稳定器）效果。双击它以将它应用到所选镜头。

为剪辑应用了 Warp Stabilizer（变形稳定器）效果。这会立即分析入点和出点之间的素材。

分析过程需要两步，在分析时会看到一个横跨素材的横幅。还会在 Effect Controls（效果控制）面板中查看进度更新。在分析时，可以继续处理序列。

 提示：如果你注意到镜头中的一些细节是摇晃的，则可能想要改善总体效果。在 Advanced（高级）部分，选择 Detailed Analysis（详细分析）选项。这会让分析阶段做更多的工作来查找跟踪的元素。还可以使用 Advanced（高级）类别下 Rolling Shutter Ripple（果冻效应波纹）的 Enhanced Reduction（增强减小）选项。这些选项很慢，但是可以生成出色的结果。

6. 可以使用几种有用的 Stabilization（稳定化）方法选项改善效果，其中包括下列三个选项。

• Result（结果）。可以选择 Smooth Motion（平滑运动）保持常规摄像机的移动，或者选择 No Motion（不运动）来尝试消除拍摄中的所有摄像机运动。对于本练习，选择 Smooth Motion（平滑运动）。

• Method（方法）。可以使用 4 种可用的方法。功能最强大的两个方法是 Perspective（透视）和 Subspace Warp（子空间变形），因为它们会严重地扭曲和处理图像。如果这两种方法没有造成太多扭曲，则可以尝试切换到 Position, Scale, Rotation（位置、缩放、旋转）或仅仅是 Position（位置）。

- Smoothness（平滑度）。此选项指定应为 Smooth Motion（平滑运动）保持的摄像机原运动的程度。值越高越平滑。对镜头尝试此选项，直到你对其稳定性感到满意为止。

7. 播放序列。

13.5.2 时间码和剪辑名称

如果你需要将序列的审查副本发送给客户或同事，则 Timecode（时间码）和 Clip Name（剪辑名称）效果将非常有用。可以为调整图层应用 Timecode（时间码）效果，并让它为整个序列生成可见的时间码。这非常有用，因为它允许其他人根据特定时间点做出具体的反馈。可以控制显示的位置、大小、不透明度、时间码本身，以及其格式和来源。Clip Name（剪辑名称）效果需要直接应用到每个剪辑上。

1. 单击 Project（项目）面板。

2. 双击以打开序列 10 Timecode Burn-In。

3. 在 Project（项目）面板中，单击 New Item（新建项目）列表并选择 Adjustment Layer（调整图层）。单击 OK（确定）。

这会将一个新调整图层添加到 Project（项目）面板中。

4. 在当前时间轴中，将调整图层拖动到轨道 Video 2 上。

5. 拖动新调整图层的右边缘，以便它扩展到序列的结尾。

6. 在 Effects Browser（效果浏览器）中，找到 Timecode（时间码）效果，并将它拖动到调整图层以应用它。

7. 将 Time Display（时间显示）设置为 24，以匹配序列的帧速率。

8. 选择时间码源。在本例中,使用 Generate(生成)选项并将 Starting Timecode(开始时间码)设置为 01:00:00:00 以匹配序列。

9. 调整效果的 Position(位置)和 Size(大小)选项。

移动时间码窗口以便它不会遮挡场景中的关键动作或任意图形是个好主意。如果你打算将视频发布到网站上进行审查,一定要调整时间码刻录的大小,以便它易于读取。

 注意:如果想显示原始剪辑的时间码,则需要直接为序列中的每个剪辑应用时间码效果。可以使用 Copy and Paste Attributes(复制并粘贴属性)命令来加速此任务。

现在,应用一种效果,以在导出的影片中轻松查看每个剪辑的名称。这将使从客户或协作者那里获得具体反馈变得更简单。

10. 使用 Selection(选择)工具,选择轨道 V1 上序列的所有剪辑。

11. 在 Effects Browser(效果浏览器)中,搜索 Clip Name(剪辑名称)效果。

12. 双击 Clip Name(剪辑名称)效果以将它应用于所选剪辑。可以使用 Copy and Paste Attributes(复制并粘贴属性)命令来加速此任务。

13. 调整效果属性以进行尝试，确保 Timecode（时间码）和 Clip Name（剪辑名称）效果都是可读的。

13.5.3 阴影／高光

Shadow/Highlight（阴影／高光）效果是快速调整剪辑中对比度问题的一种有用方式。它可以使黑暗阴影中的对象变亮，还可以使稍微曝光过度的区域变暗。此效果基于周围的像素独立调整阴影和高光。默认设置用于修复有逆光问题的图像，但是也可以根据需要修改设置。

下面将尝试效果。

1. 单击 Project（项目）面板。

2. 双击以打开序列 11 Shadow/Highlight。

3. 播放序列以评估阴影照片。

4. 在 Timeline（时间轴）面板中选择剪辑。

5. 在 Effects Browser（效果浏览器）中，找到 Shadow/Highlight（阴影／高光）效果。双击它以将它应用到所选照片上。

为剪辑应用了 Shadow/Highlight（阴影／高光）效果。

6. 播放序列以查看此效果的结果。

默认情况下，此效果使用 Auto Amounts（自动数量）。此选项会禁用大部分控件，但通常提供了有用的结果。

7. 在 Effect Controls（效果控制）面板中取消选中 Auto Amounts（自动数量）复选框。

8. 展开 More Options（更多选项）旁边的控件以完善效果。

先调整阴影和高光的定义，然后完善各自的曝光。

9. 调整下列属性以进行尝试（使用图作为指导）。

- Shadow Amount（阴影数量）。此控件影响阴影变亮的程度。

- Highlight Amount（高光数量）。使用此控件来使图像中的高光变暗。

- Shadow Tonal Width（阴影色调宽度）和 Highlight Tonal Width（高光色调宽度）。使用范围来定义高光或阴影的范围。较高的值会扩展可调范围，而较低的值会限制可调范围。这些控件有助于隔离要调整的区域。

- Shadow Radius（阴影半径）和 Highlight Radius（高光半径）。调整半径控件以混合所选像素和未选像素。这可以创建平滑的效果混合。避免使用太高的值，否则会出现不想要的发光效果。

- Color Correction（颜色校正）。调整曝光时，图像中的颜色会褪色。使用此滑块恢复素材调整区域的自然外观。

- Midtone Contrast（中间调对比度）。此控件允许你为中间调区域添加更多对比。如果你需要图像的中间部分更好地匹配调整的阴影和高光区域，那么此控件非常有用。

13.6 复习

13.6.1 复习题

1. 为剪辑应用效果的两种方式是什么？

2. 列出三种添加关键帧的方式。

3. 将效果拖动到剪辑上会在 Effect Controls（效果控制）面板中打开其参数，但是无法在 Program Monitor（节目监视器）中看到此效果。为什么？

4. 描述如何将一种效果应用于一组剪辑。

5. 描述如何将多种效果保存到一个自定义预设。

13.6.2 复习题答案

1. 将效果拖动到剪辑上，或者选择剪辑并在 Effects（效果）面板中双击效果。

2. 在 Effect Controls（效果控制）面板中将播放指示器移动到想要添加关键帧的位置，并通过单击 Toggle animation（切换动画）按钮来激活关键帧；移动播放指示器，并单击 Add/Remove Keyframe（添加 / 删除关键帧）按钮；激活了关键帧后，将播放指示器移动到一个位置，并更改参数。

3. 你需要将时间轴的播放指示器移动到所选剪辑以在 Program Monitor（节目监视器）中查看它。只选择剪辑并不会将播放指示器移动到此剪辑。

4. 在想要影响的剪辑上方添加一个调整图层。然后，应用一个将修改调整图层下方所有剪辑的效果。

5. 可以单击 Effect Controls（效果控制）面板并选择 Edit（编辑）>Select All（选择全部）。还可以按住 Control（Windows）或 Command（Mac OS）键并在 Effect Controls（效果控制）面板中单击多种效果。选择了多种效果后，从 Effect Controls（效果控制）面板菜单选择 Save Preset（保存预设）命令。

第14课 颜色校正和分级

课程概述

在本课中，你将学习以下内容：

- 在颜色校正工作区中工作；

- 使用矢量示波器和波形；

- 使用颜色校正效果；

- 修复曝光和颜色平衡问题；

- 使用特效；

- 创建一个外观。

本课大约需要 60 分钟。

在本课中，你将学习一些改进剪辑外观的主要方法。业内人士每天都会使用这些方法来让电视节目和电影给人眼前一亮的感觉，并让它们变得与众不同。

将所有剪辑编辑在一起只是创意过程的第一步。现在是处理颜色的时候了。

14.1 开始

是再次切换的时候了。到目前为止，你一直在组织剪辑，构建序列并应用特效。使用颜色校正时会用到所有这些技能。

为了最大限度地利用 Adobe Premiere Pro CC 颜色校正工具，你需要以色彩构成的角度思考问题：思考眼睛记录颜色和光线的方式，摄像机录制颜色和光线的方式，以及计算机屏幕、电视屏幕、投影仪或电影院屏幕显示颜色和光线的方式。

Adobe Premiere Pro 有多个颜色校正工具，这使创建自己的预设非常简单。在本课中，首先将介绍一些基本颜色校正技能，介绍一些最常见的颜色校正特效，然后使用它们来处理一些常见的颜色校正挑战。

1. 打开 Lesson 14 文件夹中的 Lesson 14.prproj。如果 Adobe Premiere Pro 无法找到此课程文件，请参见本书开头"前言"中的"重新链接课程文件"，了解搜索和重新链接文件的两种方式。

2. 如果需要，选择 Window（窗口）>Workspace（工作区）>Color Correction（颜色校正），以切换到 Color Correction（颜色校正）工作区。

3. 选择 Window（窗口）>Workspace（工作区）>Reset Current Workspace（重置当前工作区）。

4. 在 Reset Workspace（重置工作区）对话框中单击 Yes（确定）。

14.2 面向颜色的工作流

现在，已经切换到了新工作区，是时候换种思考方式了。将剪辑放置到合适的位置后，少关注它们的动作，多关注它们是否适合在一起：它们看起来是否像是使用同一台摄像机在同一个地点的相同时间拍摄的。

处理颜色主要有两个阶段。

1. 确保剪辑具有相匹配的颜色、亮度和对比度。

2. 赋予一种外观：一种特定音调或色调。

可使用同样的工具实现这两个目的，但是通常以此顺序单独实现目的。如果同一源的两个剪辑没有匹配的颜色，则会出现不和谐的连续性问题。

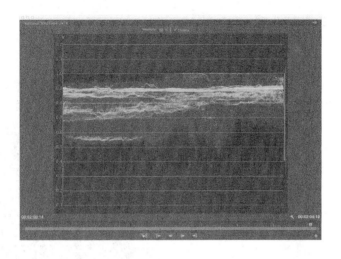

14.2.1 颜色校正工作区

与其他专门的工作区一样，Color Correction（颜色校正）工作区主要是重新定位和调整多个面板的大小，以制作一个方便的布局来执行当前任务。

此工作区包含两个值得注意的变化。

- 有一个新的 Reference Monitor（参考监视器），稍后将介绍它。

- Effect Controls（效果控制）面板占了屏幕很大一部分。

你会注意到，Timeline（时间轴）面板会缩小以容纳新的 Reference Monitor（参考监视器）和更大的 Effect Controls（效果控制）面板。这很好，因为在进行颜色校正时，不会编辑剪辑，并且不需要一次看到太多剪辑。

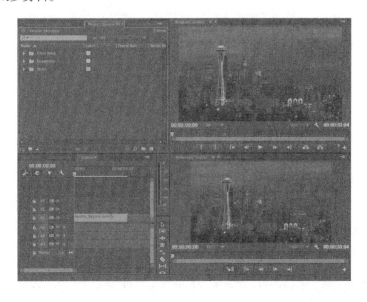

14.2.2 视频示波器基础知识

你可能会奇怪为什么 Adobe Premiere Pro 界面是灰色的。有一个非常好的理由：视觉是非常主观的。实际上，它也是高度相关的。

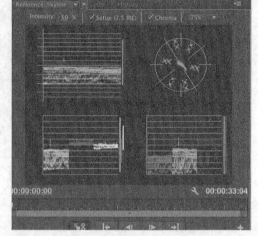

如果看到相邻的两种颜色，你会看到一种颜色的出现会改变另一种颜色。为防止 Adobe Premiere Pro 界面影响你感知序列中颜色的方式，Adobe 让此界面几乎全是黑色的。如果你见过专业的颜色分级套件（艺术家对电影和电视节目进行最后的润色），你可能会看到整个房间都是灰色的。艺术家有时有一个非常大的灰卡或一段墙，在检查照片之前，你可以盯着它们看一会儿以"重置"其视觉。

主观视觉与计算机显示器和电视屏幕显示颜色和亮度的方式结合使用，会创建一个客观的度量标准需要。

视频示波器提供了这样的功能。整个传媒业都会使用它们；学习了它们之后，就可以到处使用它们了。

1. 如果它还未打开，请从 Sequences 素材箱打开 Lady Walking 序列。

2. 将 Timeline（时间轴）播放指示器放置到序列的一个剪辑上。

在 Program Monitor（节目监视器）中应该看到一位女士走在大街上，同时在 Reference Monitor（参考监视器）中显示了同一个剪辑。

14.2.3 参考监视器

Reference Monitor（参考监视器）与 Source Monitor（源监视器）和 Program Monitor（节目监视器）的外观和行为很像。它以类似 Program Monitor（节目监视器）的方式显示当前序列的内容。

主要区别是它们没有编辑控件。

例如，不能添加入点和出点。相反，有 Timeline（时间轴）导航控件和一个 Gang to Program Monitor（绑定到节目监视器）按钮。

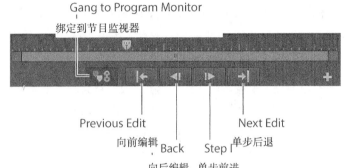

选中了 Gang to Program Monitor（绑定到节目监视器）按钮后，Reference Monitor（参考监视器）将与 Timeline（时间轴）和 Program Monitor（节目监视器）同步移动。关闭此按钮后，则可以单独移动 Reference Monitor（参考监视器）的播放指示器。

Gang to Program Monitor（绑定到节目监视器）选项非常有用，因为 Reference Monitor（参考监视器）可以与 Source Monitor（源监视器）和 Program Monitor（节目监视器）相同的方式显示矢量示波器或各种波形。绑定 Reference Monitor（参考监视器）并使用其中一个示波器时，可以动态更新有关序列剪辑的客观信息，同时在 Program Monitor（节目监视器）中观看常规播放。

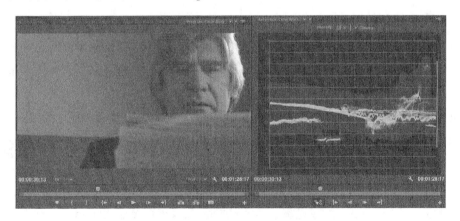

由于可以关闭绑定，因此还可以使用 Reference Monitor（参考监视器）比较序列中的镜头，并且可以始终使用 Source Monitor（源监视器）来比较素材箱中的镜头。

Pr 注意：将 Reference Monitor（参考监视器）绑定到 Program Monitor（节目监视器）时，不会同时进行播放。当停止播放或调整时，会进行更新以显示同一帧。

1. YC 波形

要在 Adobe Premiere Pro 中处理颜色，还需要熟悉 YC 波形。在 Reference Monitor（参考监视器）中单击 Settings（设置）菜单按钮，并将它设置为 YC Waveform（YC 波形）。

播放序列或使用鼠标调整时间标尺时，YC 波形会更新以显示当前帧的分析。

如果刚接触波形，可能会有点奇怪，因为它们实际上非常简单。它们显示了图像的亮度和颜色强度。

当前帧中的所有像素都会显示在波形中。像素越亮，波形越高。像素具有正确的水平位置（屏幕中间的像素也会显示在波形中间），但是其垂直位置不是基于图像的。

相反，垂直位置表示亮度或颜色强度；会使用不同的颜色同时显示亮度和颜色强度波形。

- 0 位于刻度底部，表示没有亮度和 / 或没有颜色强度。

- 100 位于刻度顶部，表示像素是全亮的。在 RGB（红色、绿色和蓝色）刻度上，这个值将是 255。

- 如果正在处理 NTSC 序列，则波形将自动使用 IRE 刻度。如果正在处理 PAL 序列，则波形将自动使用毫伏刻度，其中波形上的 0 实际上是 0.3 瓦。

这一切可能听起来极具技术性，但是实际上它非常简单。有一个可视的基准线表示"没有亮度"，并且有一个顶部线表示"全部亮度"。图形边缘的数字可能会改变，但是使用方法实际上是相同的。

YC 表示明度（亮度）和色度（颜色）。

C 表示色度非常简单，但是字母 Y 表示明度则需要做些解释。它是使用 x、y 和 z 轴度量颜色信息的一种方式，其中 y 表示明度。最初想法是创建一个简单的系统来记录颜色，并使用 y 表示亮度或明度。

YC 波形顶部的控件显示提供了一些简单的选项。

- **Intensity**（强度）。它仅更改波形显示的亮度。

- **Setup (7.5 IRE)**（设置（7.5 IRE））。这仅适用于一些 NTSC 模拟、标清视频，其中图形中的 0 表示 7.5。选择此复选框不会明显影响波形显示工作的方式。它仅是将 0 移动到 7.5。如果正在处理 PAL 视频，则不会看到此复选框。

- **Chroma**（色度）。此控件显示波形显示中的颜色信息。

我们不是在处理模拟 SD 视频，因此取消选择 Setup (7.5 IRE)（设置（7.5 IRE））选项。现在，我们仅打算处理明度，因此也取消选择 Chroma（色度）选项。

现在，你应该看到一个如下所示的简单显示。

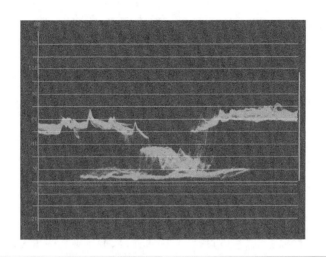

你应该能够看到部分图像，其中显示了图像烟雾缭绕的背景，向左侧和右侧飘动（具有一些脊，其背景分布似乎有一些规律）。还应该能够在中间看到一个暗区，即女士所在的位置。如果浏览序列，将看到波形显示更新。

对于显示图像的对比度和检查是否正在处理具有"合法"电平（即广播公司支持的最小和最大亮度或色彩饱和度）的视频来说，波形显示非常有用。广播公司采用其自己的合法电平标准，因此你需要找出播放作品的广播公司的标准。

你会立刻看到我们的这张照片没有强烈的反差。有一些浓重的阴影，但是高光（波形显示中顶部的像素）非常少。

2. 矢量示波器

YC 波形显示显示垂直位置像素的明度，顶部显示较亮的像素，底部显示较暗的像素，而矢量示波器仅显示颜色。

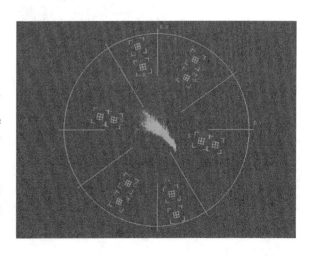

单击 Reference Monitor（参考监视器）的 Settings（设置）按钮菜单，选择 Vectorscope（矢量示波器）。打开 Sequences 素材箱中的 Skyline 序列。这只是此序列中的一个剪辑。

图像的像素会显示在矢量示波器中。如果像素显示在圆圈的中心，则没有色彩饱和度。距离圆圈的边缘越近，像素的色彩越饱和。

如果仔细观察矢量示波器，将看到一系列标记表示原色。

- R= 红色

- G= 绿色

- B= 蓝色

以及一系列标记表示混合色。

- YL= 黄色

- CY= 青色

- MG= 洋红色

像素越接近其中一种颜色，就越像这种颜色。尽管波形显示表明了像素在图像中的位置，但由于水平位置，矢量示波器中没有任何位置信息。

可以清楚地看到在这张西雅图照片中出现了什么情况。有大量深蓝色和一些红色和黄色点。少量的红色表示矢量示波器中接近 CY 标记的峰值。

矢量示波器非常有用，因为它提供了序列中颜色的客观信息。如果有色偏，可能是因为没有正确地校准摄像机，通常在矢量示波器显示中色偏更明显。可以使用 Adobe Premiere Pro 的一种颜色校正效果来减少不想要颜色的数量或添加更多互补色。

颜色校正特效（比如快速颜色校正器）的一些控件和矢量示波器具有相同的色轮，这使得可以轻松看到需要做什么。

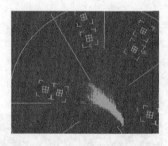 

关于原色和混合色

红色、绿色和蓝色是原色。对于显示系统（包括电视屏幕和计算机显示器）来说，以不同的相对数量来组合这三种颜色以生成看到的所有颜色很常见。

标准色轮的工作方式是对称的，并且矢量示波器显示的实际上就是色轮。

任意两种原色组合会生成混合色。混合色是剩余原色的互补色。

例如，红色和绿色混合会生成黄色，而黄色是蓝色的互补色。

加色和减色

计算机屏幕和电视机使用加色，这意味着该颜色是由不同颜色的生成光精确混合而生成的。相同数量的红色、绿色和蓝色混合会生成白色。

在纸（通常是白纸）上绘制颜色时，会以完整的光谱颜色开始。通过添加颜料来减去纸的白色。颜料防止部分光反射在纸上，这称为减色。

加色使用原色，而减色使用混合色。从某种意义上说，它们是同一颜色理论的不同面。

3. RGB 分量

使用 Reference Monitor（参考监视器）的 Settings（设置）按钮菜单切换到 RGB 分量。

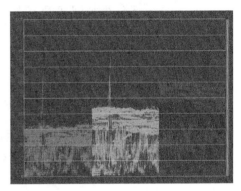

与 YC 波形一样，RGB 分量提供波形样式显示。差别在于会单独显示红色、绿色和蓝色级别。为了容纳三种颜色，会将每张图像水平挤压为元宽度的 1/3 进行显示。

你将注意到 RGB 分量的三个部分有类似的图案，尤其是有白色或灰色像素的位置，因为这些部分具有相同数量的红色、绿色和蓝色。RGB 分量是最常使用的一种颜色校正工具，因为它清楚地显示了原色通道之间的关系。

4. YCbCr 分量

使用 Reference Monitor（参考监视器）的 Settings（设置）按钮菜单切换到 YCbCr 分量。

尽管计算机显示器使用"减色"系统，使用 RGB 来表示颜色级别，但是大多数摄像机通常使用"色差"系统记录颜色，通常表示为 YCbCr（对于数字信号），表示下列含义。

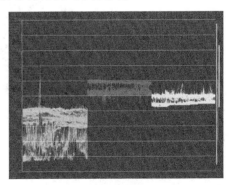

- Y：明度
- Cb：色度－蓝色
- Cr：色度－红色

Y 信息形成了独立的黑白图像，而 Cb 和 Cr 确定每个像素的色相和饱和度颜色信息。色相和饱和度由横跨标准色轮的两条线（称为矢量）上的值定义，可以在矢量示波器上找到这两个值。

垂直矢量被标为 R-Y（数字 Cr 的模拟版本），而水平矢量被标为 B-Y（Cb 的模拟版本）。

每种可用的颜色都可以使用这两个矢量表示。可以看到通过此类"经度和纬度"如何生成坐标轴。

尽管数字视频的出现改变了与传输视频相关的挑战，但是色差系统仍然存在，部分原因是它是一种高效地压缩、保存和传输视频信号的方式。

与 RGB 分量一样，YCbCr 分量显示三类信息，通过水平压缩图像来同时显示这三类信息。在本例中，第一个波形是明度（与常规波形显示一样），第二个波形与矢量示波器的 B-Y 轴对应，第三个波形与矢量示波器的 R-Y 轴对应。

5. 组合视图

还有两种组合视图同时提供了几种显示模式。如果计算机屏幕有足够多的空间来放大 Reference Monitor（参考监视器），则这两种组合视图就非常有用。

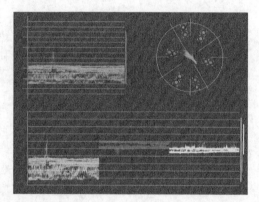

它们允许你同时查看大量视图。

- **Vect/YC Wave/YCbCr Parade**（矢量示波器 /YC 波形 /YCbCr 分量）。显示矢量示波器、YC 波形和 YCbCr 分量的组合视图。

- **Vect/YC Wave/RGB Parade**（矢量示波器 /YC 波形 /RGB 分量）。显示矢量示波器、YC 波形和 RGB 分量的组合视图。

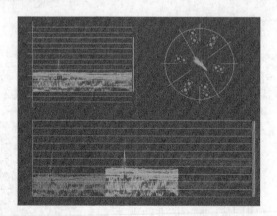

14.3 颜色效果概述

与 Adobe Premiere Pro 中的其他效果一样，可以同样的方式添加、修改和删除颜色校正效果。

与其他效果一样，可以使用关键帧来修改颜色校正效果设置。

> **提示**：始终可以使用 Effects（效果）面板顶部的搜索框来查找效果。通常情况下，了解如何使用效果的最佳方式是将它应用到具有大量颜色、高光和阴影的剪辑上，然后调整所有设置并观察结果。

在 Adobe Premiere Pro 中处理颜色和光线的方式有很多。下面是你可能想要首先尝试的几种效果。

14.3.1　彩色效果

Adobe Premiere Pro 有几种调整现有颜色的效果。下列两种用于创建黑白图像并应用色调，以及将彩色剪辑转换为黑白剪辑。

1. 色调

使用吸管或拾色器来将任意图像减少为只有两种颜色。映射到黑白的颜色会替换图像中的其他颜色。

2. 黑白

将任意图像转换为黑白图像。当与其他可以添加颜色的效果组合使用时，它很有用。

14.3.2　颜色删除或替换

这些效果允许你选择性地更改颜色，而不是修改整个图像。稍后我们将使用其中一些效果。

1. 分色

使用吸管或拾色器来选择想要保留的颜色。调整 Amount to Decolor（脱色量）设置以降低所有其他颜色的饱和度。

使用 Tolerance（容差）和 Edge Softness（边缘柔和度）控件来生成更柔和的效果。

2. 更改为颜色

使用吸管或拾色器来选择想要更改的颜色和想要它成为的颜色。

使用 Change（更改）菜单来选择想要使用效果来应用调整的方法。

3. 更改颜色

与 Change to Color（更改为颜色）效果类似，此效果提供了控件来将一种颜色调整为另一种颜色。

不是与另一种颜色匹配，而是使用 Tolerance（容差）和 Softness（柔和度）控件来更改色相并巧妙处理选区。

14.3.3　颜色校正

这些效果包含大量控件，用于调整视频的总体外观或精确选择以调整各个颜色或颜色范围。

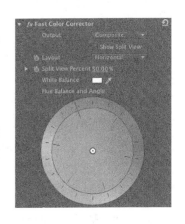

1.　快速颜色校正器

顾名思义，Fast Color Corrector（快速颜色校正器）是一种调整剪辑颜色和明度级别的快速且易用的效果。本课稍后将使用此效果来调整照片的白平衡。

2.　三向颜色校正器

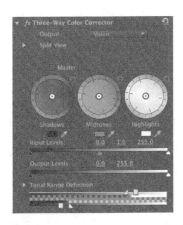

与 Fast Color Corrector（快速颜色校正器）类似，此效果具有单独控件，可调整剪辑的阴影、中

间调和高光的颜色。此效果还有强大的混合色校正控件，允许你选择性地对具有特定颜色、亮度或色彩饱和度的像素进行颜色校正。

本课稍后将使用此效果来处理剪辑。

3. RGB 曲线

RGB Curves（RGB 曲线）效果是一个简单的图形控件，可使用它获得自然柔和的结果。每个图的水平轴表示原始剪辑，左侧显示阴影，右侧显示高光。垂直轴表示效果的输出，底部显示阴影，顶部显示高光。

稍后我们将使用另一种曲线效果来处理剪辑的曝光问题。

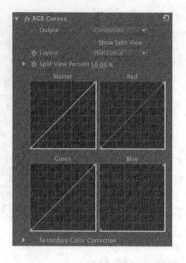

4. RGB 颜色校正器

此颜色校正效果提供了调整图像的精确控件。可以更改整个图像，或者有选择性地调整图像的红色、绿色和蓝色部分。

色调范围指定将颜色校正应用于整个图像（主）、仅高光、仅中间调还是仅阴影。

- **Gamma**（**灰度系数**）。调整中间调。
- **Pedestal**（**基值**）。调整黑场。增加基值会使阴影变亮，使图像看起来有点"雾蒙蒙的"并且缺少清晰度；降低基值会使阴影变暗，并且可以调整到阴影中缺少细节的点上，或者消除阴影。
- **Gain**（**增益**）。调整高光或白场。

通过降低基值和增加增益，可以生成更暗的阴影和更亮的高光，从而增加对比度，最终获得有趣的效果。

使用Lumetri效果和SpeedGrade

Adobe Premiere Pro CC包含了许多在Adobe SpeedGrade中创建的Lumetri效果。在Lumetri Looks效果类别中选择任意项时，会显示一个特殊的预览面板来帮助你进行选择。

可以与其他特效完全相同的方式应用Lumetri效果。

实际上，这些效果全是基于Lumetri效果的效果预设，可以在Color Correction（颜色校正）类别中找到它们。

如果应用Lumetri效果，会立即邀请你浏览.look或.lut文件。这些文件包含有关颜色调整的详细信息，并且可以在许多应用程序（包括Adobe SpeedGrade）中创建。

以这种方式使用.look或.lut文件允许你创建与使用Adobe SpeedGrade想要创建的调整完全相同的调整，然后与Adobe Premiere Pro共享视频。

应用了Lumetri效果后，始终可以更改在Effect Controls（效果控制）面板中应用的效果，方法是单击Lumetri Setup（Lumetri设置）按钮。

14.3.4　技术颜色效果

与创意效果一样，Adobe Premiere Pro的颜色校正效果包含用于专业视频制作的效果。

1. 视频限幅器

Video Limiter（视频限幅器）提供了视频最小和最大级别的精确控制。它旨在获得自然结果。例如，不是裁剪掉图像的太亮部分，而是压缩图像以让其范围变大。一定要检查Video Limiter（视频限幅器）效果的参数，并确定对指定照片有效的设置组合。

2. 广播级颜色

Broadcast Colors（广播级颜色）效果提供了一个确保电平合法的简单界面。了解了可接受的最大信号后，请执行以下操作。

（1）在NTSC和PAL视频之间选择。

（2）选择是想要效果降低像素的明度还是饱和度，并使其超出所设置的限制。

（3）指定最大信号振幅，使用IRE单位。

Broadcast Colors（广播级颜色）效果将调整超出所设置最大值的所有像素。可以使用Key Out Safe（抠出安全区域）和Key Out Unsafe（抠出不安全区域）选项来显示受此效果影响的像素。

14.4　修复曝光问题

下面将查看一些具有曝光问题的剪辑，并使用一些颜色校正效果来解决这些问题。

1. 打开 Sequences 素材箱中的序列 Lady Walking。

2. 将 Reference Monitor（参考监视器）设置为显示 YC 波形。确保取消选中了 Chroma（色度）和 Setup (7.5 IRE)（设置 (7.5 IRE)）选项。

此序列只有一个剪辑。将时间轴的播放指示器放置到剪辑上并查看波形。可以看到照片中没有太多的对比。

环境是雾蒙蒙的。100 IRE 意味着完全曝光，而 0 IRE 意味着没有曝光。图像中没有接近这两个级别的部分。你的眼睛很快就会适应图像，图像很快就会看起来很好。让我们看看是否可以让它更生动一些。

3. 为剪辑添加 Luma Curve（亮度曲线）效果。

4. 在 Effect Controls（效果控制）面板中单击 Luma Waveform（亮度波形）控件以创建一个控制点，然后将线调整为小 S 形。使用下列示例作为指南。如果屏幕上有一个剪辑后半部分的帧，则将获得最佳视觉效果，大约 00:00:06:20 处聚焦清晰。

> **Pr** 提示：如果增加 Effect Controls（效果控制）面板的大小，则 Luma Waveform（亮度波形）控件将变大，这使得应用细微调整变得更简单。

5. 你的眼睛很快就可以适应新图像。尝试打开和关闭 Luma Waveform（亮度波形）以比较之前和之后的图像。

此细微调整会增加图像的景深，生成更亮的高光和更暗的阴影。切换效果的开关时，将看到 Waveform Monitor（波形监视器）会改变。此图像中仍然没有明亮的高光，但是这很好，因为其自然颜色主要是中间调。

14.4.1　曝光不足的图像

打开 Sequences 素材箱中的序列 Color Work。将时间轴的播放指示器移动到序列的第三个剪辑 00021.mp4。第一次查看此剪辑时，可能它看起来很好。高光不是非常亮，但是整个图像有适当数量的细节，尤其是脸部清晰且细节很好。

现在查看波形。在波形底部有一些接近 0.3 的像素（这是 PAL 序列，范围是 0.3v 到 1v）。低于 0.3v 的像素会丢失。由于所有像素是全黑的，因此在此区域没有任何细节或纹理。

在本例中，丢失的细节似乎位于衣服的右肩。像素如此黑，以至于增加亮度仅会将浓重的阴影更改为灰色，不会出现任何细节。

1. 为剪辑添加 Brightness & Contrast（亮度和对比度）效果。

2. 在 Effect Controls（效果控制）面板中使用 Brightness（亮度）控件来增加亮度。不是单击数字，而是输入一个新数字并向右拖动，以便你可以看到在不断发生变化。

拖动时，注意整个波形向上移动。对于使图像的高光变亮来说，这很好，但是阴影仍然很单调。只是将黑色阴影更改为了灰色。如果将 Brightness（亮度）控件拖动到 100，你将看到图像仍然非常单调。

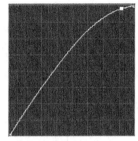

3. 删除 Brightness & Contrast（亮度和对比度）效果。

4. 尝试使用 Luma Curve（亮度曲线）或 RGB Curves（RGB 曲线）效果进行调整。下面是使用 Luma Curve（亮度曲线）效果改善图像的示例。

对序列的第一个剪辑 00023.mp4 尝试此效果。此剪辑演示了后期修复时的限制。

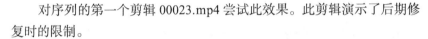

Pr | 提示：可以从曲线控制上删除控制点，方法是将控制点完全拖出曲线外。

14.4.2　过度曝光的图像

将时间轴的播放指示器移动到序列中的最后一个剪辑 00019.mp4。许多像素都过度曝光了。与此序列中第一个剪辑的浓重黑色一样，在过度曝光的白色区域中没有任何细节。这意味着降低亮度仅会使角色的皮肤和头发变灰，不会显示任何细节。

注意，此照片中的阴影不会为 0。缺少适当的阴影让图像变得很单调。

尝试使用 Luma Curve（亮度曲线）效果来改善对比度范围。下面是一个可能有用的示例，尽管剪辑肯定已经处理过了。

什么时候颜色校正是合适的？

　　调整图像是一件非常主观的事情。尽管图像格式和广播技术有精确的标准，但最终图像应该是明亮的还是暗的，是蓝色调还是绿色调，则纯属主观选择。参考工具（比如波形显示）是有用的指南，但只有你可以确定图像看起来完美的时间。

　　如果是为电视播放制作视频，那么有一个与 Adobe Premiere Pro 编辑系统相连接的电视屏幕来查看内容很重要。电视屏幕与计算机显示器显示颜色的方式不同。此差别类似于计算机显示器显示的照片和打印照片之间的颜色差异。

14.5　修复颜色平衡

眼睛会自动调整以补偿你周围光线颜色的改变。这是一种非凡的能力，可以让你将白色视为白色，即使在钨丝灯的照耀下它看起来像是橘色的。

摄影师可以自动调整白平衡，这样就可以用与眼睛相同的方式来补偿不同光线。正确校准后，白色对象看起来就是白色的，无论是在室内（在偏橘黄色的钨丝灯下）还是室外（在偏蓝的日光灯下）进行录制。

有时自动白平衡可能无法取得预期的结果，因此专业摄影师通常喜欢手动设置白平衡。如果错误设置了白平衡，可能会获得一些有趣的结果。剪辑中出现白平衡问题的常见原因是没有正确校准摄像机。

14.5.1　基本白平衡（快速颜色校正器）

将时间轴的播放指示器移动到序列的第二个剪辑 00020.mp4。此照片的校准非常糟糕！明显迹象是报纸：除了白色或灰色以外的颜色都表示有问题。

为剪辑应用 Fast Color Corrector（快速颜色校正器）效果。此效果与  Three-Way Color Corrector（三向颜色校正器）具有许多相同的控件。我们将介绍 Fast Color Corrector（快速颜色校正器）效果的控件，同时还会介绍为什么说此效果是快速的。

1. 在 Effect Controls（效果控制）面板中选择 White Balance（白平衡）吸管。

2. 在 Program Monitor（节目监视器）中单击报纸应该为白色的部分。一定要避免选中文本区域。

White Balance（白平衡）控件告诉 Fast Color Corrector（快速颜色校正器）效果应该为白色的部分。默认情况下，色卡是纯白色的。使用吸管选择了不同的颜色后，  Fast Color Corrector（快速颜色校正器）效果将根据纯白色和所选颜色之间的差别调整图像中的所有颜色。

 提示：你可能需要使用吸管尝试几次才能找到完美的区域。

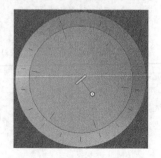

在本例中，选择了奶油橘色：光线照耀场景的结果。Fast Color Corrector（快速颜色校正器）效果调整场景中偏蓝的所有颜色。

通过查看 White Balance（白平衡）控件下面的色轮可以准确地看到效果的作用。与矢量示波器一样，色轮表示颜色，越靠近圆圈边缘，强度越大。Fast Color Corrector（快速颜色校正器）效果的色轮不是度量颜色，而是应用调整。色轮中心的小圆圈越靠近边缘，应用的调整就越多。

提示：使用颜色校正造成的差别很微妙。在 Effect Controls（效果控制）面板中切换此效果的开关可以查看之前和之后的比较。

在本例中可以看到 Adobe Premiere Pro 对青蓝色应用了调整。这样，使用 White Balance（白平衡）吸管和色轮可以帮助你了解平衡白色所需的颜色校正和调整。

14.5.2　原色校正

原色和混合色有多重含义。历史上，"颜色调整"的应用出现在电视电影的胶片传送过程。原色校正包括调整原色（红色、绿色和蓝色）之间的关系。混合色校正包括校正图像中的特定颜色范围，通常通过添加混合色调整来进行。因此，原色和混合色定义色轮中的颜色类型，还可以使用这些术语描述颜色校正工作流的阶段。

概括地说，原色校正仍然包括对整个图像的总体颜色校正调整。目前，还可以对混合色应用调整并仍将它视为"原色"，因为影响的是整个图像，并且通常首先应用这些调整最有效。

由于混合色校正通常包含更多精细的微调，因此它还有对所选图像像素应用调整的意思。

首先看一下原色校正。Three-Way Color Corrector（三向颜色校正器）与 Fast Color Corrector（快速颜色校正器）效果的工作方式非常类似，但是具有更高级的控件。它是一种强大的颜色校正工具，结合了 Reference Monitor（参考监视器）和调整图层，有助于实现专业的颜色校正结果。

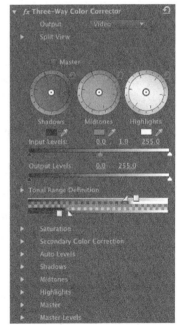

在开始处理剪辑之前，先浏览一下主要控件。

- **Output**（输出）。使用此菜单以彩色或黑色方式查看剪辑。以黑白方式查看对识别对比度非常有用。

- **Show Split View**（显示拆分视图）。打开 Show Split View（显示拆分视图）以查看剪辑的之前和之后版本，使用效果更改一半剪辑，而另一半剪辑保持不变。可以选择水平或垂直布局并更改拆分的百分比。

- **Shadows Balance**（阴影平衡）、**Midtones Balance**（中间调平衡）、**Highlights Balance**（高光平衡）。每种色轮允许你对剪辑的颜色进行细微调整。如果选择 Master（主）复选框，Adobe Premiere Pro 将同时为这三个控件应用调整。注意，打开 Master（主）时，所做的调整与对剪辑各个部分进行的调整无关。

- **Input Levels**（输入色阶）。使用此滑块控件更改剪辑的 Shadows（阴影）、Midtones（中间调）和 Highlights（高光）级别。

- **Output Levels**（输出色阶）。使用此滑块控件调整剪辑的最小亮度和最大亮度。Input Levels（输入色阶）与此控件直接相关，例如，如果将 Input Shadow（输入阴影）级别设置为 20 并将 Output Shadow（输出阴影）级别设置为 0，则剪辑中像素亮度为 20 左右的像素将降至 0。

关于色阶

8位视频（描述所有标清广播视频）的亮度范围为0～255。调整Input Levels（输入色阶）或Output Levels（输出色阶）时，会改变所显示级别与原始剪辑级别之间的关系。

例如，如果将Output white（输出白色）设置为255，则Adobe Premiere Pro将为视频使用最大的亮度范围。如果将Input white（输入白色）设置为200，则Adobe Premiere Pro将扩展原始剪辑的亮度，将200变为255。结果是高光变得更亮，原来大于200的像素值将被修剪掉，或者是变为白色，丢失细节。

Input Levels（输入色阶）有三个控件：Shadows（阴影）、Midtones（中间调）、Highlight（高光）。通过更改这些色阶，更改了原始剪辑级别和播放期间显示这些级别的关系。

- **Tonal Range Definition**（色调范围定义）。使用这些滑块定义受 Shadows（阴影）、Midtones（中间调）和 Highlight（高光）控件影响的像素范围。例如，在使用 Highlight（高光）控件时，如果将高光滑块向左拖动，则将增加调整的像素数量。三角形滑块允许你定义所调整色阶之间的柔和程度。单击 Tonal Range Definition（色调范围定义）提示三角形以访问各个控件和 Show Tonal Range（显示色调范围）复选框。如果选择此复选框，则 Adobe Premiere Pro 仅以三种灰色调显示图像，因此可以确定进行调整时受影响的图像部分。黑色像素是阴影，灰色像素是中间调，而白色像素是高光。

- **Saturation**（饱和度）。使用此选项调整剪辑的颜色数量。Master（主）控件负责调整整个剪辑，以及区分 Shadows（阴影）、Midtones（中间调）和 Highlight（高光）控件。

- **Secondary Color Correction**（混合色校正）。此高级颜色校正功能允许你根据颜色或亮度定义想要调整的具体像素。Show Mask（显示蒙版）选项显示了应用颜色校正调整的所选像素。例如，使用此功能，可以使用某种绿色有选择性地调整像素。

- **Auto Levels**（自动色阶）。使用此功能来自动调整 Input Levels（输入色阶）。可以单击 Auto（自动）按钮或使用吸管。要使用吸管，选择一种颜色（黑色、灰色或白色），然后调整图像的交互部分。例如，选择 White Level（白色阶）吸管，然后单击图像的最亮部分。Adobe Premiere Pro 会根据选择更新 Levels（色阶）控件。

- **Shadows**（阴影）、**Midtones**（中间调）、**Highlights**（高光）、**Master**（主）。这些控件允许你进行与 Shadows（阴影）、Midtones（中间调）、Highlights（高光）、Master（主）颜色平衡控件类似的调整，但是更精确。更改一个设置时，会自动更新其他设置。

- **Master Levels**（主色阶）。这些控件允许你进行与 Input Levels（输入色阶）和 Output Levels（输出色阶）控件相同的调整，但是更精确。更改一个设置时，会自动更新其他设置。

14.5.3　使用三向颜色校正器进行平衡

Color Work 序列的第二个剪辑 00020.mp4 在应用了 Fast Color Corrector（快速颜色校正器）后已经有所改善，但是还可以更好。查看矢量示波器以确认它：仍然还有一种红色/橘色色调。我们原本可以使用 Fast Color Corrector（快速颜色校正器）控件来改善此照片，但是 Three-Way Color Corrector（三向颜色校正器）提供了更多选项。

1. 删除 Fast Color Corrector（快速颜色校正器）效果，并应用 Three-Way Color Corrector（三向颜色校正器）效果。

2. 在 Effect Controls（效果控制）面板中，展开 Auto Levels（自动色阶）控件并依次单击 Auto Black Level（自动黑色阶）、Auto Contrast（自动对比度）和 Auto White Level（自动白色阶）按钮。注意，Input Levels（输入色阶）控件会改变以反映新色阶。

> **Pr** 提示：如果想要使用吸管控件，则可能会发现将 Program Monitor（节目监视器）的缩放设置更改为 100% 会有所帮助，这使得单击想要的像素变得更简单。

Adobe Premiere Pro 已确定了 Black（黑）色阶的最暗像素和 White（白）色阶的最亮像素，并且已平衡了它们来获得 Gray（灰）色阶。

调整非常细微！很明显，问题不在于照片的对比度范围。

3. 使用 Shadows Color Balance（阴影彩色平衡）、Midtones Color Balance（中间调彩色平衡）和 Highlights Color Balance（高光彩色平衡）控件的吸管工具来在照片中选择黑色、灰色和白色内容。这将校正色偏。

4. 查看矢量示波器。如果照片看起来仍有整体色偏，则打开 Color Balance（彩色平衡）控件的 Master（主）模式，并消除矢量示波器中所示的色偏。

应用了 Color Balance（颜色平衡）调整后，你可能想要使用 Input Levels（输入色阶）来微调结果。

Three-Way Color Corrector（三向颜色校正器）效果可以非常精确地控制剪辑。如果你喜欢进行大范围调整，则始终可以使用 Fast Color Corrector（快速颜色校正器）效果。

14.5.4　混合颜色校正

如前所述，混合颜色校正包括为所选像素而不是整个图像应用颜色校正调整。所进行的调整与使用 Fast Color Corrector（快速颜色校正器）或 Three-Way Color Corrector（三向颜色校正器）效果进行的调整类似；唯一的差别是限制了选择。

对此 Flower 序列尝试此效果。序列中的第二张照片 Desert 001 展示了一个动人的风景，蓝色天空覆盖着红/橘色的岩石地面。让我们增加天空中的蓝色。

1. 为 Desert 001 剪辑应用 Three-Way Color Corrector（三向颜色校正器）效果。

2. 展开 Secondary Color Correction（混合颜色校正）控件以获得 Three-Way Color Corrector（三向颜色校正器）效果的新实例。单击三个 Center（中心）吸管的第一个以选择它。

3. 使用吸管选择天空中的蓝色。

4. 选择 Show Mask（显示蒙版）选项的复选框。在此视图中，Adobe Premiere Pro 以白色显示吸管所选的像素，而使用黑色显示未选像素。很明显，我们需要选择更大的范围。

5. 使用第二个 Center（中心）吸管来选择另一部分天空。此吸管会添加到选区，而第三个吸管会从选区中删除。选择了吸管后，图像会返回到其原始状态以供你进行选择。

6. 继续使用吸管来进行选择，直到 Mask（蒙版）视图在图像中天空的位置出现了一个非常干净的白色区域。如果有一些灰色区域，请不要担心。

7. 使用吸管单击时，是在应用 Hue（色相）、Saturation（饱和度）和 Luma（亮度）选择。现在展开这些控件。可以看到手动控件来设置这些级别，包括 Start and End Softness（起始和结束柔和度），它混合所选像素和未选像素。尝试调整它们来使标记边缘变得平滑。对结果感到满意后，请关闭 Show Mask（显示蒙版）选项。

8. 现在只选择了部分图像进行调整。在 Three-Way Color Corrector（三向颜色校正器）控件顶部，打开 Master（主）选项。调整任意色轮以添加更多蓝色。

使用混合颜色校正，仅更改天空中的蓝色

14.6 特殊颜色效果

几种特效提供了对剪辑中颜色的创意控制。其他特效具有重要的功能控件，以确保内容满足广播电视的严格要求。

下面是值得注意的几个效果。

14.6.1 分色效果

使用此效果来选择想要保留的一种颜色，会删除其他颜色。

Flower 序列的第一张照片 Yellow Flower 适合使用此特效。

使用 Color To Leave（要保留的颜色）吸管来选择不受影响的颜色。使用 Amount to Decolor（脱色量）控件来指定删除的颜色数量。Tolerance（容差）和 Edge Softness（边缘柔和度）控件巧妙处理选区，而 Match Colors（匹配颜色）菜单允许你根据 Hue（色相）

设置或 RGB 级别选择颜色。

14.6.2 更改为颜色效果

使用此效果来选择想要更改的颜色和想要它匹配的第二种颜色。

使用 From（自）吸管来在场景中选择想要更改的颜色，然后使用 To（至）吸管或 To（至）拾色器来选择想要它成为的颜色。

下面是使用此效果之前和之后的示例。

之前

之后

14.6.3 广播合法化

播放视频时，最大亮度、最小亮度和颜色饱和度有一些具体的限制。尽管可以使用手动控件将视频级别限制为允许的限制，但是将需要调整的序列部分混合起来非常简单。

> **提示**：尽管对各个剪辑应用 Video Limiter（视频限幅器）效果很常见，但是你可能还想要将它应用于整个序列，方法是将它嵌套到另一个序列中。有关嵌套序列的更多信息，请参见第 8 课。

Video Limiter（视频限幅器）效果会自动限制剪辑的色阶以确保它们符合所设置的标准。

在设置此效果的 Signal Min（信号最小值）和 Signal Max（信号最大值）之前，需要检查广播公司应用的限制。然后就是选择 Reduction Axis（缩小轴）选项的问题：是想要仅限制亮度、色度，还是两者都限制，或者是设置总体"智能"限制？

Reduction Method（缩小方式）菜单允许你选择想要调整的视频信号部分。通常选择 Compress All（压缩全部）。

14.7　创建一个外观

在 Adobe Premiere Pro 中花时间学习了颜色校正效果后，你应该熟悉了可以进行的更改类型，以及这些更改对素材整体外观和感觉的影响。

可以使用常规效果预设来为剪辑创建外观。还可以为调整图层应用效果来赋予序列一个总体效果。

在最常见的颜色校正场景中，将执行下列操作。

- 调整每张照片，这样它才会与同一场景的其他照片相匹配。这样，颜色就是连续的。

- 接下来，为作品应用一个总体外观。

现在可以对 Theft Unexpected 序列尝试此效果。

1. 打开 Sequences 素材箱中的 Theft Unexpected 序列。

2. 在 Project（项目）面板中，单击 New Item（新建项目）按钮菜单并选择 Adjustment Layer（调整图层）。设置应自动匹配序列，因此仅需单击 OK（确定）。

3. 将新调整图层拖放到序列的 V2 轨道上。

调整图层的默认持续时间，使其与静态图像的持续时间相同。对于此序列来说，持续时间太短了。

4. 修剪调整图层，直到它从序列开头延伸到结尾。

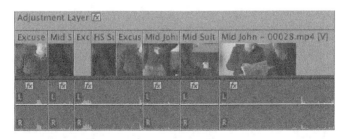

5. 为调整图层应用任意颜色校正效果，并进行想要的任何更改。尝试几种 Lumetri 效果。更改将应用于序列的每个剪辑。

注意：如果在具有图形和标题的序列上以这种方式使用调整图层，那么你可能想要确保调整图层所在的轨道位于图形 / 标题和视频之间。否则，还会调整标题的外观。

将剪辑发送到Adobe SpeedGrade

Adobe SpeedGrade是Adobe Creative Cloud随附提供的一个强大的颜色校正应用程序。

Adobe Premiere Pro有大量颜色校正工具，但是它主要是一种编辑系统。Adobe SpeedGrade完全致力于颜色校正任务，并且它针对此目的提供出色的工具。

可以两种方式与Adobe SpeedGrade共享Adobe Premiere Pro序列。

*   选择 File（文件）> Expor（导出）> EDL，将序列导出为 EDL，然后将它导入到 Adobe SpeedGrade 中。
*   选择 File（文件）> Send To Adobe SpeedGrade（发送到 Adobe SpeedGrade）。Adobe Premiere Pro 将创建一个 .irpc 项目文件，此文件由 Adobe SpeedGrade 读取，并以高品质的 DPX 格式导出序列。

14.8 复习

14.8.1 复习题

1. 为什么将 Reference Monitor（参考监视器）绑定到 Program Monitor（节目监视器）？

2. 如何更改显示器显示以显示 YC 波形？

3. 如何关闭 YC 波形中的色度信息显示？

4. 为什么使用类似矢量示波器的监视器而不是依靠眼睛呢？

5. 如何为序列应用一种外观？

6. 为什么你可能需要限制明度或颜色级别？

14.8.2 复习题答案

1. 与 Program Monitor（节目监视器）一样，Reference Monitor（参考监视器）显示当前序列的内容。通过将它们绑定到一起，可以确定 Reference Monitor（参考监视器）正在显示相同的内容，即使你正在查看矢量示波器或波形显示。

2. 单击 Settings（设置）按钮菜单并选择想要的显示类型。

3. 取消选择 YC 波形显示顶部的 Chroma（色度）复选框。

4. 我们观察颜色的方式是非常主观和相对的。根据刚看到的颜色，将看到不同的新颜色。矢量示波器显示提供了一个客观参考。

5. 可以使用效果预设来为多个剪辑应用同样的颜色校正调整，或者可以添加一个调整图层并为它应用调整。调整图层底部的所有轨道剪辑都会受到影响。

6. 如果你的序列打算在广播电视上播放，将需要确保序列符合最大和最小级别的严格要求。与你合作的广播公司将告诉你他们所需的级别。

第15课 了解合成技术

课程概述

在本课中，你将学习以下内容：

- 使用 alpha 通道；
- 使用合成技术；
- 处理不透明度；
- 处理绿屏；
- 使用蒙版。

本课大约需要 50 分钟。

Adobe Premiere Pro CC 拥有强大的工具，支持你组合序列中的视频图层。

在本课中，你将学习合成工作的主要技术，以及准备合成的方法，调整剪辑的不透明度，以及使用色度抠像和蒙版对绿屏剪辑进行色彩抠像。

合成包括以任意数量组合的混合、组合、分层、抠像、蒙版和裁剪。
组合两个图像的任意技术都是合成。

15.1 开始

到目前为止，主要处理的是单一的整帧图像。你在两个图像之间过渡的位置创建了编辑，或者是编辑顶部视频轨道上的剪辑以让它们显示在底部视频轨道剪辑的前面。

在本课中，你将学习组合视频图层的方式。仍然使用顶部和底部轨道的剪辑，但是现在，它们将变为一个混合合成图中的前景和背景元素。

混合可能来自前景图像的修剪部分或来自抠像（选择某种颜色并让它变为透明的），但是无论使用哪种方法，将剪辑编辑到序列中的方法是一样的。

首先将了解一个重要概念，它解释显示像素的方式，然后将介绍几种技术。

1. 打开 Lesson 15 文件夹中的 Lesson 15.prproj。

切换到 Effects（效果）工作区。

2. 选择 Window（窗口）>Workspace（工作区）>Effects（效果）。

3. 选择 Window（窗口）>Workspace（工作区）>Reset Current Workspace（重置当前工作区）以打开 Reset Workspace（重置工作区）对话框。

4. 单击 Yes（确定）。

15.2 什么是 alpha 通道

一切始于摄像机选择性地将光谱的红色、绿色和蓝色部分录制为单独的颜色通道。由于每个通道都是单色的（三种颜色中的一种），因此通常将它们称为灰度通道。

Adobe Premiere Pro 使用这三种灰度通道来生成相应的原色通道。使用原色加色来组合它们以创建一个完整的 RGB 图像。可以看到这三个通道组合为一个全彩色视频。

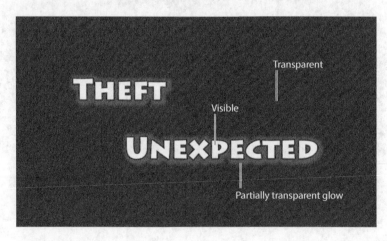

标题

视频

两者结合生成的组合图像

最后，第四个灰度通道是 alpha。

第四个通道没有定义任何颜色。相反，它定义不透明度，即像素的可见程度。在后期制作世界中，有几个不同的术语来描述第四个通道，包括可见性、透明度、混合器和不透明度。名称并不是很重要。重要的是可以独立于颜色来调整每个像素的不透明度。

正如可以使用颜色校正来调整剪辑的红色数量一样，可以使用 Opacity（不透明度）控件来调整 alpha 透明度的数量。

默认情况下，典型摄像机素材剪辑的 alpha 通道或不透明度是 100% 或完全可见的。在范围为 0 至 255 的 8 位视频中，这意味着它将是 255。动画或文字和徽标图形剪辑通常有 alpha 通道，以控制图像的哪部分是不透明的和透明的。

15.3 创建项目中的合成部分

使用组合特效和控件可将后期制作提升到一个全新的水平。合成意味着根据现有图像创建一个新图像合成。开始使用 Adobe Premiere Pro 提供的合成效果后，你将发现自己了解了拍摄的新方法，以及构建编辑以使混合图像变得更简单的新方法。

在合成时，拍摄技巧和专用效果的结合生成了最有影响力的结果。可以将简单的环境图像与复杂有趣的图案相结合，以生成非凡的纹理。或者，可以删除不适合的图像部分并用别的内容替换它们。

合成是 Adobe Premiere Pro 的非线性编辑中具有创意的一部分。

15.3.1 在拍摄视频时就要考虑合成问题

当你打算制作时，许多最有效的合成工作就开始了。从一开始，就可以思考如何帮助 Adobe Premiere Pro 识别想要变为透明的图像部分。Adobe Premiere Pro 识别想要变为透明的图像部分的方式有限。例如，色度抠像，其标准特效通常用于是否允许气象播报人员出现在地图前面。

气象预报人员实际上站在绿屏前面。特效技术使用绿色来识别应该是透明的图像。气象预报人员的视频图像用作合成图的前景，并具有一些可见像素（气象预报人员）和一些透明像素（绿色背景）。

接下来，就是将前景视频图像放到另一个背景图像前面了。在天气预报中，就是地图，但也可以是任意其他图像。

事先规划对合成质量有很大影响。为了让蓝屏或绿屏有效工作，需要一种一致的颜色。还需要此颜色不会在拍摄对象的任意位置出现。例如，在应用抠像效果时，绿色珠宝可能会变为透明的。

如果正在拍摄绿屏素材，那么拍摄方式可能会对最终结果有很大影响。一定要使用柔光捕捉背景并避免溢出，即从绿屏反射的光反弹到了拍摄对象上。如果出现这种情况，那么就很难抠出拍摄对象部分或使其变透明。

15.3.2　主要术语

出于本课的目的，我们将使用一些新术语。下面将浏览一些重要术语。

- **Alpha/alpha 通道**。每个像素的第四个通道信息。alpha 通道定义像素的透明度。它是一个单独的灰度通道，并且可以完全独立于图像内容来创建它。

- **抠像**。根据像素颜色或亮度选择性地将它们变为透明的过程。Chromakey（色度抠像）效果使用彩色来生成透明度（即更改 alpha 通道），而 LumaKey（亮度抠像）效果使用亮度。

- **不透明度**。在 Adobe Premiere Pro 中，此术语用于描述序列中剪辑的总体 alpha 通道值。可以使用关键帧调整剪辑的不透明度。

- **混合模式**。一种起源于 Adobe Photoshop 的技术。不是简单地将前景图像放置到背景图像前面，可以选择其中一种混合模式来让前景与背景进行交互。例如，你可能仅想查看比背景亮的像素，或者是仅将前景剪辑的颜色信息应用于背景。尝试通常是学习混合模式的最好方式。

- **绿屏**。一个常见术语，描述在绿色屏幕前拍摄对象，然后根据彩色背景创建一个 alpha 蒙版，并使用特效选择性地将绿色像素变为透明的整个过程。然后会将此剪辑与背景图像合成。气象预报是一个好的绿屏示例。

- **蒙版**。用于识别应该为透明或半透明的图像区域的图像、形状或视频剪辑。Adobe Premiere Pro 支持多种蒙版，本课稍后将使用它们。

15.4　使用不透明度效果

可以在 Timeline（时间轴）或 Effect Controls（效果控制）面板中使用关键帧来调整剪辑的总

体不透明度。

1. 打开 Sequences 素材箱中的序列 Desert Jacket。此序列的前景图像是一个穿夹克的男人，而背景图像是沙漠。

2. 增加 Video 2 轨道的高度，并单击 Timeline Display Settings（时间轴显示设置）菜单来启用视频关键帧的显示。

3. Adobe Premiere Pro 允许你使用橡皮带来调整设置并对应用于剪辑的效果使用关键帧。由于固定效果包括 Opacity（不透明度），因此会自动启用此选项。实际上，它是默认选项，这意味着橡皮带已经表示了剪辑不透明度。尝试使用 Selection（选择）工具向上或向下拖动橡皮带。

 提示：调整橡皮带时，可以按住 Control（Windows）或 Command（Mac OS）键来获得精细控制。

以这种方式使用 Selection（选择）工具时，会移动橡皮带，并且不会添加关键帧。

在本例中，前景被设置为 50% 不透明度。

15.4.1 对不透明度应用关键帧

在时间轴上对不透明度应用关键帧与对音量应用关键帧完全一样。可以使用相同的工具和键盘快捷键，并且结果与你预期的完全一样：橡皮带越高，剪辑的可见性越高。

1. 打开 Sequences 素材箱的 Theft Unexpected 序列。此序列位于轨道 V2 上，它的前景中有一个字幕。在不同的时间以不同的持续时间自上而下或自下而上地淡入字幕很常见。可以使用一种过渡效果来执行此操作，就像为视频剪辑添加过渡一样；或者，为了获得更多控制，可以使用关键帧来调整不透明度。

2. 确保轨道 V2 是展开的，这样可以看到前景字幕 Theft_Unexpected.psd 的橡皮带。

3. 按住 Control（Windows）或 Command（Mac OS）键并单击字幕图形的橡皮带以添加 4 个关键帧：两个位于开头，两个位于结尾。

> **Pr** 提示：首先为橡皮带添加关键帧标记，然后拖动以调整它们，这样通常更简单一些。

4. 调整关键帧，以便它们以同样的方式自上而下或自下而上地淡入，这样你就可以调整音频关键帧来调整音量。播放序列并查看应用关键帧的结果。

> **Pr** 注意：按住 Control（Windows）或 Command（Mac OS）键并添加了关键帧后，可以释放按键，并使用鼠标拖动以设置关键帧位置。

可以使用 Effect Controls（效果控制）面板来为剪辑的不透明度添加关键帧。与音频音量关键帧一样，Effect Controls（效果控制）面板中的 Opacity（不透明度）设置默认启用了关键帧。基于此原因，如果你想要对剪辑的总体不透明度进行平稳调整，有时在 Timeline（时间轴）中执行此操作比使用 Effect Controls（效果控制）面板更快。

15.4.2 基于混合模式组合图层

混合模式是混合前景像素和背景像素的特殊方式。每种混合模式会应用不同的计算来组合前景 RGBA（红色、绿色、蓝色和 alpha）值和背景 RGBA 值。会将每个像素与其背后的像素结合起来，以单独计算每个像素。

所有剪辑的默认混合模式是 Normal（正常）。在此模式下，前景图像在整个图像中有一个统一的 alpha 通道值。前景图像的不透明度越大，背景前面的这些前景像素的浓度就越大。

了解混合模式如何工作的最好方式是使用它们。

1. 使用 Graphics 素材箱中的复杂字幕 Theft_Unexpected_Layered.psd 替换 Theft Unexpected 序列中的当前字幕。

替换现有字幕的方法是，按住 Alt（Windows）或 Option（Mac OS）键，将新项拖放到现有字幕上。以这种方式替换剪辑会保留关键帧。

2. 在时间轴上选择新字幕，并查看 Effect Controls（效果控制）面板。

3. 在 Effect Controls（效果控制）面板中，展开 Opacity（不透明度）控件并浏览 Blend Mode（混合模式）选项。

4. 现在，混合模式设置为 Normal（正常）。尝试几种不同的模式来查看结果。每种混合模式会以不同的方式计算前景图层像素和背景像素之间的关系。请参见 Adobe Premiere Pro 的 Help（帮助）来了解混合模式的描述。

在本例中，前景是 Lighten（变亮）混合模式。只有比背景像素更亮的前景像素才是可见的。

15.5 处理 alpha 通道透明度

很多种媒体的像素已经有了不同的 alpha 通道级别。字幕就是一个明显示例：存在文字时，像素的不透明度为 100%；而没有文字时，像素的不透明度通常是 0%。文字背后的投影等元素通常具有一个中间值。保持投影的一些透明度可让它看起来更真实一些。

Adobe Premiere Pro 能更清楚地看到 alpha 通道中值更高的像素。这是解释 alpha 通道最常见的方式，但是有时你可能会遇到以相反方式配置的媒体。你会立刻意识到问题，因为在非黑图像中你的图像会修剪掉。这个问题很容易解决，因为与 Adobe Premiere Pro 可以解释剪辑的声道一样，它还可以选择正确的方式来解释现有 alpha 通道信息。

使用 Theft Unexpected 序列中的字幕，可以非常轻松地看到结果。

1. 从 Lesson 15 文件夹导入文件 Theft_Unexpected_Layered_No_BG.psd。在 Import Layered File（导入分层文件）对话框中，在 Import As（导入为）菜单中选择 Merge All Layers（合并所有图层）。

2. 这是与删除的背景相同的字幕。使用新导入的字幕替换当前字幕。

3. 在项目中找到新字幕 Theft_Unexpected_Layered_No_BG.psd。右键单击此剪辑并选择 Modify（修改）>Interpret Footage（解释素材）。在面板底部，将找到 Alpha Channel（alpha 通道）解释选项。

4. 尝试每一个选项，并在 Program Monitor（节目监视器）中查看结果。在显示更新之前需要单击 OK（确定）。

选项如下所示。

- **Ignore Alpha Channel**（忽略 **alpha** 通道）。将所有像素的 alpha 视为 100%。如果你不想使用序列中的背景图层，则这种方法非常有用。

- **Invert Alpha Channel**（反转 **alpha** 通道）。反转剪辑中每个像素的 alpha 通道。这意味着完全不透明的像素将变为完全透明的，并且透明像素将变为不透明的。

15.6　对绿屏剪辑进行色彩抠像

使用橡皮带或 Effect Controls（效果控制）面板更改剪辑的不透明度级别时，会以同样的数量调整图像每个像素的 alpha。还有根据像素在屏幕上的位置、亮度或颜色有选择性地调整像素 alpha 的方式。

Chromakey（色度抠像）效果根据具体亮度、色相和饱和度值调整一系列像素的不透明度。原理非常简单：选择一种颜色或多种颜色，像素与所选颜色越像，透明度就会越高。像素与所选颜色越匹配，其 alpha 通道值降低得就越多，直到它变为完全透明的。

下面进行色度抠像合成。

1. 将 Greenscreen 素材箱中的剪辑 0137SZ.mov 拖动到 Project（项目）面板的 New Item（新建项目）菜单上。这将创建一个与媒体完美匹配的序列，剪辑位于 V1 上。

2. 将剪辑向上拖动到 V2 上，这将是我们的前景。

3. 将剪辑 Seattle_Skyline_Still.tga 直接从 Shots 素材箱拖动到新序列的轨道 V1 上。

4. 将 Seattle 照片直接放在前景剪辑下，并修剪它以在整个持续时间将它用作背景。

5. 在 Project（项目）面板中，将新序列重命名为 Seattle Skyline，并将它移动到 Sequences 素材箱中。

创建此合成图的剩余步骤是删除绿色像素。

15.6.1　预处理素材

在理想情况下，处理的每个绿屏剪辑都具有无瑕疵的绿色背景，并且前景元素的边缘很整齐。实际上，有很多原因会让你面对不完美的素材。

当然，拍摄视频时，总是会有由光线不足造成的潜在问题。此外，许多摄像机保存图像信息的方式还会造成另一个问题。

由于眼睛识别颜色不像亮度信息一样准确，因此摄像机通常会减少保存的颜色信息数量。例如，对于 DVCPRO 25 视频，仅为每四个像素保存颜色信息。

摄像系统使用减少颜色捕捉的方式减小文件大小，并且方法因系统而异。有时会每隔一个像素保存颜色信息；有时可能会在第二条线上每隔一个像素保存一次颜色信息。无论使用哪种系统，都会使抠像变得更困难，因为颜色细节没有你想得那么多。

如果你发现素材的抠像不是很好，请尝试以下操作。

- 在抠像之前，考虑应用一个较小的模糊效果。这会混合像素细节，柔化边缘，并通常提供一个更平滑的结果。如果模糊数量非常小，则不会明显降低图像质量。可以为剪辑应用模糊效果，调整设置字体，然后再应用 Chromakey（色度抠像）效果。Chromakey（色度抠像）效果看起来位于模糊效果后面。

- 在抠像之前对照片进行颜色校正。如果照片的前景和背景缺少良好的对比度，那么首先使用 Three-Way Color Corrector（三向颜色校正器）或 Fast Color Corrector（快速颜色校正器）效果调整图像有时会有所帮助。

15.6.2　使用极致抠像效果

Adobe Premiere Pro 有一个强大、快速且直观的色度抠像效果，它是 Ultra Key（极致抠像）。工作流非常简单：选择想要变为透明的颜色，然后调整设置以进行匹配。与绿屏抠像一样，Ultra Key（极致抠像）效果会根据颜色选择动态生成蒙版。如果使用 Ultra Key（极致抠像）效果的详细设置，那么蒙版就是可调整的。

1. 将 Ultra Key（极致抠像）效果应用于新 Seattle Skyline 序列中的 0137SZ.mov 剪辑。

2. 在 Effect Control（效果控制）面板中，选择 Key Color（选取基色）吸管。在 Program Monitor（节目监视器）中使用此吸管单击绿色区域。此剪辑在背景中具有一致的绿色，因此单击什么位置并不重要。对于其他素材，可能需要尝试来找到合适的点。

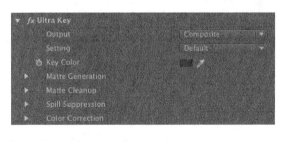

提示：如果在使用吸管单击时按住 Control（Windows）或 Command（Mac OS）键，则 Adobe Premiere Pro 会采用 5×5 的平均像素采样，而不是单个像素选择。这通常会捕捉更好的颜色来进行抠像。

Ultra Key（极致抠像）效果会找出具有所选绿色的所有像素并将其 alpha 设置为 0%。

3. 在 Effect Controls（效果控制）面板中，将 Ultra Key（极致抠像）效果的 Output（输出）设置更改为 Alpha Channel（alpha 通道）。在这种模式下，Ultra Key（极致抠像）效果将 alpha 通道显示为灰度图像，其中暗像素将变为透明的，而亮像素将变为不透明的。

这是一个非常好的抠像，但是有一些灰色区域，其中像素将变为半透明的，这并不是我们想要的结果。左侧和右侧没有任何绿色，因此不会对这些像素进行抠像。我们稍后将处理这些像素。

4. 将 Setting（设置）菜单更改为 Aggressive（攻击）。这将清理选择。浏览照片以查看它是否具有干净的黑色区域和白色区域。如果在此视图中看到灰色像素出现在不应该的位置，则结果是此部分在图像中变为部分透明的。

5. 将 Output（输出）设置切换回 Composite（合成）以查看结果。

Aggressive（攻击）模式更适合此剪辑。Default（默认）、Relaxed（放松）和 Aggressive（攻击）模式修改 Matte Generation（蒙版生成）、Matte Cleanup（蒙版清除）和 Spill Suppression（溢出抑制）设置。还可以自己修改它们以针对更具挑战性的素材获得更好的抠像。

每组设置有不同的目的。下面是概述。

• **Matte Generation（蒙版生成）**。选择了抠像颜色后，Matte Generation（蒙版生成）控件会调整解释方式。通过对更具挑战性的素材调整这些设置，通常可以获得积极的结果。

• **Matte Cleanup（蒙版清除）**。定义了蒙版后，可以使用这些控件调整它。Choke（阻塞）缩小蒙版的大小，如果抠像选择丢失了一些边缘，那么它非常有用。一定不要阻塞蒙版太多，因为这样你会开始在前景图像中丢失边缘细节，在视觉效果行业，这通常称为提供"数码修剪"。Soften（柔化）为蒙版应用模糊，这通常会改进前景和背景图像的混合，生成更令人信服的合成图。Contrast（对比度）会增加 alpha 通道的对比度，使黑白图像变为对比强烈的黑白图像，从而更清晰地定义抠像。增加对比度通常可以获得更干净的抠像。

- **Spill Suppression**（溢出抑制）。溢出抑制会补偿从绿色背景反弹到拍摄对象的颜色。当出现这种情况时，组合绿色背景和拍摄对象自己的颜色通常并不相同，因此并不会让部分拍摄对象抠像为透明的。但是，当拍摄对象的边缘是绿色时，抠像看起来不太好。溢出抑制自动补偿抠像颜色，方法是为前景元素边缘添加颜色（在色轮上位置相对的颜色）。例如，当对绿屏进行抠像时会添加洋红色，或者当对蓝屏进行抠像时会添加黄色。这会中和颜色"溢出"。

有关每种控件的更多信息，请参见 Adobe Premiere Pro 的 Help（帮助）。

> **Pr** | 注意：在本例中，我们使用的素材具有绿色背景。也可能要抠像的素材具有蓝色背景。工作流程是完全一样的。

Color Correction（颜色校正）控件提供了一种调整前景视频外观以将其与背景混合的快速且简单的方式。通常情况下，这三个控件足够制作更自然的匹配了。注意，这些调整会在抠像之后应用，因此使用这些控件调整颜色时不会生成抠像问题。

15.7 使用蒙版

Ultra Key（极致抠像）效果会根据照片中的颜色动态生成蒙版。还可以创建自己的自定义蒙版或者将另一个剪辑用作蒙版的基础。

创建自己的蒙版时，定义的形状将充当视频的插图。我们将对在使用绿屏剪辑时常见的场景尝试此方法。

1. 返回到 Seattle Skyline 序列。

剪辑有一个演员站在绿屏前，但是绿色并没有到达图像的边缘。

2. 禁用 Ultra Key（极致抠像）效果，不用删除它，在 Effect Controls（效果控制）面板中单击 Toggle Effect（切换效果）按钮 _fx_。这让你能够再次清楚地看到图像的绿色区域。

将 Four-Point Garbage Matte（四角无用蒙版）效果应用于 0137SZ.mov 剪辑。无用蒙版是用户可定义的区域，可以将它们定义为可见或透明的。

3. 在 Effect Controls（效果控制）面板中选择 Four-Point Garbage Matte（四角无用蒙版）效果。你需要在效果列表中单击效果名称来选择效果。

选择效果时，Adobe Premiere Pro 会在 Program Monitor（节目监视器）中显示特殊手柄。

4. 拖动无用蒙版手柄，以便选择排除黑幕。

> **Pr** **注意**：在本例中，蒙版扩展到了图像边缘外。这没有问题，因为主要目的是选择想要排除的部分。在本例中，成功排除了幕布。

你会立刻看到此序列的背景图层。Four-Point Garbage Matte（四角无用蒙版）效果已经定义了应该为透明的一些像素。

5. 在 Effect Controls（效果控制）面板中启用 Ultra Key（极致抠像）效果，并取消选择剪辑以删除无用蒙版手柄。

结果是一个干净的抠像。我们使用了 Four-Point Garbage Matte（四角无用蒙版）效果，因为这是一个修复起来相对简单的剪辑。对于更复杂的照片，此效果还有八角和十六角版本。此外，在 Effect Controls（效果控制）面板中使用标准控件可以对所有点的位置应用关键帧。

15.7.1 使用图形或其他剪辑作为蒙版

Garbage Matte（无用蒙版）效果创建应该为可见或透明的用户定义区域。Adobe Premiere Pro

还可以使用另一个剪辑作为蒙版的基础。

使用 Track Matte Key（轨道蒙版抠像）效果，Adobe Premiere Pro 会使用一个剪辑的明度信息或 alpha 通道信息来定义另一个剪辑的透明度蒙版。只要一点点计划和准备，这一简单的效果就可以生成很好的结果。

使用轨道蒙版抠像效果

我们将使用 Track Matte Key（轨道蒙版抠像）效果来为 Seattle Skyline 序列添加分层字幕。

1. 仅将剪辑 00841F.mov（位于 Shots 素材箱中）的视频（而不是音频）编辑到 Timeline V3 轨道上。照片是沙漠中的一些花朵，我们会将它用作字幕的纹理。将此剪辑放到序列的开头。

2. 将剪辑 Theft_Unexpected.psd（位于 Graphics 素材箱）编辑到 Timeline V4 轨道，位于 00841F.mov 剪辑的下方。

3. 将图形剪辑修剪为花朵剪辑的持续时间。

4. 将 Track Matte Key（轨道蒙版抠像）效果应用于 V3 的 00841F.mov 花朵剪辑。

5. 在 Effect Controls（效果控制）面板中，将 Track Matte Key Matte（轨道蒙版抠像蒙版）菜单设置为 V4。

6. 将 Composite Using（合成方式）菜单设置为 Matte Luma（亮度蒙版）。

浏览序列以查看结果。顶部剪辑不再可见。将它用作指南来定义 V3 上剪辑的可见和透明区域。

15.7.2 使用字幕设计器创建自定义蒙版

Track Matte Key（轨道蒙版抠像）效果可以使用另一个剪辑来定义应该可见或透明的像素。通常使用 Adobe Premiere Pro 的 Titler（字幕设计器）工具来生成与 Track Matte Key（轨道蒙版抠像）效果一起使用的简单形状。

我们将创建一个柔边圆圈，以用于突出显示照片的某个区域。

1. 打开 Sequences 素材箱中的序列 Explosions。

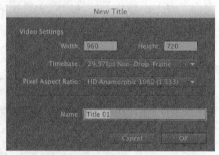

注意：创建新字幕时，Adobe Premiere Pro 使用当前序列作为默认大小。如果在开始前打开需要字幕的序列，那么工作会更简单。

此序列在爆炸和调整图层之间有一个奔跑的人。我们想要吸引奔跑者的注意力。为此，将调整图层与使用 Adobe Premiere Pro 的 Titler（字幕设计器）创建的图形组合起来。

2. 访问 Title（字幕）菜单，并选择 New Title（新建字幕）> Default Still（默认静态）。

这将打开 New Title（新建字幕）对话框。如果需要可以更改设置，但是对当前序列来说，它们是正确的。

3. 将新字幕命名为 Highlight，单击 OK（确定）。

注意：有关字幕的更多信息，请参见第 16 课。

4. Titler（字幕设计器）中有几个面板。左上方的面板具有一系列工具，可用于创建文字和形状。选择 Ellipse（椭圆）工具（ ）。

5. Titler（字幕设计器）的中间部分将当前的 Timeline（时间轴）帧显示为正在创建的字幕的背景。使用 Ellipse（椭圆）工具在此区域中单击并拖动以创建一个圆。在拖动时按住 Shift 键来将形状限制为完美的圆而不是椭圆。

6. 切换到 Titler Selection（字幕设计器选择）工具。单击刚创建的圆以选择它。选择了圆后，Title Properties（字幕属性）面板会显示与圆相关的选项。

7. 将 Fill Type（填充类型）设置从 Solid（纯色）更改为 Radial Gradient（径向渐变）。这将显示一个具有两个色标的颜色选择器，融合在一起以创建渐变的拾色器。

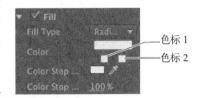

色标 1
色标 2

8. 单击以选择第二个色标，然后将 Color Stop Opacity（色标不透明度）设置降低到 0%。

Pr 注意：你可能需要让右栏变宽，以查看哪个属性是 Color Stop Opacity（色标不透明度）。

9. 这几乎是完美的，但是渐变不是很强烈。将第二个色标向左拖动以增加渐变，直到圆圈具有柔和的边缘。现在关闭 Titler（字幕设计器）。这会将新字幕自动添加到 Project（项目）面板中。

15.7.3 创建活动蒙版

如果形状中有一个想要与Track Matte Key（轨道蒙版抠像）效果一起使用的图形，则可以使用Effect Controls（效果控制）面板中的Motion（动作）控件来重新定位并对它应用动画。

1. 编辑刚刚创建到Explosions中V3上的柔边圆圈字幕。调整位置和持续时间，以便它与时间轴上的其他剪辑完全匹配。如果没有要使用的字幕，则可以使用Graphics素材箱中的Highlight剪辑。

> **Pr** 注意：与开始时使用小很多的图形，然后按比例增加相比，让图形比所需的大一些，然后使用Scale（比例）控件来减少大小通常会更好一些。按比例增加可能会引入硬边，因为在按比例增加时扩展了像素。

最初，图形将明显位于屏幕的中间。

2. 将Track Matte Key（轨道蒙版抠像）效果应用于V2上的调整图层。在Effect Controls（效果控制）面板中，将Track Matte Key Matte（轨道蒙版抠像蒙版）菜单设置为Video3。

最初，不会看到任何效果，因为没有对调整图层进行任何更改。

3. 在Effect Controls（效果控制）面板中，启用调整图层的Fast Color Corrector（快速颜色校正器）效果。

已经对调整图层应用并设置了此效果，以便让图像变得更亮一些。

4. 在时间轴上选择Highlight字幕，在Effect Controls（效果控制）面板中使用Motion（运动）控件来重新定位字幕，以便突出显示奔跑者。然后使用关键帧来缩放圆圈并在屏幕上移动它以跟随骑手。

> **Pr** 提示：如果在 Effect Controls（效果控制）面板中选择 Motion（运动）效果字幕，则 Program Monitor（节目监视器）将成为直接操作面板，在这里可以将剪辑拖动到新位置并调整其大小。

使用After Effects旋转画笔工具

Adobe Premiere Pro有多达16角的无用蒙版可手动遮盖剪辑的图像区域。这很有用，但并不像Adobe After Effects那么强大。Adobe After Effects可以精确地定位、应用关键帧、贝塞尔曲线、多角蒙版。使用蒙版精确选择前景元素的过程被称为转描机技术。

Adobe After Effects有一个特殊的Roto Brush（旋转画笔）工具，它可以明显减少转描前景图像所需的工作量。

要将剪辑发送到After Effects并使用Roto Brush（旋转画笔）工具，请执行以下步骤。

1. 右键单击想要发送到 After Effects 的剪辑，并选择 Replace With After Effects Composition（使用 After Effects 合成图替换）。

Adobe Premiere Pro 会将此剪辑传递到 After Effects，在这里会自动创建After Effects 合成图。

2. 你需要为 After Effects 项目命名并指定位置。考虑将项目保存在与 Adobe Premiere Pro 项目相同的子文件夹中，这样将来可以更轻松地找到它。

3. 此剪辑会自动添加到 After Effects 的合成图中。在时间轴中双击以打开它，准备进行编辑。

4. 与 Adobe Premiere Pro 一样，After Effects 有一系列工具可用于执行不同的任务。在 After Effects 中，默认会将它们放置到屏幕顶部。选择 Roto Brush（旋转画笔）工具。

5. 使用 Roto Brush（旋转画笔）工具，在前景对象上绘制。没有必要仔细地沿着边缘附近绘制。Roto Brush（旋转画笔）工具将自动寻找对象的边缘并与其对齐。

6. 使用 Roto Brush（旋转画笔）工具以增加选区。按住 Alt（Windows）或 Option（Mac OS）键并单击可以从选区删除图像区域。

7. 在图层面板的时间标尺下面，有一个针对 Roto Brush（旋转画笔）工具的范围选择。一定要拖动范围的末端以选择想要 Roto Brush（旋转画笔）工具处理的整个持续时间。

8. 按空格键。Roto Brush（旋转画笔）工具将自动跟踪所选的边缘，创建一个蒙版，将选区外部的像素设置为透明的，并将选区内部的像素设置为可见的。

如果 Roto Brush（旋转画笔）工具丢失了选区的边缘，则按空格键以停止分析，并使用 Roto Brush（旋转画笔）工具调整选区，并再次按空格键以继续分析。

9. 当 Roto Brush（旋转画笔）工具完成剪辑分析时，可以保存 After Effects 项目并返回到 Adobe Premiere Pro。现在剪辑在所选区域外部有透明的像素，并且可以将它在合成图中用作前景元素。

Roto Brush（旋转画笔）工具有效果控件，并且在使用此工具时，可以在自动出现的 Adobe After Effects Effect Controls（效果控制）面板中访问这些效果控件。

在完成时，一定要保存 After Effects 项目，因为 Adobe Premiere Pro 将需要它来显示蒙版的结果。

Adobe After Effects CC 为 Roto Brush（旋转画笔）工具添加了一个新工具：Refine Edge（调整边缘）工具。使用 Roto Brush（旋转画笔）工具选择一个区域时，在图像不同区域的蒙版上绘制可以获得精心计算的边缘。

15.8 复习

15.8.1 复习题

1. RGB 通道和 alpha 通道之间的区别是什么？

2. 如何为剪辑应用混合模式？

3. 如何对剪辑不透明度应用关键帧？

4. 如何更改解释媒体文件的 alpha 通道的方式？

5. 对剪辑应用"抠像"意味着什么？

6. 对可用作 Track Matte Key（轨道蒙版抠像）效果参考的剪辑类型，是否有什么限制？

15.8.2 复习题答案

1. 所有通道使用同样的单位，区别在于 RGB 通道描述颜色信息，而 alpha 通道描述不透明度。

2. 混合模式位于 Effect Controls（效果控制）面板中 Opacity（不透明度）类别下面。

3. 调整剪辑不透明度的方式与调整剪辑音量的方式类似。确保查看你想要调整的剪辑的橡皮带，然后使用 Selection（选择）工具拖动它。还可以使用 Pen（钢笔）工具来进行细微调整。

4. 右键单击文件，并选择 Modify（修改）>Interpret Footage（解释素材）。Alpha Channel（alpha 通道）选项位于此面板的底部。

5. 抠像通常是一种特效，使用像素颜色来定义应该为透明和可见的图像部分。

6. 没有限制，可以使用任何媒体来使用 Track Matte Key（轨道蒙版抠像）效果创建抠像。实际上，甚至可以对参考剪辑应用特效，这些效果的结果会反映在蒙版中。

第16课 创建字幕

课程概述

在本课中，你将学习以下内容：

- 使用字幕设计器窗口；

- 处理视频版式；

- 创建字幕；

- 风格化文字；

- 处理形状和徽标；

- 创建滚动字幕和游动字幕；

- 使用模板。

本课大约需要 90 分钟。

可以使用 Adobe Premiere Pro CC 中的 Titler（字幕设计器）来创建文
字和形状。然后，可以将这些对象放置在视频上面或者用作独立剪辑
来将信息传达给观众。可以创建静态字幕和动态字幕。

16.1 开始

尽管你将依靠音频和视频源作为构建序列的主要成分，但是通常需要将文字纳入项目中。当你想要快速地将信息传递给观众时，文字非常有效。例如，在采访时可以通过叠加姓名和字幕（通常称为下方 1/3 处或 ID）来确定视频中的演讲者。还可以使用文字来识别更长的视频部分（通常称为缓冲片段）或致谢演员和工作人员（使用致谢）。

恰当使用文字可以简洁地传递信息。与使用叙述者相比，文字更清晰，并且可以在对话期间传递信息。此外，关键信息可以通过文字得到加强，将想要表达的信息传递给最终观看者。

Adobe Premiere Pro CC 提供了一个多功能的 Titler（字幕设计器）工具。它提供了一系列创建文字和形状的工具，可以使用它们来设计有效的字幕。可以使用加载到计算机上的字体（和 Creative Cloud 套件随附提供的字体）。还可以控制不透明度和颜色。可以插入使用其他 Adobe 应用程序（比如 Adobe Photoshop 或 Adobe Illustrator）创建的图形元素或徽标。Titler（字幕设计器）工具是一个功能强大的工具。它强大的定制功能使你可以为自己的作品创建出独特的外观效果。

16.2 字幕设计器窗口概述

在本课中，首先介绍预格式化文本和修改其参数。这种方法可以让你快速了解 Adobe Premiere Pro 的 Titler（字幕设计器）的强大功能。本课稍后将从头开始构建字幕。

1. 启动 Adobe Premier Pro，打开项目 Lesson 16.prproj。

序列 01 Seattle 应该已经打开了。

2. 在 Project（项目）面板中双击 Title Start。

这将打开 Titler（字幕设计器）窗口，同时载入视频帧上的字幕。默认会选中文本框，如果未选中，则单击一次以选择它。

Pr | 注意：你需要扩展窗口以查看所有的 Title Properties（字幕属性）选项。

下面将简要介绍 Titler（字幕设计器）面板。

- **Title Tools**（字幕工具）面板。这些工具定义文字边界，设置文字路径并选择几何形状。
- **Title Designer**（字幕设计器）面板。在其中创建和查看文字和图形。
- **Title Properties**（字幕属性）面板。文字和图形选项，比如字体特征和效果。
- **Title Actions**（字幕动作）面板。用于对齐、居中或分布文字或对象组。
- **Title Styles**（字幕样式）面板。预设文字样式。可以从几个样式库中进行选择。

Title Tools（字幕工具）面板　Title Designer（字幕设计器）面板　　Title Properties（字幕属性）面板

Title Actions（字幕动作）面板　Title Styles（字幕样式）面板

3. 请单击 Title Styles（字幕样式）面板中几种不同的缩略图，以熟悉这些可用的样式。

　　每次单击新的样式时，Adobe Premiere Pro 会立即将活动字幕或者所选的字幕更改为新的样式。一些样式可能会使用隐藏文字的设置；我们马上会调整这些设置。尝试一些样式后，请选择样式 Adobe Garamond White 90（如下图所示），这种样式与视频中的场景气氛相匹配。

4. 单击 Titler（字幕设计器）中的 Font Browser（字体浏览器）按钮。注意当前字体是 Adobe Garamond Pro。

5. 滚动字体列表，注意当选择新字体时，可以立即看到它对应的文字效果。

　　每个系统加载的具体字体因系统而异。在本课中，选择与所用字体类似的字体。

> **Pr** **注意**：单击并测试后，你可能已经取消选择了文本。如果在文字周围没有带手柄的边界框，则使用 Selection（选择）工具（在字幕设计器面板的左上角）在文字的任意位置单击以选择文字。

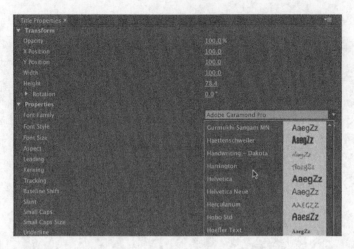

6. 单击 Titler（字幕设计器）右侧 Title Properties（字幕属性）面板中的 Font Family（字体系列）菜单。这是在 Titler（字幕设计器）中改变字体的另一种方法，请尝试通过此面板改变字体。还可以使用 Font Style（字体样式）菜单。

7. 尝试之后，请从 Font Family（字体系列）菜单中选择 Adobe Caslon Pro（或类似的字体）。从 Font Style（字体样式）菜单选择 Bold（粗体）以让文字更易阅读。

8. 采用以下方法将字体大小修改为 140：在 Font Size（字体大小）字段中输入新的数值，或者在 Size（大小）数值上拖动鼠标，直到其读数为 140 为止。文本可能会变为隐藏的，如果是这样，使用 Selection（选择）工具拖动边界框的顶部手柄以调整文本框的大小。

9. 在 Title Designer（字幕设计器）面板中，单击 Center（居中）按钮以使文字居中显示。

10. 将 Tracking（行距）更改为 3.0。字距改变文本框中所有字符之间的距离。

我们将让投影更明显，以让文字更易阅读。

11. 在 Title Properties（字幕属性）面板中，将 Shadow Distance（阴影距离）更改为 10，Shadow Size（阴影大小）更改为 15，Shadow Spread（阴影扩展）更改为 45。可以在每个字段中输入数值或者是拖动数值以调整其值。

12. 在 Title Actions（字幕动作）面板中，单击 Horizontal Center（水平居中）和 Vertical Center（垂直居中）按钮，以让文字与屏幕的正中心对齐。

垂直居中

注意：Adobe Premiere Pro 会将更新字幕自动保存到项目文件中。它在硬盘上不会显示为独立文件。

你的屏幕应该如下所示。

13. 向右拖动 Titler（字幕设计器）浮动窗口，直到能看到 Project（项目）面板为止。

14. 在 Project（项目）面板中，双击 Title Finished，将它载入到 Titler（字幕设计器）中。

15. 使用 Titler（字幕设计器）主面板中的下拉菜单在两个字幕之间切换。

现在你的字幕看起来应该与 Title Finished 的字幕类似。

16. 单击 Titler（字幕设计器）面板右上角的小 X（Windows）或 Close（关闭）按钮（Mac OS），关闭它。

 注意：可以对字幕应用过渡以自下而上地淡入它们，或者是将它们移动到屏幕上或移出屏幕。

17. 将 Title Start 从 Project（项目）面板拖动到时间轴上的 Video 2 轨道，修剪它，以便它与视频剪辑相匹配，并拖动播放指示器以查看它在视频剪辑中的样子。

在其他项目中使用字幕

你可能想为位置名和采访字幕创建常用字幕，以便将它们应用到多个项目。但是，Adobe Premiere Pro 不会自动将字幕存储在独立的文件中。要使字幕可用在其他项目中，首先要选择 Project（项目）面板中的字幕，再选择 File（文件）>Export（导出）>Title（字幕），为字幕命名，选择位置，再单击 Save（保存）。以后就可以像导入其他素材文件一样导入字幕文件了。

16.3 视频版式基础知识

为视频设计文字时，重要的是要遵守可接受的版式约定。由于文字通常复合在具有多种颜色的移动背景上，因此必须实现清晰的设计。必须找到合法性和样式之间的恰当平衡，屏幕上要有适合的足够多的信息，但又不能产生拥挤的感觉。否则，文字很快就会变得难以读取，这样观看者就会感到挫败。

 提示：如果想了解有关版式的更多信息，请参考 Erik Spiekermann 和 E. M. Ginger 编写的《Stop Stealing Sheep & Find Out How Type Works》一书（Adobe 出版社，2002 年）。

16.3.1 字体选择

你的计算机很可能有数百种（或数千种）字体，因此可能很难选择恰当的字体。为了简化选择过程，请使用分类方法并思考几个指导问题。

- **可读性**。所使用的字体大小是否让字体易于读取？文本行的所有字符是否都是易读的？如果你快速看一遍，然后闭上眼睛，那么你还会记得文本块吗？

- **样式**。仅使用形容词，你如何描述自己所选的字体？字体是否传达了视频的恰当情绪？选择合适的字体是设计成功的关键。

- **灵活性**。字体是否与其他内容很好地混合在一起？多种字体粗细（比如粗体、斜体和半粗体）是否让传达意义变得更简单？能否创建传达各种不同信息的分层信息，比如在下方1/3处放置演讲者的姓名和字幕。

这些指导原则的答案应该有助于你更好地设计字幕。你可能需要尝试来找到最佳字体。幸运的是，可以轻松地修改现有字幕或者复制它并更改副本。

16.3.2　颜色选择

尽管有无限数量的颜色组合，但是在设计中选择合适的颜色可能非常棘手。这是因为只有几种颜色适用于文字且观看者能够清楚地看到。如果视频用于播放或者设计必须从风格上匹配一系列品牌或产品，那么这一任务就变得更加复杂。即使是将文字放置在杂乱的移动背景上，应该也能够看清文字。

左侧图像中深色背景上的白色文字最易阅读。右侧图像上的蓝色文字比较难阅读，因为文字的颜色和色调与天空类似

可能你比较保守，视频中最常见的文字颜色是白色。第二种最常见的颜色是黑色。使用彩色时，它们通常是非常浅或非常深的颜色。适合的浅色包括浅黄色、浅蓝色、灰色和棕褐色。适合的深色包括深蓝色和深绿色。所选的颜色必须与背景形成合适的对比。

 注意：创建供视频使用的文字时，通常会发现自己将文字放置在拥有许多颜色的背景上。这使得很难形成合适的对比（这是保持易读性的关键）。在这种情况下，可能需要添加描边、外部发光或投影来获得具有对比的边缘。

16.3.3　字偶间距

构建字幕时，你可能会想要调整各个文字对之间的距离。这样做通常是为了改进字体外观，这一过程被称为字距调整。文字越大，花时间手动调整文字就越重要，因为文字越大，字距调整不当会更明显。目的是改进文字的外观和易读性，同时创建光流。

> **Pr** 提示：开始字距调整的常见位置是调整初始大写字母和后续小写字母之间的距离，尤其是字符具有非常小的基底时，比如 T，这可能会造成基线处空间过大的感觉。

原始字距在有些地方比较松散（左侧）。手动调整字距后，改善了总体易读性（右侧）。研究海报和杂志等专业设计的素材，是学习字距调整的最佳方式

在 Adobe Premiere Pro（和其他 Adobe 应用程序）中，字距很容易调整。

1. 单击以放置光标，或者使用箭头键移动光标。

2. 当闪烁的 I 形出现在想要调整字距的两个字母之间时，按住 Alt（Windows）或 Option（Mac OS）键。

3. 按向左箭头键以让字母更靠近，或者按向右箭头键以让字母更松散。

4. 移动到下一个字母对并根据需要进行调整。

Diplomat Diplomat

不恰当的字距调整   恰当的字距调整

16.3.4　字符间距

另一个属性是字符间距（tracking）（与字偶间距类似）。这是一行文字中所有字符之间的总体距离。字距用于整体压缩或扩展一行文字，以便它适合屏幕。通常在下列场景中使用它。

* **紧凑的字距**。如果一行文字太长（比如下方 1/3 针对演讲者的冗长的字幕），你可能想稍微收紧它以适合屏幕。这将保持相同的垂直高度，但是会在可用的空间中容纳更多文字。

- **松散的字距**。当使用所有大写字符，或者需要对文字应用外部描边时，松散的字距可能很有用。它通常用于大型字幕，或者是当文字用作设计或运动图形元素时。

字距与 Small Caps（小型大写字母）选项结合使用可以创建易读的风格化字幕。

字符间距通常在 Adobe Premiere Pro 的 Title Properties（字幕属性）面板中完成，在其他 Adobe 应用程序中，是在 Character（字符）面板中完成。与子偶间距一样，字符间距是主观的，并且通过研究专业示例并寻找灵感和指导可以学习怎么做最好。

tracking

松散的字符间距

tracking

紧凑的字符间距

16.3.5 行距

正如需要控制字符之间的水平距离一样，还需要控制文字行之间的垂直距离。这一过程被称为行距调整。此名称来自印刷机上用于在文字行之间创建距离的铅条。

原始行距导致两行文字变得难以阅读（左侧）。在 Title Properties（字幕属性）面板中将行距值从 5 更改为 24，增加了文字行之间的距离并改善了易读性（右侧）。

在大多数情况下，应该使用默认的 Auto（自动）设置。但是，可以根据需要更改行距，以让文字适应设计模板，或者是同时在屏幕上获得更多信息。要在屏幕上容纳更多文字，可以紧缩行距以让文字行之前的距离变小（还可以加大行距以让文字分开）。

不要将行距设置得太紧，否则顶部行的下伸部分（比如 j、p、q 和 z）将与下一行的上伸部分（比如 b、d、k 和 l）相交。这一冲突会影响文字的易读性。

16.3.6 对齐

尽管你可能已经习惯了文字左对齐的情况，比如报纸，但是对齐视频文字没有固定的规则。在某种意义上，下方 1/3 处的字幕所用的文字通常是左对齐或右对齐的。

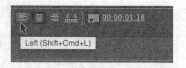

 注意：在 Adobe 应用程序中设置文字时，通常不会仅想要单击并输入（这称为点文本）。相反，可以使用 Type（文字）工具来拖动以首先定义段落区域。这称为段落文本，并且提供更大的对齐方式和布局控制。

另一方面，通常会在字幕序列或标题中居中放置文字。在 Titler（字幕设计器）（或在其他 Adobe 应用程序中是 Paragraph（段落）面板），会找到对齐文字的按钮。它们用于向左对齐、向右对齐和居中对齐文字。

16.3.7 安全字幕边界

在 Titler（字幕设计器）中设计时，会看到一系列两个嵌套的框。第一个框显示了 90% 的可视区域，它被视为动作安全边界。在电视机上查看视频信号时，此框外的所有内容可能会被删除。一定要将想要看到的所有关键元素（比如徽标）放在此区域中。

 注意：可以关闭字幕安全边界或动作安全边界，方法是打开 Titler（字幕设计器）面板菜单（或者选择 Title（字幕）>View（视图）），然后选择 Safe Title Margin（安全字幕边界）或 Safe Action Margin（安全动作边界）。

第二个框显示 80% 的可视区域，它被称为字幕安全区。正如本书有边界来避免文字与边缘太近一样，将文字放在最里面或字幕安全区是一个好主意。这使得观看者易于读取信息。

左侧文字太靠近边缘（并且位于字幕安全边界外）。右侧图像将文字正确定位到字幕安全边界 内，改进了视频文字的易读性

16.4 创建字幕

创建字幕时，需要选择如何在屏幕上组织文字。Titler（字幕设计器）面板提供了 3 种文字创

建方法，每种都提供水平和垂直文字方向选项。

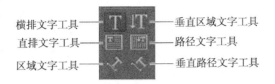

横排文字工具———　　　　　　———垂直区域文字工具
直排文字工具———　　　　　　———路径文字工具
区域文字工具———　　　　　　———垂直路径文字工具

- **Point Text**（**点文字**）。这种方法在你输入时建立文字范围框。文字会排在一行，直到你按下 Enter（Windows）或 Return（Mac OS）键，或选择 Title（字幕）>Word Wrap（自动换行）为止。改变文字框的形状和大小会相应改变文字的形状和大小。

- **Paragraph**（**Area**）**Text**（**段落（区域）文字**）。在输入文字前先设置文字框的大小和形状。以后改变文字框的大小可以显示更多或更少的文字，但不会改变文字的形状和大小。

- **Text on a Path**（**路径上的文字**）。执行以下操作为文字构建路径：在文字屏幕中单击点，创建曲线，再用手柄调整这些曲线的形状和方向。

在 Title Tools（字幕工具）面板中，可以从左侧或从右侧选择工具，这将决定文字的朝向是水平的还是垂直的。

16.4.1 添加点文字

现在，你已经基本了解了如何修改和设计字幕，可以从头开始构建字幕了。下面将创建一个字幕来用于宣传旅游胜地。

1. 如果 Title（字幕）面板是打开的，关闭它，然后从 Project（项目）面板中打开序列 02 Cliff。

2. 要打开 New Title（新建字幕）对话框，请选择 File（文件）>New（新建）>Title（字幕），或者按 Control+T（Windows）或 Command+T（Mac OS）组合键。

3. 在 Name（名称）框中输入 The Dead Sea，单击 OK（确定）。

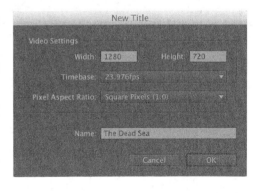

注意： 拖动文字屏幕显示的时间码是调整文字与视频内容位置的一种有用方式。还可以使用它来评估文字在视频上的样子并进行调整以改善易读性。字幕背后显示的视频帧不会与字幕一起保存。它仅用作重新定位和风格化字幕的参考。

4. 如果愿意，拖动时间码（在 Show Background Video（显示背景视频）按钮的右侧），更改文字屏幕中显示的视频帧。

5. 单击 Show Background Video（显示背景视频）按钮，隐藏视频剪辑。

现在，背景由灰度棋盘格组成，这表示是透明的。也就是说，如果将字幕放置在时间轴上的视频轨道上，则透明区域会显示视频。如果降低文字的不透明度，则会看到一些背景。

记住不透明度为 100% 意味着 0% 的透明度，而不透明度为 30% 意味着 70% 的透明度。

6. 单击 Myriad Pro White 25 样式，如右图所示。

将光标悬停在样式上面几秒以查看其名称。

7. 单击 Type（文字）工具（快捷键是 T），并在 Titler（字幕设计器）面板的任意位置单击。

Type（文字）工具创建了点文字。

8. 输入 THE DEAD SEA，如下图所示。

> 注意：如果你打算输入长字幕，将会注意到点文字不会自动换行。这将导致文本超出屏幕右侧。要是文字在到达字幕安全边框时自动换行，请选择 Title（字幕）>Word Wrap（自动换行）。如果想强制从新一行开始，请按 Enter（Windows）或 Return（Mac OS）键。

9. 单击 Selection（选择）工具（Title Tools（字幕工具）面板左上角的箭头）。文字边界框上将出现手柄。

无法使用键盘快捷键，因为你正在文字边界框中输入。

10. 拖动文字边界框的角和边缘，请注意文字的大小和形状也相应地发生改变。按住 Shift 键以将文字限制为大小一致。

11. 将光标刚好悬停在文字边界框角的外部，直到显示出曲线光标为止，之后拖动，使边界框沿其水平方向旋转。

提示：除了拖动边界框手柄外，还可以在 Title Properties（字幕属性）面板中改变 Transform（变换）设置的数值。用键盘输入新的值，或者将光标放在数值上左右拖动，这些修改会立即显示在边界框内。

12. Selection（选择）工具激活后，在边界框内的任意位置单击，将成一定角度的文字及其边界框拖动到 Titler（字幕设计器）面板的其他位置。

尝试与这种样子大致匹配。使用所学的技术调整文字的大小、旋转和位置。

16.4.2　添加段落文字

尽管点文字非常灵活，但是使用段落文字可以更好地控制布局。此选项将在文字到达段落文字框边缘时自动换行。

继续处理与上一个练习相同的字幕。

1. 单击 Title Tools（字幕工具）面板中的 Area Type（区域文字）工具。

2. 将文字边界框拖到 Titler（字幕设计器）面板中，以填满字幕安全区的左下角。

Area Type（区域文字）工具会创建段落文字。

3. 开始输入。开始输入将参与旅游的参与者的姓名。可以使用此处的名称或自己添加姓名。

这次要输入足够多的字符，使它超出边界框的尾部。需要的话请减小字体尺寸，以便可以同时看到几行文字。与点文字不同，区域文字会将字符限制在定义的边界框之内。它在边界框的边界处换行。

此屏幕中的文字太大了，无法放置在一行，因此会自动换到下一行。通过在 Title Properties（字幕属性）面板中减小字体大小，可以在一行容纳更多文字。

4. 按 Enter（Windows）或 Return（Mac OS）键换到下一行。

5. 选择所有文字，并将 Font Size（字体大小）设置调整为 60。

6. 单击 Selection（选择）工具，更改边界框的大小和形状。

原始文字太大了，无法放置在一行（左侧）。调整文字边界框的大小允许在一行放置更多文字（右侧）。

文字大小不会改变，而是调整其在边界框基线上的位置。如果边界框太小，容纳不下所有文字，多余的文字会滚落到边界框底部边缘之下。在这种情况下，在边界框外右下角会显示出一个小加号（+）。

7. 关闭已经打开的当前字幕。

由于 Adobe Premiere Pro 会自动将文字保存到项目文件，因此可以切换到新的或不同的字幕，并且不会丢失在当前字幕中所创建的内容。

> **Pr** 提示：避免拼写错误的一种好方法是从已批准的脚本或经客户或制作者审核的电子邮件复制并粘贴文字。

16.5 风格化文字

之前尝试了字幕样式，它可以对所选文字块快速应用格式化。尽管字幕样式非常快速且简单，但是它们仅仅是开始。可以使用 Title Properties（字幕属性）面板精确控制文字的外观。

16.5.1 更改字幕的外观

在 Title Properties（字幕属性）面板中，可以找到几个修改文字外观的选项。正确（且谨慎）地使用它们可以改善文字的易读性及其总体外观或样式。但是，也可能会过度使用它并添加了太多效果，以致于生成不专业的结果并影响易读性。

> **Pr** 提示：除了用 Color Picker（拾色器）更改 Color Stop（色标）颜色之外，还可以使用 Eyedropper（吸管）工具（位于色卡旁）从视频中选择一种颜色。单击 Titler（字幕设计器）面板顶部的 Show Video（显示视频）按钮，并向左或向右拖动时间码数值，移动到想使用的帧上，并将 Eyedropper（吸管）工具移动到视频场景中，单击想要的颜色。

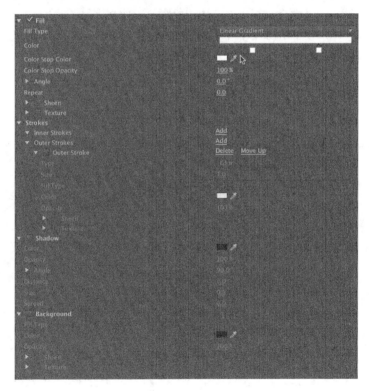

下面是一些现代版式设计最有用的工具。可以在 Typographic Properties（版式属性）面板中找到它们。

- **Fill Type**（**填充类型**）。有几个填充类型选项。最常见的选项是 Solid（纯色）和 Linear Gradient（线性渐变），但是还可以看到其他渐变、斜面和重影选项。

- **Color**（**颜色**）。设置文字的颜色。可以单击色卡或在 Color Picker（拾色器）中输入数值，或者可以使用 Eyedropper（吸管）工具从视频剪辑中采样。

注意：如果在所选颜色旁边看到一个感叹号，则是 Adobe Premiere Pro 提醒你颜色不是广播安全色。这意味着将视频信号投入广播环境时会出现问题，并且在刻录为 DVD 或蓝光盘时也会出现问题。一定要单击感叹号以选择与广播安全色最接近的颜色。

- **Sheen**（光泽）。一种柔和的高光，可以为字幕添加深度。一定要调整大小或不透明度，这样效果才会是柔和的。

- **Stroke**（描边）。可以单击以添加内部和外部描边。描边可以是纯色的，也可以是渐变的，在文字外部添加了一个细边缘。调整渐变的不透明度可以创建柔和的发光或柔边效果。描边通常用于帮助保持视频或复杂背景上的文字清晰。

- **Shadow**（阴影）。经常会对视频文字使用投影，以使文字易于阅读。一定要调整阴影的柔和度。此外，一定要将阴影和项目中所有字母的角度保持一致，以实现设计一致性。

1. 在 Project（项目）面板中，双击字幕 The Dead Sea。

2. 单击 Show Background Video（显示背景视频）按钮来查看视频源上的字幕。

3. 使用此部分介绍的属性修改 The Dead Sea 文字块。

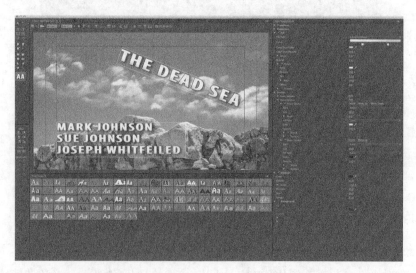

4. 继续设计，直到你对视觉效果感到满意为止。

16.5.2 保存自定义样式

如果创建了自己喜欢的外观，则可以将它保存为样式，将来就可以节省时间。样式描述文字块的颜色和字体特征。可以单击一次来轻松地重用样式以重新格式化文字的外观。这会更新文字的所有属性以与预设匹配。

使用上一部分修改的文字来创建一种样式。

1. 选择已应用了想要保存的属性的文字块或对象。

使用上一个练习中格式化的文字。

2. 在 Title Styles（字幕样式）面板菜单中，选择子菜单并选择 New Style（新建样式）。

3. 输入一个描述性名称，并单击 OK（确定）。会将此样式添加到 Title Styles（字幕样式）面板。

4. 要更轻松地查看样式，可以单击 Title Styles（字幕样式）子菜单并选择以 Text Only（仅文本）、Small Thumbnails（小缩略图）或 Large Thumbnails（大缩略图）的方式查看预设。

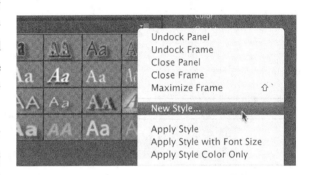

5. 要管理样式，右键单击其缩略图。可以选择复制样式以修改副本，并重新命名，这样就可以轻松地找到它，或者是删除样式，如果想删除的话。

6. 关闭字幕以保存其更改。

创建Adobe Photoshop图形或字幕

为Adobe Premiere Pro创建字幕或图形的另一个选择是Adobe Photoshop。尽管Adobe Photoshop被称为修改照片的首要工具，但是它还拥有许多创建简洁字幕或徽标的功能。Adobe Photoshop提供了几个高级选项，包括反锯齿（实现平滑的文字）、高级格式化（比如科学计数法）、灵活的图层样式和拼写检查程序。

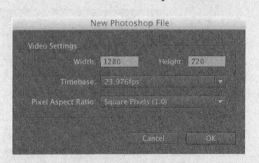

要在Adobe Premiere Pro中创建一个新Adobe Photoshop文档，请执行以下操作。

1. 在 Adobe Premiere Pro 中，选择 Project（项目）面板，并选择 File（文件）>New（新建）>Photoshop File（Photoshop 文件）。

2. 检查 New Photoshop File（新建 Photoshop 文件）窗口。应保证为此项目正确设置了视频设置。

3. 单击 OK（确定）。

4. 选择一个位置来保存 PSD 文件，命名它并单击 Save（保存）。

5. 这将打开 Adobe Photoshop，允许你编辑字幕。

创建的新Adobe Photoshop文档将与当前使用的Adobe Premiere Pro时间轴（或所选的预设）自动匹配。既然已经打开了Photoshop文档，那么下面简单介绍Adobe Photoshop中的一些功能。

6. 按 T 键以选择 Text（文字）工具。

7. 通过拖动绘制文字块，从字幕安全区的左边缘向右边缘绘制。这将创建一个容纳文字的段落文字框。与在 Adobe Premiere Pro 中一样，在 Adobe Photoshop 中使用段落文字框可以精确控制文字的布局。

8. 输入想要使用的文字。

9. 使用屏幕顶部选项栏中的控件来调整字体、颜色和字体大小。

10. 单击选项栏中的复选标记以提交文字图层。

11. 选择 Layer（图层）>Layer Style（图层样式）>Drop Shadow（投影）来添加投影。根据个人喜好进行调整。

在Adobe Photoshop中完成操作后,可以关闭并保存字幕。会在Adobe Premiere Pro项目中自动更新字幕。如果想要返回到Adobe Photoshop,请在Project(项目)面板或Timeline(时间轴)中选择字幕,并选择Edit(编辑)>Edit in Adobe Photoshop(在Adobe Photoshop中编辑)。

16.6 处理形状和徽标

为节目创建字幕时,很可能需要文字以外的内容来构建完整的图形。幸运的是,Adobe Premiere Pro 还提供了生成矢量形状的功能,可以对它们进行填充和风格化,以创建图形元素。还可以导入完成的图形(比如徽标)来改善 Adobe Premiere Pro 字幕。

16.6.1 创建形状

如果已经在 Adobe Photoshop 或 Adobe Illustrator 等图形编辑软件中创建了形状,会发现在 Adobe Premiere Pro 中创建几何对象的方式非常类似。在 Title Tools(字幕工具)面板中从各种形状中选择,拖动并绘制轮廓,然后释放鼠标按键。

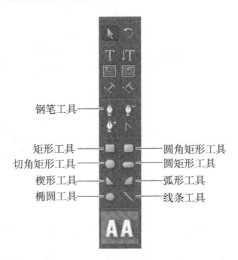

钢笔工具

矩形工具 —— 圆角矩形工具
切角矩形工具 —— 圆矩形工具
楔形工具 —— 弧形工具
椭圆工具 —— 线条工具

请根据以下步骤在 Adobe Premiere Pro 中绘制形状。此练习只是为了练习。

1. 按 Control+T(Windows)或 Command+T(Mac OS)组合键来打来新字幕。

2. 在 New Title(新建字幕)对话框的 Name(名称)框中输入 Shapes Practice,并单击 OK(确定)。

3. 选择 Show Background Video(显示背景视频)按钮来隐藏视频预览。

4. 选择 Rectangle（矩形）工具（快捷键是 R），并在 Titler（字幕设计器）面板中拖动以创建矩形。

5. 保存矩形选中，然后单击不同的字幕样式。

你会注意到字幕样式影响形状和文字。尝试不同的样式以创建自己的样式。

6. 按住 Shift 键并在另一个位置拖动以创建一个正方形。

7. 选择 Rounded Corner Rectangle（圆角矩形）工具，并按住 Alt（Windows）或 Option（Mac OS）键来从形状的中心进行绘制。

中心仍然位于第一次单击的位置，在拖动时会更改点周围的形状和大小。

8. 选择 Clipped Corner Rectangle（切角矩形）工具，按住 Shift+Alt（Windows）或 Shift+Option（Mac OS）组合键并拖动以限制长宽比并从角开始绘制。

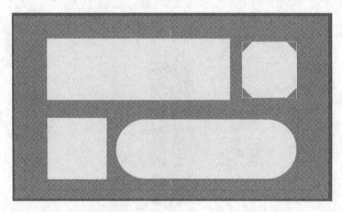

你会发现其他用于创建线条或自由路径的工具。

9. 按住 Control+A（Windows）或 Command+A（Mac OS）组合键，然后按 Delete 键以从头开始绘制。

10. 选择 Line（直线）工具（快捷键是 L），并拖动以创建一条直线。

11. 选择 Pen（钢笔）工具，并在字幕画笔的空白处单击以创建一个锚点（不要拖动来创建手柄）。

12. 再次单击 Titler（字幕设计器）面板，你可能想要在这里结束线段（或者按住 Shift 键并单击以将线段的角度限制为 45° 的倍数）。这将创建另一个锚点。

13. 继续使用 Pen（钢笔）工具单击以创建另一条直线。添加的上一个锚点看起来像是一个大正方形，这表明已经选中了它。

14. 通过执行下列一个步骤来完成路径。

- 要关闭路径，将 Pen（钢笔）工具移动到初始锚点。当 Pen（钢笔）工具位于初始锚点正上方时，会在 Pen（钢笔）指针下面出现一个小圆形。单击以进行连接。

- 要保持路径打开，按住 Control（Windows）或 Command（Mac OS）键并单击除所有对象外的任意位置，或者在 Title Tools（字幕工具）面板中选择另一个工具。

15. 尝试不同的形状选项。尝试重叠它们并使用不同的样式。可能性是无限的。

16. 关闭当前字幕。

16.6.2 添加图形

使用图形允许你将图像文件集成到字幕设计中。可以插入常见的文件格式，包括矢量图像（比如 .ai、.eps）和静态图像（.psd、.png、.jpeg）。

1. 在 Project（项目）面板中，双击文件 Lower-Third Start 以在 Titler（字幕设计器）面板中打开字幕。

2. 选择 Title（字幕）>Graphic（图形）>Insert Graphic（插入图形）。

3. 从 Lesson 16 文件夹选择文件 logo.ai，并单击 Open（打开）。

4. 使用 Selection（选择）工具，将徽标拖动到想要出现的字幕中。

如果需要，调整徽标的大小、不透明度、旋转或比例。按住 Shift 键以在缩放时约束比例，防止出现不想要的扭曲。

注意：如果将矢量图形放入字幕中，则 Adobe Premiere Pro 会将它转换为位图图形。图像将以其原始大小显示。可以将它缩小；如果放大它，则图像可能会变得不清晰。

5. 完成后，关闭字幕。

如果需要将徽标恢复为其默认大小，选择它并选择 Title（字幕）>Logo（徽标）> Restore Logo Size（恢复徽标大小）。如果意外扭曲了徽标，则选择徽标并选择 Title（字幕）>Logo（徽标）> Restore Logo Aspect Ratio（恢复徽标长宽比）。

16.6.3 对齐形状和徽标

设计字幕时，通常想保持设计统一且整洁。Adobe Premiere Pro 的 Titler（字幕设计器）提供了在字幕中对齐和分布元素的能力。对齐可以让对象的位置匹配，比如与底部边缘或者与两个或多个对象的中心对齐。还可以对齐三个或更多对象，甚至使用一个对齐命令让它们彼此之间的距离一样。

1. 在 Project（项目）面板中，双击文件 Align Start 以在 Titler（字幕设计器）面板中打开字幕。

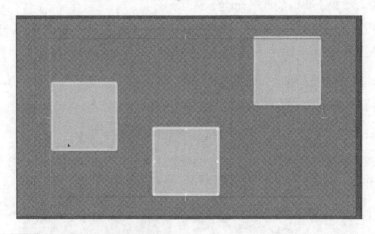

此字幕包含三个在屏幕上随意放置的形状。

2. 按住 Shift 键并单击各个正方形以选择三个正方形。

注意，当选中多个对象时，Align（对齐）工具就激活了。

3. 单击 Align Vertical Bottom（垂直底部对齐）按钮以对齐这三个对象的底部边缘。

现在这三个对象与最底部的对象对齐。

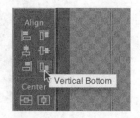

4. 单击 Horizontal Center Distribute（水平居中分布）按钮以让三个对象之间的距离相同。

现在对象之间的距离相同并且彼此之间对齐。现在，设置它们与画布之间的距离。

5. 单击 Horizontal Center（水平居中）和 Vertical Center（垂直居中）工具。

三个完美对齐的正方形居中放置在字幕区域中。

6. 完成后，关闭字幕。

16.7 创建滚动字幕和游动字幕

用 Titler（字幕设计器）可以在片头和片尾创建演职员滚动字幕，也可以创建像字幕新闻这样的游动字幕。

1. 从 Adobe Premiere Pro 菜单栏中选择 Title（字幕）>New Title（新建字幕）>Default Roll（默认滚动字幕）。

2. 将其命名为 Rolling Credits，单击 OK（确定）。

3. 选择 Type（文字）工具，然后用 Caslon Pro 68 样式输入一些文字。

请创建如下图所示的占位字幕，在每行后按 Enter（Windows）或 Return（Mac OS）键。输入足够的文字，使其超出屏幕的高度。根据需要使用 Title Properties（字幕属性）格式化文字。

4. 单击 Roll/Crawl Options（滚动 / 游动选项）按钮。

 注意：选择了滚动文字时，Titler（字幕设计器）会自动在右侧添加一个滚动条，支持你在文字超出屏幕底部时查看文字（如下图所示）。如果选择了一个游动选项，则将在底部显示一个滚动条，支持你查看超出屏幕左侧或右侧边缘的文字。

滚动 / 游动选项

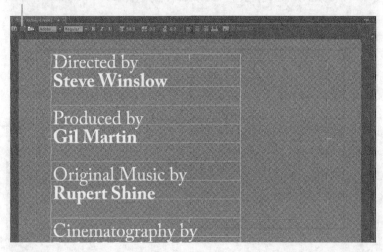

它有以下几种选项。

- **Still**（静态）。将字幕修改为静态字幕。

- **Roll**（垂直滚动文字）。应该已经选择了此选项，因为该字幕被创建为垂直滚动字幕，就像在电影演职员表中常见的那样。

- **Crawl Left**（向左游动）、**Crawl Right**（向右游动）。指出游动的方向（滚动字幕始终向上滚动屏幕）。

- **Start Off Screen**（开始于屏幕外）。控制字幕开始时是完全从屏幕外滚进，还是从 Titler（字幕设计器）中输入的位置开始滚动。

- **End Off Screen**（结束于屏幕外）。指出字幕是否完全滚动出屏幕。

- **PreRoll**（预滚动）。指定第一个字在屏幕上显示之前的帧数。

- **Ease-In**（缓入）。指定逐渐将滚动或游动的速度从零开始增加到其最大速度的帧数。

- **Ease-Out**（缓出）。指定末尾处放慢滚动或游动字幕速度的帧数。

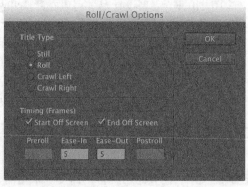

- **Postroll**（后滚动）。指定滚动或游动字幕结束后播放的帧数。

5. 选择 Start Off Screen（开始于屏幕外）和 End Off Screen（结束于屏幕外），在 Ease-In（缓入）和 Ease-Out（缓出）中输入 5。单击 OK（确定）。

> **Pr** | **注意**：拖动滚动字幕以增加其高度会让滚动变慢。拖动滚动字幕以降低其高度会让滚动变快。

6. 关闭 Titler（字幕设计器）。

> **Pr** | **提示**：在文字处理应用程序或文本文档中设置演职员名单通常会更简单。可以复制并粘贴它们，而不是输入它们。

7. 将新创建的 Rolling Credits 字幕拖放到 Timeline（时间轴）上视频剪辑上方的 Video 2 轨道上（如果这里已经有字幕，那就将新的字幕直接拖放到原来字幕上方，覆盖它）。

8. 选择 Edit（编辑）工具，按住 Rolling Credits 剪辑的右边缘，将它拖动到与轨道 1 上的视频剪辑完全相同的长度。

9. 在该序列被选中时按空格键，查看滚动字幕效果。

使用Adobe After Effects对文字应用动画

如果你想创建在Adobe Premiere Pro中使用的动画字幕，则会在Adobe After Effects中找到一些非常好的选项。会找到一个非常深奥的动画引擎，它提供了17种动画属性，包括Scale（缩放）和Position（位置），以及Blur（模糊）和Skew（倾斜）。

1. 要在 Adobe Premiere Pro 中创建新 Adobe After Effects 合成图，，选择 File（文件）>Adobe Dynamic Link（Adobe 动态链接）>New After Effects Composition（新建 After Effects 合成）。

2. 将自动打开 New After Effects Comp（新建 After Effects 合成）窗口，并填写了与项目设置匹配的设置。单击 OK（确定）。会将一个新 Adobe After Effects 合成图添加到 Timeline（时间轴）和 Project（项目）面板中。

3. 会自动切换到 Adobe After Effects。命名项目并单击 Save（保存）。

将项目与Adobe Premiere Pro项目文件保存在一起，这样可以轻松保留媒体路径结果。从当前Adobe Premiere Pro发送到Adobe After Effects的任意剪辑都将自动添加到此链接的Adobe After Effects项目中。

4. 选择 Text（文字）工具，并在 After Effects Composition（After Effects 合成）面板中单击以输入文字。

单击合成窗口底部的按钮以启用字幕安全重叠。如果不确定按钮的作用，可以将光标悬停在按钮上以查看工具提示。

5. 使用 Character（字符）面板调整文字属性以改善样式和易读性。

6. 为图层应用动画的一种简单方式是使用预设。在 Timeline（时间轴）面板中选择文字图层。将播放指示器放置到时间轴的开头。

7. 选择 Effects & Presets（效果与预设）面板（如果看不到此面板，可以在 Window（窗口）菜单中选择它）。单击 Effects & Presets（效果与预设）面板右上角的子菜单并选择 Browse Presets（浏览预设）。Adobe Bridge CC 会启动，并显示此默认预设。

8. 选择名为 Text 的文件夹并双击以打开它。双击其他子文件夹以检查其他动画预设。可以单击 .ffx 文件以在 Preview（预览）窗格中查看影片。使用此窗口顶部的浏览路径切换到另一个文件夹。

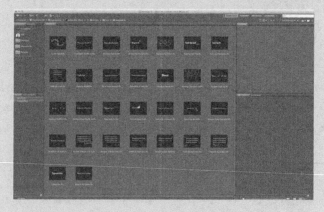

9. 选择一种预设效果并双击以将它应用于所选文字图层。对于此练习，选择 Animate In（动画进入）>Raining Characters In.ffx。Adobe Bridge 会最小化，并且 Adobe After Effects 会成为活动的应用程序。

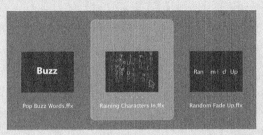

10. 在 Preview（预览）面板中，单击 RAM Preview（内存预览）以预览文字动画。在此动画中，你可能不喜欢这种时间设置，但是可以轻松地修改它。

11. 在 Adobe After Effects 中选中图层，按 U 键以查看所有用户添加的关键帧。可以在时间轴中将关键帧拖动到新位置，以调整动画的开始和结束时间。

12. 可以调整文字效果的各个参数。单击 Range Selector （范围选区）旁边的提示三角形以关闭它；然后再次单击它以打开它，并显示所有动画属性。单击 Advanced（高级）旁边的三角形以查看所有属性。

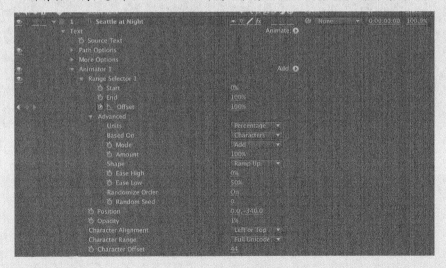

13. 尝试不同的 Advanced（高级）属性以查看结果。具体地讲，尝试下列属性，并时常单击 RAM Preview（内存预览）以查看更改。

- **Randomize Order**（随机排序）。将属性应用于受 Range Selector（范围选择器）影响的字符的顺序。

- **Random Seed**（随机种子）。影响用于计算随机性的方法。尝试输入不同的值会生成不同的动画。

- **Shape**（形状）。影响用于在范围开始和结束之间选择字符的形状。选择不同的选项将产生细微但不同的更改。可以选择 Square（正方形）、Ramp Up（增加）、Ramp Down（降低）、Triangle（三角形）、Round（圆形）或 Smooth（平滑）。

14. 如果对动画效果满意，则保存 Adobe After Effects 项目并返回到 Adobe Premiere Pro。现在可以将新 Adobe After Effects 合成编辑到时间轴中，就像编辑其他字幕一样。

16.8 复习

16.8.1 复习题

1. 点文字和段落（或区域）文字之间的区别是什么?

2. 为什么显示字幕安全区?

3. 为什么 Align（对齐）工具可能是灰色的?

4. 如何使用 Rectangle（矩形）工具绘制出完美的正方形?

5. 如何应用描边或投影效果?

16.8.2 复习题答案

1. 用 Type（文字）工具创建点文字。在输入时，其边界框会相应地扩展。改变该框的形状会相应地改变文字大小和形状。用 Area Type（区域文字）工具定义边界框时，字符会保持在其范围内。改变框的形状会相应地显示更多或更少的字符。

2. 一些电视机会裁切电视信号的边缘。裁切量随电视机的不同而不同。将字幕保持在字幕安全边界内，可以确保观众能够看到所有字幕。这个问题在新的数字电视上并不严重，但使用字幕安全区限制字幕区域仍是一个好方法。

3. 在 Titler（字幕设计器）内选择多个对象时才会激活 Align（对齐）工具。Distribute（分布）工具在选择两个以上对象时才会激活。

4. 用 Rectangle（矩形）工具绘制时按住 Shift 键，可以创建出完美的正方形。

5. 要应用描边或投影，请选择要编辑的文字或对象，单击其 Outer Stroke（外部描边）、Inner Stroke（内部描边）或 Shadow（阴影）框，以添加描边或投影，然后开始调整参数，它们就会立即体现在对象上。

第**17**课 管理项目

课程概述

在本课中，你将学习以下内容：

- 在项目管理器中工作；

- 导入项目；

- 管理协作；

- 管理硬盘。

 本课大约需要 25 分钟。

在本课中，你将学习在处理多个 Adobe Premiere Pro CC 项目时如何保持井然有序。最好的组织系统是在你需要时，它已经存在了。本课将做一点计划，帮助你更有创造性。

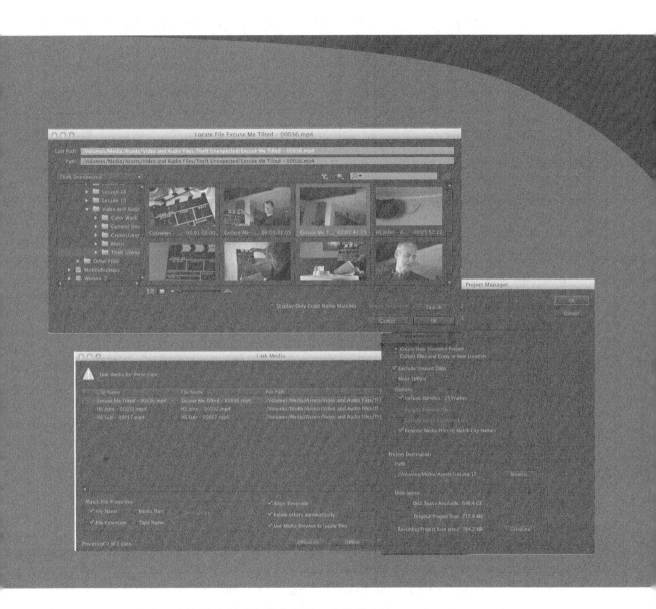

通过一些简单的步骤在媒体和项目中保持主动。

17.1 开始

使用 Adobe Premiere Pro 创建项目时，你可能认为不需要花时间来保持项目井然有序。也许这是你第一个项目，如果是这样的话，则可以轻松地在你的硬盘中找到此项目。

开始处理多个项目时，保持井然有序就会变得有点复杂。你将会使用来自多个位置的多个媒体资源。你将有多个序列，每个序列都有其特定的布局，并且将要生成多个字幕。你可能还拥有多个效果预设和字幕模板。总而言之，你需要一个存档系统来保持所有的项目元素井然有序。

解决方案是为你的项目创建一个组织系统，并制定一个合适的计划来存档可能会再次用到的项目。

如果在你需要之前已经拥有一个组织系统，那么它通常更容易使用。让我们从另一个角度来了解此想法：如果在需要时没有组织系统可用，例如，需要将一个新视频剪辑放在某个位置，你可能由于太忙而没有时间去思考名称和文件位置等问题。结果是，项目常常会出现相同的名称，并保存在同一个位置，并且出现了许多文件不匹配的情况。

解决方案非常简单：提前创建一个组织系统。用笔和纸来画一个图，并制定出将采用的过程，从获取源媒体文件开始，到进行编辑，最后是输出和存档等工作。

在本课中，首先将介绍一些有助于你保持控制的功能，让你关注最重要的工作，即创造性工作。

然后将介绍一些积极的协作方法。

1. 首先打开 Lesson 17 文件夹中的 Lesson 17.prproj 文件。

2. 选择 Window（窗口）>Workspace（工作区）>Editing（编辑）以切换到 Editing（编辑）工作区。

3. 选择 Window（窗口）>Workspace（工作区）>Reset Current Workspace（重置当前工作区）。

将打开 Reset Workspace（重置工作区）对话框。

4. 在 Reset Workspace（重置工作区）对话框中单击 Yes（确定）。

17.2 文件菜单

尽管大多数创造性工作都可以使用界面中的按钮或使用键盘快捷键来执行，但一些重要的选项仅存在于菜单中。File（文件）菜单允许你访问项目设置和 Project Manager（项目管理器）。Project Manager（项目管理器）是一个自动简化项目过程的工具。此外，Clip（剪辑）菜单提供了一些选项，可以使剪辑脱机，使剪辑与媒体文件断开连接，或者将媒体链接到已经脱机的剪辑。

Link Media...
Make Offline...

17.2.1 文件菜单命令

File（文件）>Project Settings（项目设置）菜单下是用于创建项目的选项。注意，在这里无法更改项目文件的位置，但退出项目并使用 Windows Explorer（Windows）或 Finder（Mac OS）移动文件可以轻松更改项目文件的位置。

用于捕捉的批处理列表也在 File（文件）菜单下，请参见第 3 课。

Project Manager（项目管理器）可以自动进行备份项目的过程，并删除未使用的媒体文件。稍后将介绍 Project Manager（项目管理器）。

Remove Unused（删除未使用项目）命令自动从序列未使用的项目中删除剪辑。这对于整理项目非常有用。

Clip（剪辑）菜单也有一些重要的选项，其中许多选项在 Adobe Premiere Pro 的其他部分也可以找到。右键单击剪辑时，在 Project（项目）面板中还可以找到 Link Media（链接媒体）和 Make Offline（设为脱机）选项。

第 5 课介绍过的 Automate To Sequence（序列自动化）功能也位于 Project（项目）面板菜单中。

17.2.2 使剪辑脱机

根据上下文，"脱机"和"在线"在后期制作流程有不同的意义。在 Adobe Premiere Pro 中，它们指剪辑和其所链接的媒体文件之间的关系。

- 在线。剪辑链接到媒体文件。
- 脱机。剪辑没有链接到媒体文件。

剪辑脱机时，仍然可以将它编辑到序列中，甚至可以为它应用效果，但你不会看到任何视频，相反，你将会看到媒体脱机的警告。

在几乎所有的操作中，Adobe Premiere Pro 是完全无损的。这意味着无论如何处理项目中的剪辑，都不会修改原始媒体文件。使剪辑脱机是一种罕见的例外。

如果右键单击 Project（项目）面板，或者访问 File（文件）菜单并选择 Make Offline（设为脱机），将会看到两个选项。

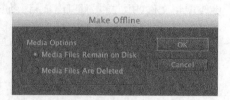

- Media Files Remain on Disk（媒体文件保留在磁盘上）。这只是断开剪辑和媒体文件的链接，并保持媒体文件不变。

- Media Files Are Deleted（删除媒体文件）。这将删除媒体文件。删除媒体文件的效果是，由于不再有媒体文件链接，因此将剪辑变为脱机。

Pr | 提示：*可以使用一个步骤使多个剪辑脱机。在选择菜单选项之前，选择想要使其脱机的任意剪辑。*

使剪辑脱机的好处是可以将它们重新链接到新媒体。如果一直在处理低分辨率媒体，这意味着你可以更高质量重新捕捉磁带媒体或重新导入文件媒体。

如果磁盘空间有限或有大量剪辑，则使用低分辨率的媒体是可取的。当编辑工作完成并准备精加工时，就可以用高分辨率、大尺寸的媒体文件来替换低分辨率、小尺寸的媒体文件。

使用 Make Offline（设为脱机）选项时一定要小心！一旦媒体文件被删除，就不能恢复了。在使用删除实际媒体文件选项时，一定要小心。

17.3 使用项目管理器

让我们看一下 Project Manager（项目管理器）。要打开它，需要访问 File（文件）菜单并选择 Project Manager（项目管理器）。

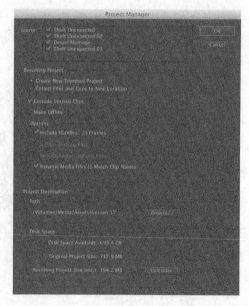

Project Manager（项目管理器）提供了一些选项，可以自动化简化项目的过程，或者将项目中使用的所有媒体文件聚集在一起。

如果你想存档项目或共享项目，则 Project Manager（项目管理器）非常有用。使用 Project Manager（项目管理器）可以将所有媒体文件聚集在一起，确保在将项目移交给同事时不会丢失任何内容或者使剪辑脱机。

使用 Project Manager（项目管理器）会生成一个新的、独立的项目文件。由于新文件独立于当前的项目，因此使用 Project Manager（项目管理器）非常安全，并且在删除任何内容前可进行再次核对。

以下是选项的概述。

- Source（源）。选择项目中的一个或所有序列。Project Manager（项目管理器）将根据所选序列来选择剪辑和媒体文件。

- Resulting Project（生成的项目）。仅根据包含在序列中的已修建的剪辑部分，使用新媒体文件来创建一个新项目，或者创建一个新文件，它包含序列中包含的所有剪辑副本。

- Exclude Unused Clips（排除未使用剪辑）。选中此选项，新项目将不包括在所选序列中没有使用的剪辑。

- Make Offline（设为脱机）。选择此选项时，Adobe Premiere Pro 将自动断开从磁带捕捉的剪辑的链接，因此可以使用 Batch Capture（批量捕捉）来再次捕捉这些剪辑。如果最初以低分辨率捕捉媒体，但现在想以高质量重新捕捉在项目中使用的部分，则此选项非常有用。此选项对从文件导入的媒体没有效果。

- Include Handles（包含过渡帧）。这为序列中新修剪的剪辑版本添加指定数量的帧。这些额外的内容为修剪和调整编辑的时间提供了更大的灵活性。

- Include Preview Files（包含预览文件）。如果已经渲染了效果，则可以在新项目中包含此预览文件，这样就不用再次渲染效果了。

- Include Audio Conform Files（包含音频匹配文件）。这包含与项目文件匹配的音频，这样 Adobe Premiere Pro 将不用重复执行音频分析。

- Rename Media Files to Match Clip Names（重命名媒体文件以匹配剪辑名）。顾名思义，此选项重命名媒体文件以匹配项目中的剪辑名。使用该选项前要仔细斟酌，因为它可能使识别剪辑的原始源媒体变得更加困难。

- Project Destination（项目目标）。为你的新项目选择一个位置。

17.3.1 处理修剪的项目

要创建一个新的修剪项目文件，使其仅包含所选序列中使用的剪辑部分，请执行以下操作。

1. 访问 File（文件）菜单并选择 Project Manager（项目管理器）。

2. 选择想要在新项目中包含的序列。

3. 选择 Create New Trimmed Project（新建修剪项目）。

4. 除非你希望能够再次捕捉或重新导入脱机文件，否则请选择 Exclude Unused Clips（排除未使用剪辑）。

5. 如果你想重新捕捉所有的磁带剪辑，请选择 Make Offline（设为脱机）。在大多数情况下，将不会选择此选项。

6. 添加一些过渡帧。序列中使用的每个剪辑的末尾默认有一秒钟。如果在新项目中希望能更灵活地修剪和调整编辑，则可以考虑添加更多过渡帧。

> **Pr** | **注意**：在每个剪辑的末尾添加 5 或 10 秒的媒体没有坏处，只是意味着媒体文件会有点大。

7. 确定是否想要重命名媒体文件。通常情况下，最好保留媒体文件的原始名称。但是，如果正在制作与其他编辑共享的修剪项目，则重命名媒体文件可能有助于辨别媒体文件。

8. 单击 Browse（浏览）并选择新项目文件的位置。

9. 单击 Calculate（计算），Adobe Premiere Pro 会根据所选内容来估算整个项目的大小。然后单击 OK（确定）。

创建修剪项目的好处是，硬盘上不会堆满无用的媒体文件。这是一个将项目移动到一个新位置的简便方法，并且使用了非常小的存储空间，也便于存档。

此选项的危险之处是，删除了未使用的媒体文件后，它们就不能再恢复了。因此，在创建修剪项目前，一定要备份未使用的媒体文件，或者是确定不再使用这些媒体文件。

创建自己的修剪项目时，Adobe Premiere Pro 将不会删除原始文件。万一你选择了错误的项，则在手动删除硬盘上的文件之前，始终可以返回并进行检查。

17.3.2 收集文件并将它们复制到一个新位置

要收集所选序列中使用的所有文件并将它们复制到一个新位置，请执行以下步骤。

1. 访问 File（文件）菜单并选择 Project Manager（项目管理器）。

2. 选择想要在新项目中包含的序列。

3. 选择 Collect Files Copy to New Location（收集文件并复制到新位置）。

4. 选择 Exclude Unused Clips（排除未使用剪辑）。如果想要包含素材箱中的所有剪辑，无论是否在序列中使用了它们，请取消选择此选项。如果正在创建新项目来更好地组织媒体文件，则取消选择此选项，因为可能你是从许多不同的位置将它们进行导入的。在创建新项目时，链接到项目的所有媒体文件都将复制到新项目位置。

5. 确定是否想要包含现有预览文件，以避免在新项目中重新渲染效果。

6. 确定是否想要包含音频匹配文件，以避免 Adobe Premiere Pro 再次分析音频文件。

7. 确定是否想要重命名媒体文件。通常情况下，最好保留媒体文件的原始名称。但是，如果正在制作与其他编辑共享的修剪项目，则重命名媒体文件可能有助于辨别媒体文件。

8. 单击 Browse（浏览）并为新项目文件选择位置。

9. 单击 Calculate（计算）以让 Adobe Premiere Pro 根据所选内容来估算新项目的总体大小。

然后单击 OK（确定）。

如果媒体文件位于不同的位置并且很难找到它们，则以这种方式收集媒体文件就很有用。Adobe Premiere Pro 将在一个位置制作原始文件的副本。

如果打算为整个原始项目创建一个存档，则这是一种方式。

17.3.3 使用链接媒体面板和查找命令

Adobe Premiere Pro CC 有一种查找缺失媒体文件的新高级功能。如果打开一个缺少媒体的项目，则 Link Media（链接媒体）面板将自动出现。此面板提供了简单的选项，可以将素材箱中的剪辑与存储硬盘上的媒体文件重新链接起来。

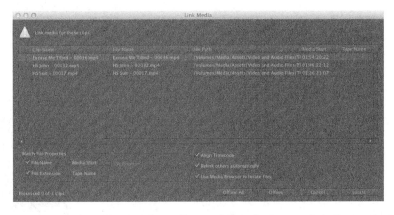

默认选项工作得很好，但是如果重新链接到不同的文件类型，或者使用更复杂的系统来组织媒体文件，则你可能想要启用或禁用一些文件匹配选项。

如果选择使剪辑脱机（还可以使缺少媒体的所有剪辑脱机），则 Adobe Premiere Pro 将保持项目中的剪辑，并且不会自动提醒你重新链接它。

如果使想要重新链接的剪辑脱机，请单击 Locate（查找）按钮，将打开 Locate（查找）面板，并且你可以浏览到缺失的剪辑。

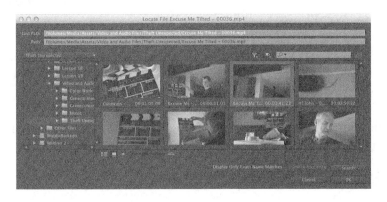

单击 OK（确定）后，Adobe Premiere Pro 将自动在同一位置搜索其他缺失的媒体文件。这种自动化可以明显加速重新链接缺失媒体文件的过程。

17.4　最终的项目管理步骤

如果你的目标是提供根据新项目重新编辑序列的最大的灵活性，可考虑在使用 Project Manager（项目管理器）之前使用 Remove Unused（删除未使用项目）选项，此选项位于 Edit（编辑）菜单下。

Remove Unused（删除未使用项目）选项将仅保留序列中当前使用的剪辑。但是，与创建修剪项目文件的选项不同，使用 Project Manager（项目管理器）将文件收集到一个新位置时，将复制整个原始媒体文件。这可能是两全其美的事情，在处理新建的项目时，平衡了硬盘空间和创意灵活性。

17.5　导入项目或序列

与导入各种各样的媒体文件一样，Adobe Premiere Pro 可以导入现有项目的序列以及用于创建项目的所有序列。

1. 使用你喜欢的方法来导入新媒体文件。如果双击 Project（项目）面板的空白区域，将出现 Import（导入）对话框。

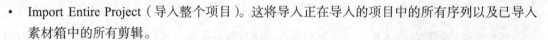

2. 选择 Lesson 17 文件夹中的文件 Desert Sequence.prproj，并单击 Import（导入）。

将出现 Import Project（导入项目）对话框，它仅具有两个选项。

• Import Entire Project（导入整个项目）。这将导入正在导入的项目中的所有序列以及已导入素材箱中的所有剪辑。

• Import Selected Sequences（导入所选序列）。这允许你选择想要导入的具体序列。只会导入在此序列中使用的剪辑。

3. 现在正在导入的项目仅有一个序列，因此保持选中 Import Entire Project（导入整个项目）并单击 OK（确定）。

　注意：如果导入 Adobe Premiere Pro 项目文件并选择导入所选序列，则将出现 Import Premiere Pro Sequence（导入 Premiere Pro 序列）对话框。使用此对话框，可以选择性地导入具体序列，并自动将相关剪辑导入项目中。

Adobe Premiere Pro 为项目添加了一个新素材箱，新素材箱包含已经导入的序列，并且还有更多包含序列所用剪辑的素材箱。

这是一种很好的工作方式，因为 Adobe Premiere Pro 已经自动根据所导入的项目组织了新剪辑。

17.6　管理协作

能够导入其他项目为协作提供了新的工作流和机会。例如，可以在不同的编辑之间共享计划的不同部分，并且使用相同的媒体资源。然后，一个编辑可以导入所有其他项目以将它们合并为一个完整的序列。

项目文件非常小，通常可以通过电子邮件发送。这支持编辑通过电子邮件方式将更新的项目发送给其他人，打开它们并进行比较，或者是导入它们以在项目进行并排比较，只要所有编辑都有相同媒体文件的副本即可。还可以使用本地文件夹文件共享服务来更新链接到本地媒体文件副本的共享项目文件。

还可以将带有注释的标记添加到时间轴中，因此当更新序列时，可考虑添加一个标记来突出显示协作者所做的更改。

> **注意：** Adobe Premiere Pro 在使用项目文件时不会锁定它们。这意味着两个人可以同时访问同一项目文件。这可能会比较危险。因为当一个人保存文件时会更新文件。在另一个人保存文件时会再次更新文件。最后一个保存项目文件的人定义了文件。如果你想协作，则最好在单独的项目文件上工作，然后导入文件。

有几个由第三方制造的专用媒体服务器，它们有助于在使用共享媒体文件时进行协作。它们允许你以一种多个编辑同时可访问的方式保存和管理媒体。

记住这些关键问题。

* 谁拥有编辑序列的最新版本？

* 将媒体文件保存在什么位置？

如果你有这些问题的简单答案，那么你就应该使用 Adobe Premiere Pro 进行协作并共享创造性工作。

17.7　管理硬盘

使用 Project Manager（项目管理器）创建了新的项目副本后，或者已经完成了项目及其媒体，那么你可能想要清理硬盘。视频文件非常大，即使拥有非常大的存储硬盘，也会很快就需要考虑想要保留和删除的媒体文件。

完成项目时，要使删除未使用的媒体变得更简单，请考虑通过项目文件夹或媒体驱动器上项目的具体位置来导入所有媒体文件。这意味着在导入之前将媒体副本放在一个位置，因为在导入媒体时，Adobe Premiere Pro 会创建一个到其计算机所在位置的链接。

通过在导入之前组织媒体文件，会发现在创意工作流结束时可以更轻松地删除未使用的内容，因为所有内容都位于同一个位置。

记住，删除项目中的剪辑或者删除项目文件本身并不会删除任何媒体文件。

其他文件

在将新媒体文件导入项目时，媒体缓存使用存储空间。此外，每次渲染效果时，Adobe Premiere Pro 都会创建预览文件。

要从硬盘上删除这些文件并腾出更多空间，请执行以下操作。

- 选择 Edit（编辑）>Preferences（首选项）>Media（媒体）（Windows）或 Premiere Pro> Preferences（首选项）>Media（媒体）（Mac OS），并在 Media Cache Database（媒体缓存数据库）部分单击 Clean（清理）。

- 删除与当前项目相关的渲染文件，方法是选择 Sequence（序列）>Delete Render Files（删除渲染文件）。此外，通过选择 File（文件）>Project Settings（项目设置）>Scratch Disks（暂存盘）来找到 Preview Files 文件夹。然后使用 Windows Explorer（Windows）或 Finder（Mac OS）删除文件夹及其内容。

在选择媒体缓存和项目预览文件的位置时应谨慎。这些文件的总体大小可能非常大。

使用动态链接进行媒体管理

Dynamic Link（动态链接）支持Adobe Premiere Pro将After Effects合成用作导入的媒体，并且仍然可以在After Effects中编辑它们。为此，Adobe Premiere Pro必须访问包含合成的After Effects项目文件，并且After Effects必须能访问合成中使用的媒体文件。

在安装了这两种应用程序且媒体资源位于内部存储器的计算机上进行工作时，可以自动实现这些访问。

如果使用Project Manager（项目管理器）来收集新Adobe Premiere Pro项目的文件，则不会导入Dynamic Link文件的副本。相反，你将需要在Windows或Mac OS中自己制作文件的副本。如果已经在一个统一的位置创建了Dynamic Link项目，则这非常容易实现；只需复制文件夹并将它包含在已收集的资源中。

17.8 复习

17.8.1 复习题

1. 为什么会选择使剪辑脱机?

2. 在使用 Project Manager(项目管理器)创建修剪项目时,为什么会选择包含过渡帧?

3. 为什么会选择名为 Collect Files and Copy to a New Location(收集文件并复制到新位置)的 Project Manager(项目管理器)选项?

4. Edit(编辑)菜单中的 Remove Unused(删除未使用项目)选项有什么作用?

5. 如何从另一个 Adobe Premiere Pro 项目导入序列?

6. 在创建新项目时,Project Manager(项目管理器)是否会收集 Dynamic Link 资源? 比如 After Effects 合成。

17.8.2 复习题答案

1. 如果正在处理低分辨率的媒体文件副本,则你会想要使剪辑脱机,以便可以重新捕捉或重新导入它们。

2. 修剪的项目包括序列中使用的剪辑部分。为了提供一些灵活性,可以添加过渡帧; 24 帧过渡帧实际上会为总体剪辑持续时间添加 48 个帧,因为会在每个剪辑的开头和结尾添加一个过渡帧。

3. 如果从计算机的多个位置导入媒体文件,则可能很难找到一切内容并保持井然有序。通过使用 Project Manager(项目管理器)将所有媒体文件聚集到一个位置,可以使管理项目媒体文件变得更简单。

4. 选择 Remove Unused(删除未使用项目)选项时,Adobe Premiere Pro 会从项目中删除序列未使用的剪辑。记住,不会删除任何媒体文件。

5. 要从另一个 Adobe Premiere Pro 项目导入序列,只需与导入任意媒体文件一样导入此项目文件。Adobe Premiere Pro 将邀请你导入整个项目或所选序列。

6. 在创建新项目时,Project Manager(项目管理器)不会收集 Dynamic Link 资源。基于此原因,在与项目文件夹相同的位置或项目的专用文件夹中创建新的 Dynamic Link 项目是一个好主意。这样,可以轻松地找到并复制新项目的资源。

第 **18** 课 导出帧、剪辑和序列

课程概述

在本课中，你将学习以下内容：

- 选择正确的导出选项；

- 导出单帧；

- 创建电影、图像序列和音频文件；

- 使用 Adobe Media Encoder；

- 导出到 Final Cut Pro；

- 导出到 Avid Media Composer；

- 使用编辑决策列表；

- 录制到磁带。

本课大约需要 60 分钟。

导出项目是视频制作过程中的最后一个步骤。Adobe Media Encoder 提
供多种高级输出格式，包括 Adobe Flash、QuickTime 和 MPEG 格式。
这些格式中有非常多的选项，也能以批方式导出。

18.1 开始

对于编辑视频来说，最好的事情是当你终于可以与观众分享视频时自己的感受。Adobe Premiere Pro CC 提供多种导出选项，可以将项目录制到磁带上，或者转换为其他数字文件。

 注意：Adobe Premiere Pro 可以导出在 Project（项目）面板中选择的剪辑，以及序列或 Source（资源）面板中的序列。选择 File（文件）>Export（导出）时所选的内容就是 Adobe Premiere Pro 将导出的内容。确保选择了想要导出的项目，这样不会浪费时间渲染 Project（项目）面板中不想渲染的内容。

分发的主要形式逐渐变为使用数字文件。要创建这些文件，可以使用 Adobe Media Encoder。Adobe Media Encoder 是一个独立的应用程序，它以批方式进行导出，这样在使用其他应用程序（包括 Adobe Premiere Pro 和 Adobe After Effects）的同时，可以多种格式导出文件，并在后台进行处理。

18.2 导出选项概述

无论是否完成项目（或者是仅想要共享一个正在进行的审核），都会面对大量导出选项。

· 可以选择将整个序列作为一个文件发布到互联网或者刻录到光盘。

· 可以导出单帧或系列帧，并将其发布到互联网或者是附加到电子邮件中。

· 导出的剪辑或静态图像还可以自动重新导入回项目，以便长期使用。

· 可以直接导出到录像带上。

除了实际导出格式外，还可以设置一些参数。

· 可以选择以与原始媒体类似的格式、相同的视觉品质和数据速率创建文件，也可以压缩它们以降低大小和品质。

· 可以将媒体从一种格式编码为另一种格式，以便更轻松地与后期制作流程中的人员进行交换。

· 如果预设不能完全满足你的要求，则可以自定义帧大小、帧速率、数据速率或视频和音频压缩方法。

可以对导出的文件做进一步编辑，将其用于展示，作为互联网或其他网络的流媒体使用，或用作创建动画的图像序列。

18.3 导出单帧

在编辑过程中，你可能想要快速导出静态帧，以将它发送给团队成员或客户进行审核。此外，将它发布到互联网时，可以选择导出为特定缩览图图像，用作视频文件的缩览图。Adobe Premiere

Pro 为导出静态图像提供新的简化工作流。

下面介绍 Export Frame（导出帧）功能。要选择帧，将播放指示器放置到想要使用的帧上面。可以两种方式使用 Export Frame（导出帧）功能。

- 可以将剪辑从 Project（项目）面板中加载到 Source Monitor（源监视器）。通过 Source（资源）面板使用 Export Frame（导出帧）功能时，Adobe Premiere Pro 将创建一个与源视频文件分辨率相匹配的静态图像。

- 在 Timeline（时间轴）或 Program Monitor（节目监视器）中移动播放指示器以选择帧。通过 Timeline（时间轴）使用 Export Frame（导出帧）功能时，Adobe Premiere Pro 将创建一个与所选视频序列分辨率相匹配的静态图像。

我们试一试吧。

> **Pr** 注意：此项目中的音乐名为 Tell Somebody，是由 Alex 和 Admiral Bob 演唱的。由 Creative Commons Attribution 3.0 授权。

1. 启动 Adobe Premiere Pro，并打开 Lesson 18_01.prproj。

2. 在 Review Copy 时间轴的某处单击以选择序列。拖动以寻找想要导出的帧。

3. 在 Program Monitor（节目监视器）中，请单击右下角的 Export Frame（导出帧）按钮。

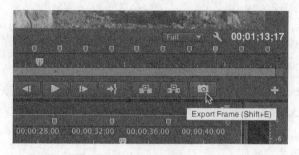

如果看不到此按钮，可能是因为自定义了面板的按钮。可以选择 Program Monitor（节目监视器）并按 Shift+E 组合键来手动调用命令。

4. 在 Export Frame（导出帧）对话框中，输入想要的文件名。

5. 使用弹出菜单，根据你的需要选择正确的静态图像格式。

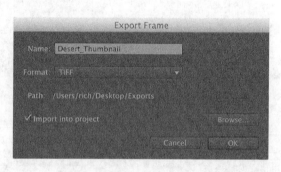

- JPEG、PNG、GIF 和 BMP 适用于压缩的图形工作流（比如互联网交付）。

- TIFF 和 Targa 适用于印刷和动画工作流。

- DPX 通常用于数字电影或彩色分级工作流。

6. 单击 Browse（浏览）按钮以打开 Browse for Folder（浏览文件夹）对话框。在桌面上创建名为 Exports 的文件夹，并选择它。

> **Pr** | 注意：在 Windows 中，可以导出为 BMP、DPX、GIF、JPEG、PNG、TGA 和 TIFF 格式。在 Mac 中，可以导出为 DPX、JPEG、PNG、TGA 和 TIFF 格式。

7. 选中 Import into Project（导入到项目中）复选框，以将静态图形添加回当前项目。

8. 单击 OK（确定）导出该帧。

18.4 导出主副本

创建主副本允许你制作编辑项目的原始数字拷贝，可以将它存档以便将来使用。主副本是一个独立的数字文件，包括具有最高分辨率和最佳品质的所有序列内容。创建了主副本后，可以使用此文件生成其他压缩的输出格式。

18.4.1 匹配序列设置

理想情况下，主文件将与序列中的原素材的设置（帧大小、帧速率和编解码器）匹配。Adobe

Premiere Pro 使这一过程变得非常简单，支持你选择匹配的序列设置，这使创建与编辑匹配的文件变得更简单。无须任何猜测，只要你选择了正确的序列预设（或者让序列自动与原始文件格式匹配）。

1. 继续处理 Lesson 18_01.prproj 中的 Review Copy。

2. 在 Project（项目）或 Timeline（时间轴）面板中选择此序列，然后选择 File（文件）>Export（导出）>Media（媒体）。

将打开 Export Settings（导出设置）对话框。本课稍后将详细介绍此对话框。

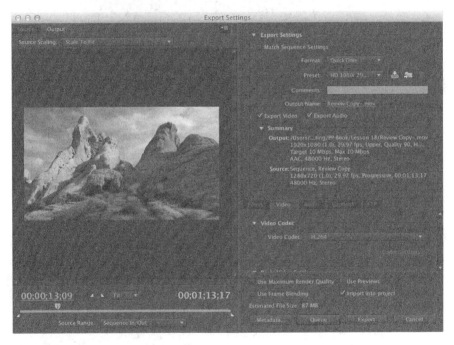

3. 在 Export Settings（导出设置）对话框中，选择 Match Sequence Settings（匹配序列设置）。

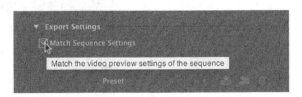

4. 单击 Output Name（输出名称）选项的金色超文本以选择目标。

5. 选择目标（比如之前创建的 Exports 文件夹），并将序列命名为 Review Copy 01.mxf。

6. 单击 Save（保存）。

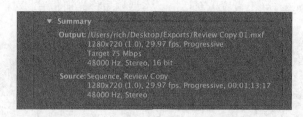

提示：如果要导出的序列具有大量可缩放的项目（比如照片或混合分辨率视频，或者是如果输出文件将比序列的分辨率低），则可以使用 Maximum Render Quality（最高渲染质量）选项。这会比较慢，但会生成出色的结果。

7. 在 Summary（摘要）区域检查文本，以确认输出格式与序列设置匹配。在本例中，应该使用 29.97fps 的 DNxHD 媒体（比如 MXF 文件）。

8. 单击 Export（导出）按钮以编写一个文件，此文件是序列的数字副本。

18.4.2　选择另一种编解码器

将项目作为独立影片导出时，可以更改使用的编解码器。一些摄像机格式（比如 DSLR 和 HDV）是高度压缩的格式。使用高品质的母带处理编解码器可以更好地保留所创建的主文件的质量。

1. 使用与上一个练习相同的项目。

2. 选择 File（文件）>Export（导出）>Media（媒体），或者按 Control+M（Windows）或 Command+M（Mac OS）组合键。

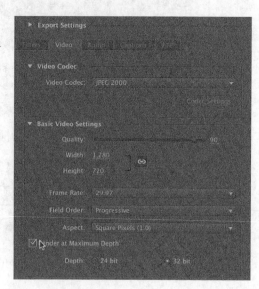

3. 在 Export Settings（导出设置）对话框中，单击 Format（格式）弹出菜单并选择 QuickTime 作为格式。

4. 单击输出名称（金色文本），并将文件重命名为 Review Copy 02.mov。将它保存到与上一个练习相同的文件夹中。

5. 单击窗口底部的 Video（视频）选项卡。

6. 选择已经安装的母带处理编解码器。

系统上应该已经安装了 JPEG2000 编解码器。此文件会生成质量非常高（但大小合理）的文件。检查帧大小和帧速率以与原设置匹配。可能需要滚动窗口或调整面板大小以便于查看内容。使用如下图所示的设置。

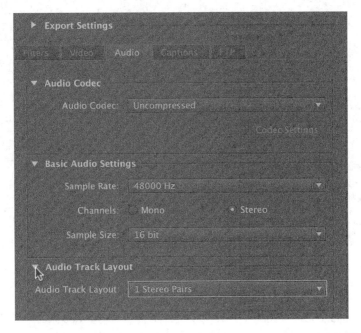

7. 单击 Audio（音频）选项卡并为音频编解码器选择 Uncompressed（未压缩）。在 Basic Audio Settings（基本音频设置）部分，选择 48000 Hz 作为采样率，为 Channels（通道）选择 Stereo（立体声），为 Sample Size（采样大小）选择 16 bit（16 位）。将 Audio Track Layout（音频轨道布局）设置为 1 Stereo Pairs。

8. 单击对话框底部的 Export（导出）按钮以导出序列，并将它编码为指定文件格式。

18.5 使用 Adobe Media Encoder

Adobe Media Encoder 是一个独立的应用程序。它可以独立运行，也可以通过 Adobe Premiere Pro 启动它。使用 Adobe Media Encoder 的一个优势是可以从 Adobe Premiere Pro 直接提交工作，然后在处理编码时继续工作。

18.5.1　选择导出的文件格式

Adobe Premiere Pro 和 Adobe Media Encoder 可以多种格式导出文件。下面将简要介绍这些格式，以了解何时需要使用它们。

- AAC Audio（AAC 音频）。Advanced Audio Coding（高级音频编码）格式是一种纯音频格式，大多数 H.264 编码都使用此格式。

- Audio Interchange File Format（音频交换文件格式）。这是 Mac 系统中普遍使用的纯音频文件格式。

- DNxHD MXF OP1a。包含此格式主要是为了与 Avid 编辑系统的兼容性。但是，它是一种高质量的跨平台专业编辑文件格式。

- DPX。DPX 代表 Digital Picture Exchange（数字图像交换），这是在数字媒介和特效处理中使用的一种高端静态图像格式。

- F4V。这是一种新的 Flash 视频格式，常用于在线发布视频。F4V 文件使用 H.264 视频编解码器 /AAC 音频编解码器。

- FLV。这是一种与旧计算机兼容的 Flash 视频格式。FLV 文件使用 VP6 视频编解码器 / MP3 音频编解码器。

- H.264。这是当今最灵活、使用最广泛的格式，它针对多种设备（比如 iPod、Apple TV、TiVo Series3 SD 和 HD）和服务（比如 YouTube 和 Vimeo）提供选项。通过该选项创建的 H.264 文件还可以传送到智能手机（比如 Android、Blackberry 和 iPhone 设备），也可以被其他视频编辑软件用作高质量、高位速率的媒体文件。

- H.264 Blu-ray。此选项生成专门针对蓝光盘的 H.264 文件。

- JPEG。此设置将在目标位置创建一系列连续图像。

- MP3。这种压缩音频格式在互联网上十分流行。

- MPEG2。这种较老的文件格式主要用于光盘和蓝光盘。该组内的预设创建出的文件能够在计算机上播放。一些广播公司还使用 MPEG2 作为数字交付格式。

- MPEG2 Blu-ray。这将根据高清素材创建蓝光兼容的 MPEG2 视频和音频文件。

- MPEG2-DVD。使用此预设创建标清光盘。

- MPEG4。选择这种编码格式创建低质量的 H.263 3GP 文件，用于分发到老式移动电话上。

- MXF OP1a。这些预设允许你创建与几种系统（包括 AVC-INTRA、DV、IMX 和 XDCAM）兼容的文件。

- P2 Movie。这个输出选项用于将序列渲染回 P2 格式。

- PNG：这是互联网中采用的一种无损且高效的静态图像格式，或者用于包含透明度的图像序列。

- QuickTime。这个容器格式可以采用多种编解码器保存文件。所有 QuickTime 文件都使用 .mov 扩展名，Macintosh 计算机上多使用这种格式。

- Targa。这是一种很少使用的未压缩的静态图像文件格式。

- TIFF。这种流行的高质量静态图像格式提供有损和无损两种压缩选项。

- Waveform Audio（波形音频）。此未压缩的音频文件格式常在 Windows 计算机上使用，文件格式扩展名是 .wav。

下列格式应在 Windows 上可用。

- Microsoft AVI。这个"容器格式"仅适用于 Windows 版本的 Premiere Pro。它可以用多种压缩技术或编解码器保存文件。尽管 Microsoft 已经有很多年不再支持它了，但是它仍广泛应用于 Windows 系统，主要用于正在编辑的项目中的大型媒体文件，比如纯 Windows 环境中应用程序之间的传输的渲染。它很少用于公开发布视频文件。

- Windows Bitmap。这是一种非压缩、很少被采用的静态图像格式，它的扩展名是 .bmp。该格式仅适用于 Windows 版本的 Adobe Premiere Pro。

- Animated GIF 和 GIF。这些压缩静态图像和动画格式主要用于互联网，它们仅适用于 Windows 版本的 Adobe Premiere Pro。

- Uncompressed Microsoft AVI。这是一种高位速率的媒体格式，该格式很少被采用，且仅适用于 Windows 版本的 Adobe Premiere Pro。

- Windows Media。该选项创建的 MWV 文件适合使用 Windows Media Player 播放。它在一些布局服务器应用程序中使用，并且适合 Microsoft Silverlight 应用程序（仅适用于 Windows）。

这里只是对文件格式做了简要介绍，但在创建视频时，还应该提供一些有用的指导。

18.5.2 配置导出

要使用 Adobe Media Encoder 从 Adobe Premiere Pro 中导出，将需要对项目排队。第一步是使用 Export Settings（导出设置）对话框来对将要导出的文件进行初始设置。

1. 如果需要，请打开 Lesson 18_01.prproj。

2. 选择 File（文件）>Export（导出）>Media（媒体）。

最好按照从上到下的顺序学习 Export Settings（导出设置）对话框，首先选择格式和预设，然后选择输出，最后决定是否要导出音频、视频或同时导出两者。

3. 从 Format（格式）预设选择 H.264 格式。此格式是一种为共享视频网站上传创建文件的常见选择。选择 Vimeo HD 1080p 29.97 预设。

这将正确加载与源素材的帧大小和帧速率匹配的设置。它还会调整编解码器和数据速率以匹配 Vimeo 网站的要求。

4. 单击输出名称（金色文字），并将文件重新命名为 Review Copy 03.mp4。将它保存到与上一个练习相同的位置。

5. 检查预设列表下面的 Summary（摘要）部分，查看目前为止选项的效果。注意，Export Settings（导出设置）对话框右下角的选项卡将随选择格式的不同而改变。大多数重要的选项都包含在 Format（格式）、Video（视频）和 Audio（音频）选项卡中，而这些选项也会随格式的不同而改变。下面对各选项卡做简要介绍。

- Filters（滤镜）。编码输出可以使用的滤镜是 Gaussian Blur（高斯模糊）。启用该滤镜将降低轻微模糊视频所产生的视频杂色。请在不使用该滤镜情况下导出项目，观察是否存在杂色问题。如果存在，请稍微增加杂色减少；增加杂色减少太多会使视频变模糊。明智地使用 Gaussian Blur（高斯模糊）通常是降低文件位速率的一种好方式（尤其是为了发布而大幅缩减的很详细的高分辨率素材）。它还可以删除一些导致出现"振荡"或"闪烁"的过多细节。

- Video（视频）。此选项卡用于调整帧大小、帧速率、场顺序和配置文件。它们的默认值是基于所选择的预设。

- Audio（音频）。此选项卡允许调整音频的位速率，对于某些格式，还允许调整编解码器。它们的默认值是基于所选择的预设。

- Multiplexer（多路调制器）。这些控件允许你确定编码方法是否针对于具体设备（比如 iPod 或 PlayStation Portable）的兼容性进行了优化。这还可以控制音频是与视频合并，还是作为单独文件提供。

- FTP。此选项卡主要允许你指定 FTP 服务器，以便在完成编码后上传导出的视频。如果需要启用该功能，请根据 FTP 主机提供的相应 FTP 值进行填写。此 FTP 信息可以绑定到自定义输出预设或 watch 文件夹，这样将自动输出并上传视频文件。

18.5.3 源和输出面板

移动到 Export Settings（导出设置）对话框的左侧，查看 Source Range（源范围）下拉列表，从该下拉列表可以选择导出的内容：是序列中被选择的工作区栏，是通过在序列上放置入点和出点选择的区域，还是用该下拉列表正上方的手柄选择的区域，或者是整个序列。在需要导出 Timeline（时间轴）上的选择区域（而不是整个序列）时，此选项很有用。

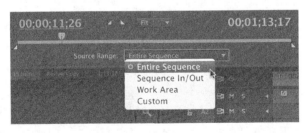

同样是在该对话框的左侧，请注意 Source（源）和 Output（输出）选项卡，后者显示将被编码的视频预览。在 Output（输出）选项卡中查看视频是很有用的，这可以发现错误，比如不必要的宽屏，或者是由于一些视频格式中使用的形状不规则像素导致的失真。

使用格式

Adobe Media Encoder支持多种格式。了解使用哪种设置可能会有些困难。让我们查看一些常见的场景并检查通常使用的格式。尽管这些不是完全绝对的,但是它们可以让你接近正确的输出。在开始使用一个选项之前,应该先在一个小文件上试试你选择的这个选项,以测试工作流。

- 上传到网站供 Flash 部署。选择 FLV|F4V 格式时,选择 FLV 预设创建较老的 On2 VP6 编码文件,而选择 F4V 则创建较新的、质量较高的 H.264 格式。如果不知道该使用哪种格式,则请选择 F4V。在预设方面,Match Source Attributes(匹配原属性)预设易于使用,并且创建广泛兼容的文件。请和网络管理员协商格式、分辨率、数据速率及其他细节。

- 针对光盘 / 蓝光盘编码。这两种情况通常都使用 MPEG2 格式,也就是对于光盘格式使用 MPEG2- 光盘,而对于蓝光盘格式则使用 MPEG2 Blu-ray。在这些高位速率应用程序中,MPEG2 看起来和 H.264 没有明显的差别,但编码速度快很多。但是,H.264 格式可以在更小的空间中容纳更多的内容。更好的是,无须在 Encore 中进行渲染就可以导入序列(选择 File(文件)>Adobe Dynamic Link(Adobe 动态链接)>Import Adobe Premiere Pro Sequence(导入 Adobe Premiere Pro 序列))。

- 针对设备的编码。对于当前设备(Apple iPod/iPhone、Apple TV、Kindle、Nook、Android 和 TiVo),请使用 H.264 格式,并采用 3GPP 一类的预设;而对于较老式的基于 MPEG4 的设备,请使用 MPEG4 格式。一定要查阅生产厂商网站上的规范,确保所创建的文件不会超出这些规范。

- 为上传到用户创建视频网站而编码。H.264 拥有针对 YouTube 和 Vimeo(包括宽屏、SD 和 HD)的预设。请将这些预设用作你所提供服务的起点,并注意观察分辨率、文件大小和时长限制。

- Windows Media 或 Silverlight 部署。虽然较新版本的 Silverlight 可以播放 H.264 文件,但采用 Windows Media 格式是最安全的选择。如果针对 Silverlight 创建 H.264 文件,请遵守前面介绍的 Flash 规则,因为 Silverlight 可以播放 Flash 创建的所有文件。

总的来说,现在已经证明Adobe Premiere Pro预设可以满足各种需求。针对设备或光盘编码时,请不要调整参数,因为细微的修改会导致渲染的文件无法播放。即使对于其他预设,也请尽量不修改参数,除非你知道修改将对编码带来什么影响。大多数Adobe Premiere Pro预设是很稳妥的,采用默认值能够获得很高的编码质量,因此,自行修改参数可能不仅不会提高,甚至还会大大降低输出质量。

18.5.4　对导出进行排队

准备好导出序列或所选范围时，你将需要检查最后几项，以确定有关导出文件的重要细节。一定要仔细分析这些设置对导出的影响。

- **Use Maximum Render Quality（使用最高渲染质量）**。进行渲染时，当从尺寸较大的格式缩放为较小的格式时请考虑启用此设置，但请注意，该选项需要的内存比正常渲染多，并且可能使渲染速度变慢 1/4 至 1/5。通常不需要此选项，除非涉及缩放并且需要最高质量的输出。

- **Use Previews（使用预览）**。该选项使用制作项目时创建的预览作为最终渲染文件的起点，而不是从零开始渲染所有视频和特效。这可以加快编码速度，但当渲染生成的格式和序列预设不同时，也会降低质量。当你仅需要草稿质量的输出并且很着急时，可以使用此选项。

- **Use Frame Blending（使用帧混合）**。当更改项目中源剪辑的速率，或渲染为与序列设置不同的帧速率时，启用此选项将平滑运动效果。

- **Import into project（导入到项目中）**。此选项将导出的视频文件或静态图像作为媒体资源导入当前项目中。当冻结帧时，此选项特别有用。

 注意：在 Video（视频）选项卡上，还可以找到 Render at Maximum Depth（以最大深度渲染）复选框。在渲染时，使用更大的色域生成颜色，这可以改善输出的视觉质量。但是，选择此选项会明显增加渲染时间。

- **Metadata（元数据）**。单击此按钮将打开 Metadata（元数据）面板。可以指定大量设置，包括有关版权、创作者和权限管理的信息。甚至可以嵌入有用信息（比如标记、脚本和音频转录）来实现高级交付选项，比如 Flash 创作。

- **Queue（队列）**。单击 Queue（队列）按钮将文件发送到 Adobe Media Encoder，该应用程序将自动打开。

- **Export（导出）**。选择此选项将直接从 Export Settings（导出设置）对话框导出，而不通过

Adobe Media Encoder 渲染。这是一种较简单的工作流，但在渲染完成之前无法在 Adobe Premiere Pro 中编辑。

 注意：如果使用专业母带格式（比如 MXF OP1a、DNxHD MXF OP1a 或 QuickTime），可以在支持的格式中导出多达 32 个通道。原始序列必须使用带有相应轨道数量的多通道主音轨。

单击 Queue（队列）按钮来启动 Adobe Media Encoder 并提交文件。

18.5.5　Adobe Media Encoder 中的其他选项

使用 Adobe Media Encoder 有几个好处。尽管除了单击 Adobe Premiere Pro 的 Export Settings（导出设置）面板中的 Export（导出）按钮外，还需要一些额外的步骤，但这些选项值得你这么做。

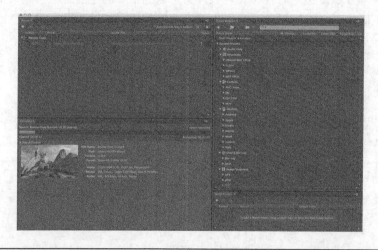

 注意：Adobe Media Encoder 不一定必须从 Adobe Premiere Pro 中启用。可以单独启动 Adobe Media Encoder。

下面是 Adobe Media Encoder 中的一些最有用的功能。

- **添加更多独立的文件**。选择 File（文件）>Add Source（添加源），可以为 Adobe Media Encoder 添加独立的文件。

- **直接导入 Adobe Premiere Pro 序列**。可以选择 File（文件）>Add Premiere Pro Sequence（添加 Premiere Pro 序列）来选择 Adobe Premiere Pro 项目文件并选择序列（无须启动 Adobe Premiere Pro）。

- **直接渲染 After Effects 合成图**。选择 File（文件）>Add After Effects Composition（添加 After Effects 合成），可以从 Adobe After Effects 导入并编码合成图。此方法与上一个方法类似，无须打开 Adobe After Effects。

- **使用监视文件夹**。如果你想要自动化一些编码任务，则可以创建监视文件夹，方法是选择 File（文件）>Add Watch Folder（添加监视文件夹），然后为此监视文件夹分配预设。稍后拖动到此文件夹中的源文件将自动编码成预设中指定的格式。

- **修改项**。可以添加、复制或删除任何任务，方法是使用名称相似的按钮，并拖动队列中还未开始编码的任意任务。如果没有将队列设置为启动开始，则单击 Start Queue（开始队列）按钮以开始编码。Adobe Media Encoder 会按顺序而不是并行地编码文件，并且如果在开始编码后为队列添加任意文件，则也会对这些文件进行编码。

- **修改预设**。可以使用每种方法单独选择格式/预设。将编码任务加载到 Adobe Media Encoder 中后，管理就非常简单了。要更改任意编码设置，请单击目标任务，然后单击右侧的 Settings（设置）按钮。

18.6　与其他编辑应用程序交换

在视频后期制作中，合作往往是必不可少的。幸运的是，Adobe Premiere Pro 可以读取和编写与市场上许多高级编辑和颜色分级工具相兼容的项目文件。

18.6.1　导出 Final Cut Pro XML 文件

使用 Final Cut Pro XML 允许与许多应用程序交换 Adobe Premiere Pro 项目。可以直接将项目引入 Final Cut Pro 7 和 6，或者是使用 Final Cut Pro 7 至 Final Cut Pro X 将它转换为 Final Cut Pro X 文件。还可以将项目导出到 DaVinci Resolve 和 Grass Valley Edius 等应用程序。从 Adobe Premiere Pro 导出到 Final Cut Pro，以及将 XML 文件导入到 Final Cut Pro 都很简单。

1. 在 Adobe Premiere Pro 中，选择 File（文件）>Export（导出）>Final Cut Pro XML。单击 Yes（确定）保存项目。

2. 在 Final Cut Pro XML-Save Converted Project As（Final Cut Pro XML- 将转换的项目另存为）对话框中，命名文件，选择位置，并单击 Save（保存）。Adobe Premiere Pro 将显示导出 XML 文件是否存在问题。

现在，还可以将此文件导入到另一个应用程序中。你很可能需要将媒体导入到其他应用程序或者捕捉媒体并重新链接它。

18.6.2　导出到 OMF

Open Media Framework（开放式媒体架构，OMF）已经成为在系统之间交换音频信息的一种标准方式（通常用于音频混合）。导出 OMF 文件时，典型的方法是使用内部的所有音频轨道创建一个文件。当兼容应用程序打开 OMF 文件时，它将显示所有轨道。

下面是如何创建 OMF 文件。

1. 选择一个序列，选择 File（文件）>Export（导出）>OMF。

2. 在 OMF Title（OMF 字幕）字段中为文件输入一个名称。

3. 确认 Sample Rate（采样率）和 Bits per Sample（每样本位数）设置与素材匹配；48000 Hz 和 16 位是最常见的设置。

4. 从 Files（文件）菜单，选择其中一个选项。

• **Encapsulate**（封装）。此选项导出包含项目原数据和所选序列的所有音频的 OMF 文件。封装 OMF 文件通常非常大。

• Separate Audio（单独的音频）。此选项将单独的单声道 AIFF 文件导入 omfiMediaFiles 文件夹。

5. 如果正在使用 Separate Audio（单独音频）选项，请在 AIFF 和 Broadcast Wave（广播波）格式之间选择。这两种格式的质量都非常高，但是要检查需要交换的系统。AIFF 文件的兼容性是最高的。

6. 使用 Render（渲染）菜单，选择 Copy Complete Audio Files（复制完整的音频文件）或 Trim Audio Files（修剪音频文件）以减少文件大小。在修改剪辑时，可以指定要添加的手柄（额外的帧），以提供更大的灵活性。

7. 单击 OK（确定）以生成 OMF 文件。

8. 选择目标并单击 Save（保存）。现在可以定位自己的课程文件。

18.6.3　导出到 AAF

另一种交换文件的方式是 Advanced Authoring Format（AAF）。这种方法通常用于与 Avid Media Composer 交换项目信息和源媒体。

1. 选择 File（文件）>Export（导出）>AAF。

2. 在 AAF - Save Converted Project As（AAF - 将转换的项目另存为）对话框中，选择位置并单击 Save（保存）。

3. 在 AAF Export Settings（AAF 导出设置）对话框中，有两个选项。

- Save as legacy AAF（另存为传统 AAF）。这使文件更兼容，但是不会支持很多功能。

- Embed audio（嵌入音频）。此选项试图将音频嵌入文件以减少重新链接的需要。

4. 单击 OK（确定）按钮将序列保存到指定的 AAF 文件。AAF Export Log（AAF 导出日志）对话框将打开以报告所有问题。

使用编辑决策列表

　　编辑决策列表（EDL）令人回想起以前，当时的小容量硬盘限制了视频文件的大小，低速处理器无法播放高分辨率视频。作为补救措施，编辑人员在Adobe Premiere Pro这样的非线性编辑软件中使用低分辨率文件编辑项目，将其导出到EDL，然后将此文本文件和原始磁带一起送到制作机房。制作机房人员使用昂贵的硬件切换台创建最终的高分辨率作品。

　　现在不大需要这种脱机作业，但是电影制作者仍然使用EDL，这与文件大小和电影与视频之间来回转换的复杂性有关。

　　如果打算使用EDL，项目必须严格遵循以下原则。

- EDL 最适合的项目只有一条视频轨道，两条立体声（或四条单声道）音频轨道，并且不包含嵌套序列。

- 大部分标准过渡、冻结帧和剪辑速度的调整都可以在 EDL 中很好地工作。

- Adobe Premiere Pro 目前支持字幕或其他内容的抠像轨道，这种轨道必须位于选择的导出视频轨道的正上方。

- 必须捕捉和记录带有精确且唯一的时间码信息的所有原始素材。

- 采集卡必须具备使用时间码的设备控制功能。

- 每盒磁带都必须有唯一的卷轴号，在拍摄之前必须事先录好时间码，确保时间码内没有中断。

　　要查看Adobe Premiere Pro的EDL选项，请选择File（文件）>Export（导出）>EDL，以打开EDL Export Setting（EDL导出设置）对话框。

其中的选项如下所示。

- EDL Title（EDL 标题）。指定显示在 EDL 文件第一行中的标题。标题可以与文件名不同。单击了 EDL Export Settings（EDL 导出设置）对话框中的 OK（确定）按钮后，将有机会输入文件名。
- Start Timecode（起始时间码）。设置序列中第一个编辑的起始时间码值。
- Include Video Levels（包括视频等级）。在 EDL 中包括视频透明度等级注释。
- Include Audio Levels（包括音频等级）。在 EDL 中包括音频等级注释。
- Audio Processing（音频处理）。指定何时应该进行音频处理。选项包括 Audio Follows Video（视频处理后处理音频）、Audio Separately（单独处理音频）和 Audio At End（最后处理音频）。
- Tracks to Export（要导出的轨道）。指定导出哪些轨道。位于所选导出视频轨道正上方的视频轨道用作抠像轨道。

18.6.4　发送到 Adobe SpeedGrade

Adobe 提供了强大的颜色分级实用工具：SpeedGrade。它提供了一组工具来处理和改进颜色。只有在项目快结束并且锁定图像时，才可以使用 Adobe SpeedGrade。在仍想要编辑项目内容或持续时间时，请不要使用 SpeedGrade。

1. 选择 File（文件）>Save（保存）以捕捉序列中的任意更改。

2. 选择 File（文件）>Send to Adobe SpeedGrade（发送到 Adobe SpeedGrade）。

3. 在此对话框中，选择保存新文件的目的地。

4. 单击 Save（保存）。

会生成一个新 SpeedGrade 项目文件，并且为项目中的每个剪辑生成一个图像序列（使用 DPX 文件格式）。

使用隐藏字幕

　　当可以访问视频内容时，视频会更受欢迎。一个日益增加的使用实践是添加电视机可以解码的隐藏字幕信息。视频文件中插入了可见字幕，并且可通过支持的格式到达具体播放设备。此实践几乎是大多数国家/地区广播电视的一个标准，并且在其他领域的使用也越来越多。

注意：此公共服务公告由 RHED Pixel 制作，并且由 National Foundation for Credit Counseling 提供。

Adobe Premiere Pro CC 使添加隐藏字幕信息变得更简单，只要你妥善处理了字幕。字幕文件通常使用 MacCaption、CaptionMaker 和 MovieCaptioner 等软件工作生成。

注意：使用 Button Editor（按钮编辑器）时，可以通过添加 Closed Captioning Display（隐藏字幕显示）按钮来自定义 Program Monitor（节目监视器），以便轻松访问切换的可见字幕。

下面介绍如何为现有序列添加字幕。

1. 关闭当前项目（不要保存）并打开 Lesson 18_02.prproj。

2. 单击 Timeline（时间轴）以查看 NFCC_PSA。

3. 选择 File（文件）>Import（导入），并浏览到准备好的字幕文件（支持 .scc 和 .mcc 格式）。可以在 Lesson 18 文件夹中找到采样文件。

4. 将隐藏字幕剪辑编辑到最顶部的视频轨道上。

5. 在 Program Monitor（节目监视器）中单击 Settings（设置）按钮（扳手图标），并选择 Captioning Display（字幕显示）>Enable（启用）。

6. 播放序列以查看字幕。

7. 使用 Captions（字幕）面板（Window（窗口）>Captions（字幕））编辑字幕。可以使用此面板的控件调整字幕的时间设置和格式。

还可以在Adobe Premiere Pro中创建自己的隐藏字幕。

1. 选择 File（文件）>New（新建）>Closed Captions（隐藏字幕），将打开 New Closed Captions（新建隐藏字幕）对话框。

2. 会预先填写这些设置以与当前序列匹配。这些默认值就很好，因此单击 OK（确定）按钮。

3. 将打开另一个对话框，询问广播工作流的高级设置。CEA-608 标准是 NTSC 国家 / 地区（也称为 Line 21）最常使用的标准。TeleText 选项在 PAL 国家 / 地区（Line 16）中使用。此剪辑是 NTSC，因此针对此剪辑选择 CEA-608。

4. 从 Stream（流）菜单选择 CC1 来指定隐藏字幕的第一个流（最多可以添加 4 个流）。单击 OK（确定）。会为 Project（项目）面板添加一个名为 Closed Captions 的新合成项。

5. 将隐藏字幕编辑到轨道 V2 上。此轨道对于序列来说太短了（默认为 3 秒长）。

6. 突出显示隐藏字幕剪辑并选择 Captions（字幕）面板（Window（窗口）>Captions（字幕））。

7. 输入与此对话框和 / 或叙述内容相匹配的文本。

8. 调整字幕的 In（入点）和 Out（出点）持续时间以调整每个字幕块的长度。

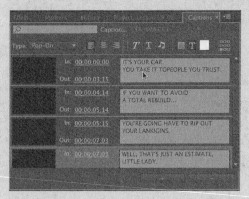

9. 使用 Captions（字幕）面板顶部的格式化控件来调整每个选项的外观。

18.7 录制到磁带

尽管磁带已经不经常使用了，但在行业和世界各地中，它仍然是一种首选的输出方法。例如，许多广播公司要求母带使用 HDCAM SR 或 DVCPRO HD 等格式。如果以 DV 或 HDV 等格式拍摄，则磁带通常是备份此项目的选择。

如果自己有录音机或摄像机，则可以使用项目 Lesson 18_03.prproj。这包含可以输出的 DV 和 HDV 序列。

18.7.1 准备磁带输出项目

要将项目输入到磁带，则需要能够完美地播放序列。这意味着不能有丢失的帧或不柔和的效果。你将需要确保拥有足够快的硬盘和调整良好的机器。下面是一些需要检查的其他细节。

- **Device Control**（设备控制）**设置**。确定 Adobe Premiere Pro 可以查看你的录制设备。打开 Adobe Premiere Pro 的 Preferences（首选项）并选择 Device Control（设备控制）。在 Devices（设备）菜单中，选择相应的设备控制类型。单击 Options（选项）按钮并尝试尽可能地匹配你的设备。如果正在使用专业的录制设备或采集卡，则可能需要安装更多驱动程序。

- **音频通道分配**。你应该检查序列中的音频通道是否被分配到正确的输出。一些设备（比如 DV）仅支持两个通道的音频，而其他格式则可以支持 4、8 或甚至 16 个通道。使用 Audio Mixer（音频混合器），则可以将序列中的每个音轨分配到指定的输出。

18.7.2 准备磁带输出

要录制到磁带，首先需要准备磁带。通常情况下，这称为条带化磁带。此过程在磁带上设置时间码并确保磁带准备好录制。

此过程因设备不同而异，因此一定要检查设备的手册。通常开始从 00:58:00:00 处开始录制磁带，以包含条、音调、记录信息和递减计数。主要视频通常将从 1:00:00:00 处开始录制。

18.7.3 录制到 DV 或 HDV 设备

Adobe Premiere Pro 开箱即用地提供连接到 DV 或 HDV 设备的能力。如果你是从 DV 或 HDV 磁带录制原始视频，则可能希望将制作完成的项目写回磁带保存。如果是这样，请按以下步骤进行操作。

1. 和采集视频时一样，将 DV 或 HDV 摄像机连到计算机。

2. 打开摄像机，将其设置为 VCR 或 VTR 模式（而不是 Camera（摄像机）模式）。

3. 找到磁带中你要开始录制的位置。

4. 选择要录制的序列。

5. 选择 File（文件）>Export（导出）>Tape（磁带）。

在使用 DV 摄像机时，将看到 Export to Tape（导出到磁带）对话框。

其中各选项的功能如下。

- **Activate Recording Device**（激活录制设备）。选择此选项时，Adobe Premiere Pro 将控制 DV 设备。如果要手动控制录制设备，就不要选择此选项。

- **Assemble At Timecode**（放置时间码）。使用此选项在你想开始录制的地方选择入点，如果未选择此选项，将从磁带当前位置开始录制。

- **Delay Movie Start by x frames**（延迟 x 帧开始影片录制）。这个选项针对一小部分 DV 录制设备，它们从接收视频信号到开始录制需要一小段时间。请查阅设备手册，了解厂商推荐的方法。

- **Preroll x frames:**（预滚动 x 帧）。大部分磁带设备都不需要或只需一点时间即可达到合适的磁带录制速度。为安全起见，请选择 150 帧（5 秒），或在项目的开始处加一段黑底视频。

其他选项意思很明确，这里不再解释。

6. 单击 Record（录制），如果不想录制就单击 Cancel（取消）。

如果项目还未渲染（按 Enter（Windows）或 Return（Mac OS）键播放，而不是按空格键），Adobe Premiere Pro 现在就会进行渲染。当渲染结束后，Adobe Premiere Pro 会启动摄像机，将项目录制到磁带中。

18.7.4 使用第三方硬件

视频输入 / 输出设备可以在 AJA、Blackmagic Design、Bluefish444 和 Matrox 等公司购买到。这些卡支持你将专业品质的视频设备连接到计算机。

在使用专业视频设备时，下面这些功能很有用。

 提示：要了解有关支持的硬件卡的更多信息，请访问 www.adobe.com/products/premiere/extend.html。

- **SD/HD-SDI**。Serial Digital Interface（串行数字接口，SDI）支持标清或高清视频，以及多达 16 个通道的数字音频。通过一根电缆，就可以将视频和可能需要的所有音频都输出到视频设备。

- **分量视频**。一些视频设备仍然依靠其他连接类型。可以将模拟（Y'PrPb）和数字（Y'CbCr）连接用于分量视频。分量连接仅可以支持视频信号，不支持音频。

- **AES 和 XLR 音频**。如果不依靠嵌入的 SDI 音频信号，那么许多视频设备还提供专用音频连接。两个最常用的连接是 AES（XLR 或 BNC 类型）或 XLR 音频。

- **RS-422 录机控制**。专业视频设备采用一种称为 RS-422 的设备控制。此串行连接用于对视频设备进行准确的帧控制。

18.8 复习

18.8.1 复习题

1. 如果你想创建与原始序列质量非常匹配的单独文件,那么导出数字视频的一种简单方法是什么?

2. Adobe Media Encoder 提供了哪些用于互联网的媒体选项?

3. 导出到大多数移动设备时应使用哪种编码格式?

4. 在处理新项目前,必须等待 Adobe Media Encoder 完成其队列的处理吗?

18.8.2 复习题答案

1. 使用 Export(导出)对话框中的 Match Sequence Settings(匹配序列设置)选项。

2. 这因平台而异。两种操作系统都包含 Flash(FLV|F4V)、H.264 和 QuickTime,并且 Windows 版本还包括 Windows Media。

3. 导出到大多数移动设备时所采用的编码格式是 H.264。

4. 不需要。Adobe Media Encoder 是一个独立的应用程序。你可以在它处理其渲染队列期间处理其他应用程序,或者甚至开始新的 Adobe Premiere Pro 项目。